U0888692

新时代新理念职业教育教材·机车车辆类

电力机车检修专业实训指导书

（修订本）

主　编　马　越　于彦良

副主编　李志南

主　审　常玉虎

（扫描二维码，在手机上观看与本书配套的数字视频资源）

北京交通大学出版社

·北京·

内 容 简 介

本书根据铁道机车专业教学指导委员会制定的最新专业教学标准，结合铁路工作现场对电力机车检修相关岗位必备核心技能的要求，对学生进行电力机车检修技能实训。

全书共设 6 个项目 35 个任务，涉及电力机车专业认知（5 个任务）、电力机车电机检修技能训练（3 个任务）、电力机车电器检修技能训练（9 个任务）、电力机车机械部分检修技能训练（5 个任务）、电力机车电气试验技能训练（6 个任务）、制动机检查试验技能训练（7 个任务）。

本书配有相关任务的操作视频，可用作高职、中专院校学生教学用书，也可供铁路企业相关岗位的技术人员培训使用。

图书在版编目（CIP）数据

电力机车检修专业实训指导书 / 马越，于彦良主编. —北京：北京交通大学出版社，2020.8（2024.7 修订）

ISBN 978-7-5121-4301-2

Ⅰ. ① 电… Ⅱ. ① 马… ② 于… Ⅲ. ① 电力机车－机车检修－高等职业教育－教学参考资料 Ⅳ. ① U269.6

中国版本图书馆 CIP 数据核字（2020）第 149633 号

电力机车检修专业实训指导书
DIANLI JICHE JIANXIU ZHUANYE SHIXUN ZHIDAOSHU

责任编辑：陈跃琴
出版发行：北京交通大学出版社　　电话：010-51686414　　http://www.bjtup.com.cn
地　　址：北京市海淀区高梁桥斜街 44 号　　邮编：100044
印 刷 者：北京鑫海金澳胶印有限公司
经　　销：全国新华书店
开　　本：185 mm×260 mm　　印张：14.25　　字数：356 千字
版 印 次：2024 年 7 月第 1 版第 2 次修订　　2024 年 7 月第 5 次印刷
定　　价：45.00 元

本书如有质量问题，请向北京交通大学出版社质监组反映。对您的意见和批评，我们表示欢迎和感谢。
投诉电话：010-51686043，51686008；传真：010-62225406；E-mail：press@bjtu.edu.cn。

前　言

机车检修技能实训是高等职业院校铁道机车专业的核心课程之一。本书适应当前高职教育人才培养模式和课程改革相关要求，根据铁道机车专业教学指导委员会制定的最新专业教学标准编写，主要内容包括电力机车专业认知及电力机车电机、电力机车电器、电力机车机械部分、电力机车电气试验、制动机检查试验等技能训练。

本书通过互联网和移动终端平台，采用立体化教学模式，对传统纸质内容与新媒体视频资源进行了有机融合。在内容编排上，以项目为架构，每一项目分为若干任务，每一任务又分为若干活动，各任务围绕某个主题进行检修工艺技能训练，适用于理实一体化教学模式。因此，本书既可以作为高职、中专院校学生的教学用书，又可以作为铁路企业技术人员的培训用书。

本书创建了相关资源的链接，学习者可以通过智能手机、iPad 等移动设备中的相关应用，通过扫描二维码，观看与之相关的视频资源。

本书由河北轨道运输职业技术学院马越、于彦良担任主编，李志南担任副主编，王丽娜、李亚汝、贺保华参编，具体分工为：马越编写项目 1、项目 3 的任务 3.4～任务 3.9，并负责全书统稿；于彦良编写项目 4；李志南编写项目 6；王丽娜编写项目 2；李亚汝编写项目 3 的任务 3.1～任务 3.3；贺保华编写项目 5。本书由中国铁路北京局集团有限公司怀柔北机务段常玉虎担任主审。

本书在编写过程中得到中国铁路北京局集团有限公司机务部、石家庄电力机务段、唐山机务段等单位的大力支持和帮助，在此一并表示感谢！

由于编者水平有限，书中难免存在缺陷及不足之处，敬请读者批评指正。

编　者

2020 年 6 月

目　录

项目1

电力机车专业认知

专业认知实习是学生专业学习阶段重要的实践性教学环节之一，是学生必须完成的专业认知实习内容。

任务 1.1　实习组织及安全教育

【任务描述】

本任务主要讲述机车专业认知实习的组织程序和准备工作、实习前人身安全教育内容、检修人员安全作业的一般要求，以及检修车间电网下安全作业要求。

【学习目标】

知识目标	熟悉机务段安全规章，掌握铁路职工人身安全的基本要求
能力目标	能正确分析电力机车机务段安全规章的基本要求，增强安全意识，能说出安全操作的重要性和必要性
素质目标	养成细致、认真的工作作风；养成独立分析问题的良好习惯；能够比较自如地与他人沟通、协作完成工作

活动 1.1.1　组织准备

【活动要点】：安全教育基本要求。

1. 组织程序

① 在学校进行专业认知实习动员，宣布实习纪律、制度。

② 进入机务段，接受教育科入段教育。

③ 经段级安全培训合格后，按照实习安排，到实习车间，由车间进行安全教育。

④ 经车间级安全培训合格后，车间根据实习要求分配学生到班组，由班组进行安全教育，培训合格后方可开始实习。按照计划，学生定期进行岗位的轮换实习。

2. 安全教育要求和主要内容

进入机务段实习要进行三级安全教育。段级安全教育着重进行思想教育、传统教育和纪律教育；车间安全教育着重进行安全技术基础知识教育；班组安全教育着重进行现场安全操作教育。在组织学生对机务段运转车间、检修车间、整备场等现场进行参观时，应针对各车间生产特点，结合安全规章，对生产组织情况和安全注意事项进行实地讲解，使学生牢固树立安全第一的思想，确保实习工作顺利进行。

活动 1.1.2　安全教育

【活动要点】：机务部门职工应掌握的安全知识。

① 各工种、各岗位的职工和工作人员必须学习、掌握有关的安全作业制度和安全常识，并经安全考试合格后方准上岗作业（一年定期考一次，80 分以上为合格）。

② 工作时，必须按规定穿戴好防护用品，并注意整洁。冬季不得把防护耳孔盖严；夏季禁止赤足裸臂，禁止穿凉鞋、高跟鞋、塑料底鞋、钉子鞋上岗作业。双层及以上作业必须戴好安全帽。工作前，要充分休息，不准饮酒；工作中要精力充沛，精神集中，坚守岗位，不准做与本职工作无关的事。

③ 作业场所保持整洁，通道畅通，产品、配件、原材料堆放整齐。下班前，要关闭风、汽、水、电等开关，工具、材料要收拾整齐，场地打扫干净，关好门窗，做到工完、料净、场地清洁。

④ 在任何情况下，均不得在机车、车辆、机械设备等下面或有倒塌危险、有毒气体和过分潮湿的地点及其附近休息、乘凉或避风雨。不准在铁路钢轨、枕木上坐卧、逗留，禁止在吊起的重物下停留或行走。

⑤ 禁止在道心或枕木上行走。横越线路或道口时，要“一站、二看、三通过”，严禁抢行、钻车。不得脚踏尖轨和道岔转动部分，严禁从集中联动的道岔处通过。

⑥ 在夜间通过沟渠或有碍通行的处所时，应携带照明用具。在地沟、水井、水池等附近通行时，防止滑落摔伤，严禁从地沟上跳越。

⑦ 一切机械设备都必须建立检修、保养、使用专人负责制。其他人员没有本机械操作合格证严禁操纵。

⑧ 各种机械设备转动部分及有危险的外露部分，均应设置防护装置。检修或临时排除故障、擦拭等工作必须切断动力来源。修理带有压力的部件时，应首先截断压力来源，放出余压后，方准进行工作。严禁带压紧固或修理。

⑨ 各种电动机具要安装漏电保护器，除按规定日期检查绝缘电阻外，每次使用前也必须对绝缘进行检查。

⑩ 严禁私自拉线、接火或安装用电设备，更不得用铁丝等导电的物体接触或拴拉电线。临时拉设电线或增设灯头等用电设备，须通知电工按正当手续办理。

⑪ 各种机械设备、工具及检查测量用具等的质量状态，必须严格按照规定期限进行检查、修理和校验。工作前，还应对机械设备、工具等严格检查和试运行。

⑫ 对有爆炸、燃烧危险的物品等要按规定妥善存放管理，严禁在其附近吸烟和明火作业。特殊情况必须动火时要严格按规定报有关部门批准。

⑬ 进入各种容器内（如锅炉、金属槽等）工作时，进口处应设“里面有人工作”的警示牌，同时设专人监护。冬季严禁用炭等燃料在内部取暖，以防窒息。工作完了关盖时应先检查，确认无人后方可进行。

⑭ 在机车上部和高处作业时，要站稳抓牢，做好安全防护措施，佩戴好安全带（绳），禁止搬上、搬下重物或从高处抛掷工具、工件等。天气不良危及人身安全时，禁止上高处作业。

⑮ 登高作业使用的梯子、作业平台，必须符合国家标准要求。配备活动木梯、高凳、升降台等，必须经过应力计算和技术性能试验，方准投入使用。使用前，应检查确认其完整良好、安全可靠；作业时，要思想集中，不得用力过猛或探身过远或高空跨越；升降移动时，须确认安全无误，方可开动。梯子与地面要有一定安全角度（55°～60°为宜），并要有防滑装置。两人不得在同一梯子上作业。在无安全防护时，不得双手离开梯子工作。使用人字梯时，应挂好安全链钩。由高处下来时，不得面向外方。

⑯ 二人扛抬时，应同肩同步、同起同落，所用绳索抬具应扎系牢固、防止滑落。二人以上搬运笨重物件时，必须统一行动、专人指挥、相互配合、呼唤应答。

⑰ 在电气化区段，为保证人身安全，除牵引供电专业人员按规定作业外，任何人员及所携带的物件、作业工器具等须与牵引供电设备高压带电部分保持 2 m 以上的距离，与回流线、架空地线、保护线保持 1 m 以上距离。电气化区段保洁、施工等作业时，不得将水管向供电线路方向喷射；机车保洁时，不得采用向车体上部喷水方式洗刷车体。

⑱ 在电气化区段，通过铁路平交道口的车辆限界及货物装载高度（从地面算起）不得超过 4.5 m，车辆上部或其货物装载高度（从地面算起）超过 2 m 通过平交道口时，车辆上部及装载货物上严禁坐人。机车、动车及各种车辆上方的接触网设备，在停电并办理安全防护措施前，禁止任何人员攀登到车顶或车辆装载的货物上。

⑲ 电力机车在段内进行整备作业，需要操纵隔离开关时，要严格执行登记、监护、呼唤应答等各种制度，办理隔离开关使用手续，不得简化程序。司机升弓前，必须亲自检查确认高压室内、地沟内或机车下无人作业，履行呼唤应答，鸣笛后方可进行。

⑳ 发现牵引供电设备断线及其部件损坏，或发现牵引供电设备上挂有线头、绳索、塑料布或脱落搭接等异物，均不得与之接触，应立即通知附近车站，在牵引供电设备检修人员到达并采取措施以前，任何人员均应距已断电线或异物处所 10 m 以外。

各岗位职工除应严格遵守安全用电规定外，必须懂得触电急救知识。

活动 1.1.3　检修人员安全作业的一般要求

【活动要点】：检修人员安全作业基本要求。

① 工作前，要将所规定的防护用品穿戴整齐，工作场地保持整齐、干净，物件放置稳当有序，要对所用的工具、量具、夹具、卡具、设备及试验装备进行检查，排除一切不安全因素。

② 任何机械在拆卸前，必须切断电源并挂上“禁动”牌或做出明显的标志，以免发生

工伤事故。

③ 在机车下部工作时，应在修理的机车制动机制动手柄上挂上“禁动”牌。修理机车走行部时，要用止轮器塞住车轮。用千斤顶顶升时，千斤顶应放置平稳。垫高机器或部件时，禁止使用砖、碎木或其他容易碎裂的物体，还要注意防滑。

④ 登高作业时，应系好安全带，做好防护措施，确保作业安全。

⑤ 吊运大型零部件时，绳索应良好，绑扎要牢固，零部件应重心平衡，安放稳定。

⑥ 在同一工位，不得上下同时重叠作业。必须重叠作业时，要有中间层防护，上面工作者要注意不得让物件坠落下来，下面工作者要戴好安全帽。

⑦ 所用大锤、手锤不准有卷边、飞刺和淬火裂纹，锤把要用坚实、光滑硬木制成。锤头必须加楔，安装牢固。打锤时，不准戴手套，手上不得有油腻，把铲者要与打锤者保持互为90°的位置。

⑧ 所用锉刀、刮刀须镶木把、戴套箍。清除锉刀上的铁屑时要用钢丝刷，禁止用嘴吹。不准用锉刀撬东西，防止锉刀伤人。

⑨ 使用风钻或台钻时，严禁戴手套。不准直接用手清除铁屑，也不准用手拿着工件钻孔。使用电钻时，必须符合电气安全技术规程。

⑩ 使用砂轮时，要遵守砂轮机的操作规程。

⑪ 刮研时，工件要放稳、卡紧。使用三棱刮刀时，双手要握牢，头部在任何情况下都要与刮刀尖保持一定距离，确保安全。

⑫ 用油清洗零件时不准吸烟，距离明火要按照规定保持安全距离。

⑬ 工作完毕时，要收拾工具、材料，清理工地。对于大型机件，要检查其是否稳固，防止倾倒。

活动 1.1.4 检修车间电网下安全作业要求

【活动要点】：电网下作业的基本安全要求。

① 检修人员必须熟知电气化安全作业知识，考试合格后方准上岗。

② 由于电力机车起动运行无声，因此通过道口时必须执行“一站、二看、三确认、四通过”制度。

③ 通过整备场时，所携带的物件与接触网设备的带电部分必须保持 2 m 以上的距离。

④ 在整备场作业时，必须按规定穿戴好防护用品。

⑤ 整备场接触网的各导线及其连接部件，通常带有高压电，因此禁止直接或间接地与上述设备接触。

【考核评价】

1. 自我评价

① 自我考核：安全常识及检修人员安全作业要求掌握情况。

② 自我评价（见表 1–1）。

表 1–1　自我评价（每项满分为 10 分）

序　号	评 价 内 容	得　分	亮　点
1	课前知识查阅、调研完成情况		
2	课前、课中与人协作沟通表现		
3	安全知识掌握情况		
4	课前、课中学习态度表现		

2. 小组评价（见表 1–2）

表 1–2　小组评价（每项满分为 10 分）

序　号	评 价 内 容	得　分	亮　点
1	课中学习态度表现		
2	课前、课中与人协作沟通表现		
3	安全知识掌握情况		

3. 教师评价（见表 1–3）

表 1–3　教师评价（每项满分为 10 分）

序　号	评 价 内 容	得　分	亮　点
1	课前知识查阅、调研完成情况		
2	课中参与及协作情况		
3	掌握职工安全知识的效果		

【教师建议】

在掌握安全常识和安全规章的基础上，进一步探究不同工作岗位安全操作的重要性和必要性。

任务 1.2　熟悉机务段及检修车间概况

【任务描述】

了解机务段及检修车间的概况。将学生分成若干小组，以小组为单位对机务段及检修车间的生产组织情况进行参观学习。结合小组讨论，使学生进一步熟知机务段及检修车间的组织管理制度。

【学习目标】

知识目标	熟悉机务段及检修车间的生产组织管理过程
能力目标	能描述机务段组织机构，了解机务段的主要职责，熟知机务段的安全管理制度
素质目标	养成细致、认真的工作作风；养成独立分析问题的良好习惯；能够比较自如地与他人沟通、协作完成工作

活动 1.2.1　机务段组织管理制度

【活动要点】：机务段组织机构及安全管理制度。

1. 机务段组织机构

机务段主要由管理机构和生产车间组成。

段级管理机构主要有办公室、安全科、技术科、材料科、职教科、计划科、统计科、人事科、财务科、验收室等。

生产车间主要有检修车间、运用车间、整备车间、设备车间、折返段、救援列车及其他辅助车间。

① 检修车间设有各种工区、班组，主要负责机车修理、配件加工、质量检验等工作。

② 运用车间设有机车队、机车组，主要负责机车运用管理和乘务员担当牵引组织工作。

③ 整备车间主要负责机车用燃料、润滑油、水、砂、软水剂等物资的供应及机车的各种整备作业。

④ 设备车间负责机务本段和折返段的机械设备、水电设施的管理及维修工作。

2. 机务段主要职责

① 编制机车运用计划，组织本段的配属机车和乘务组完成所担当区段的列车牵引作业和车站调车作业任务。

② 对运用机车进行整备和日常保养检查。

③ 编制机车检修计划，组织机车按照计划实施段修，落实机车的大、中修工作，确保机车技术状态良好。

④ 科学地组织人员，合理地调配机车，以良好的质量完成机车检修作业、列车牵引作业及调车作业任务。

3. 机务段安全管理制度

1）会议制度

在机务段生产过程中，贯彻“安全第一”的指导思想，主要会议制度如下：

① 每天上午主要部门及岗位负责人要开交接班会议。

② 机务段及车间定期召开安全生产的专题分析会。

③ 机务段每半年召开一次安全生产经验交流会。

机务段召集的会议由段长主持，车间召集的会议由车间主任主持。

2）检查制度

机务段及车间定期实施安全生产检查。安全生产检查的主要内容包括：

① 安全知识宣传、教育开展情况；

② 安全生产技术规范的执行情况；

③ 班组安全员工作开展情况；

④ 生产事故、违章操作的处理情况，是否实施了“三不放过”；

⑤ 安全生产分析情况，以及有关安全的合理化建议反馈情况。

3）教育制度

机务段安全生产实行段、车间、班组三级教育制度。教育科负责组织职工进行技术教育和安全教育；

① 每年必须对职工进行一次或两次系统的安全生产知识培训和考试。

② 对于新入职的职工（包括学徒工、合同工、实习人员），必须进行三级教育，使新入职人员熟知一般的安全常识、劳动纪律及将要参加的某项工作的安全技术知识，经考核合格后，才准许上岗工作。

③ 对于特殊工种（电气设备、焊接、起重机械、锅炉、压力容器等）操作人员，必须具备安全技术知识，还必须经过专门培训，经考核合格并持有操作证，才准许上岗操作。

活动 1.2.2 检修车间概况认知

【活动要点】：检修车间的工作任务及作业组织。

1. 检修车间组织

检修车间组织分为工区和作业班组。

① 工区。按照修程可分为电力机车架修工区和小辅修（定修）工区；按照检修组织模式和管理模式可分为上车工区、备品工区。

② 作业班组。作业班组通常包括调度室、包修组、轮对走行组、牵引电机组、辅助电机组、制动组、受电弓组、电器组、电子组、蓄电池组、仪表组等。

2. 检修车间工作任务

① 贯彻执行有关规章、制度、命令。

② 按照全面质量管理的原则，抓好机车检修质量、检修时间、劳动生产率、配件材料及能源消耗等主要经济技术指标。

③ 贯彻执行按固定机车的综合性保修负责制或按机车主要部分的专业性保修负责制，并根据检修任务设立相应的班组，加强对生产班组的管理。

④ 在段修过程中，严格执行“四按三化记名修”制度，不断提高机车检修工作的程序化、文明化、机械化程度，建立健全各种修程的检修台账和记录，把记名修落实到班组管理和岗位责任制中。

⑤ 建立健全会议制度，正确指挥车间生产。

⑥ 抓好机车检修、配件修复、段制品生产等的调度工作。

⑦ 根据段定职工培训计划，按生产班组的不同专业，有计划地组织检修人员学习技术

业务，不断提升职工的技术水平及业务素质。

⑧ 加强安全生产思想教育，坚持安全生产制度，及时总结和推广安全生产经验，确保人身及设备安全。

3. 机车检修作业组织指挥程序

主管段长负责机车检修的组织及指挥，技术科负责人负责制订机车大、中、小、辅修计划，根据修程合理地选择各检修部门生产过程的组织形式，由检修及相关车间负责实施机车检修作业。

【考核评价】

1. 自我评价

① 自我考核：机务段及检修车间概况描述。

② 自我评价（见表 1–4）。

表 1–4 自我评价（每项满分为 10 分）

序　号	评 价 内 容	得　分	亮　点
1	课前知识查阅、调研完成情况		
2	课前、课中与人协作沟通表现		
3	机务段及检修车间了解情况		
4	课前、课中学习态度表现		

2. 小组评价（见表 1–5）

表 1–5 小组评价（每项满分为 10 分）

序　号	评 价 内 容	得　分	亮　点
1	课中学习态度表现		
2	课前、课中与人协作沟通表现		
3	机务段及检修车间了解情况		

3. 教师评价（见表 1–6）

表 1–6 教师评价（每项满分为 10 分）

序　号	评 价 内 容	得　分	亮　点
1	课前知识查阅、调研完成情况		
2	课中参与及协作情况		
3	掌握机务段及检修车间概况的效果		

【教师建议】

熟悉机务段的安全管理制度、检修车间的工作任务及作业组织指挥程序，为今后可能参加检修或其他工作做准备。

任务1.3 熟悉整备车间及运用车间概况

【任务描述】

熟悉机务段整备车间及运用车间。将学生分成若干小组，以小组为单位对机务段整备车间及运用车间的现场生产组织进行参观学习。结合小组讨论，使学生进一步认识机务段整备车间及运用车间的组织管理制度。

【学习目标】

知识目标	掌握机务段整备车间及运用车间的生产组织管理过程
能力目标	了解整备车间及运用车间的情况，能说出整备车间及运用车间的生产组织任务
素质目标	养成细致、认真的工作作风；养成独立分析问题的良好习惯；能够比较自如地与他人沟通、协作完成工作

活动1.3.1 整备车间概况

【活动要点】：整备车间的工作任务及机车整备作业的组织指挥。

1. 整备车间的工作任务

整备车间主要负责完成机车库内整备作业，其主要工作任务如下：

① 贯彻落实国铁集团、铁路局集团公司及机务段有关机车检修、整备的管理工作方针、政策，贯彻“安全第一、质量至上、修养并重，预防为主”的发展方针。

② 充分利用配属设备及场地的能力，合理组织机车整备，保证运用机车的质量及运用机车的台数。

③ 做好机车用燃油、润滑油、水、绝缘油、合金、水处理药品等主要用料的质量检验及质量监督。

2. 机车整备作业的组织指挥

机车整备作业由机车调度室负责组织指挥，具体如下：

① 机车计划调度员向外勤值班员传达按日（班）机车交路计划。

② 外勤值班员按照机车交路，以“优先安排急交机车”为原则，合理安排机车停放股道。

③ 整备车间与外勤、监控车间分工协作，按规定组织洗车、行车安全装备检测、上砂、上水、上油、运行记录转储、油脂领取、隔离开关操作等整备作业。

注意：如有临修机车，司机要提前向机车调度员汇报情况，外勤值班员要合理安排机车股道占用。当机车需要转线时，外勤值班员通知司机或调车人员进行转线。

活动 1.3.2　运用车间概况

【活动要点】：运用车间的工作任务及作业内容。

运用车间主要负责机车调度和乘务人员管理两方面的工作。

1. 机车调度

① 认真贯彻执行上级命令、指示，按照列车运行图、机车周转图制订日工作计划，组织机车乘务员完成机车的运用及整备作业。

② 制定机车乘务员乘务作业标准和担当区段的司机操作图，并负责按检修计划扣车和组织机车的中间技术检查作业等。

③ 根据生产要求，运用车间也有由少量检修工人组成的行车修理组，以便及时处理机车运用中的临修故障及加强机车等的日常维护工作。

2. 乘务人员管理

根据所担当牵引任务将乘务人员分成若干个机车队，机车队下分若干个机车组。同时，运用车间还设有内勤和外勤，负责机车整备作业的组织。

【考核评价】

1. 自我评价

① 自我考核：机务段整备车间和运用车间的工作任务及作业内容描述。

② 自我评价（见表 1–7）。

表 1–7　自我评价（每项满分为 10 分）

序　号	评 价 内 容	得　分	亮　点
1	课前知识查阅、调研完成情况		
2	课前、课中与人协作沟通表现		
3	整备车间及运用车间了解情况		
4	课前、课中学习态度表现		

2. 小组评价（见表 1–8）

表 1–8　小组评价（每项满分为 10 分）

序　号	评 价 内 容	得　分	亮　点
1	课中学习态度表现		
2	课前、课中与人协作沟通表现		
3	整备车间及运用车间了解情况		

3. 教师评价（见表 1–9）

表 1–9　教师评价（每项满分为 10 分）

序　号	评 价 内 容	得　分	亮　点
1	课前知识查阅、调研完成情况		
2	课中参与及协作情况		
3	了解机务段整备车间及运用车间的效果		

【教师建议】

熟悉整备车间及运用车间的工作任务及作业内容，为今后可能参加机车整备、机车运用或其他工作做准备。

任务 1.4 SS_4改型电力机车总体布置认知

【任务描述】

在实训过程中，需要一台 SS_4 改型电力机车。为了搞清楚电力机车的结构及总体布置情况，可以将学生分成若干小组，以小组为单位结合有关理论知识对机车的各个部分进行观察、分析，使学生熟悉各种设备的安装位置，并展开有针对性的讨论。

【学习目标】

知识目标	掌握 SS_4 改型电力机车的总体布置情况
能力目标	能正确分析 SS_4 改型电力机车的结构特点，熟知各种设备的安装位置
素质目标	养成细致、认真的工作作风；养成独立分析问题的良好习惯；能够比较自如地与他人沟通、协作完成工作

活动 1.4.1 SS_4改型电力机车的总体结构和技术特点

【活动要点】：SS_4 改型电力机车的总体结构及技术特点。

1. 总体结构

SS_4 改型电力机车是由两节完全相同的四轴机车通过车钩和风挡连接而成的。两节机车之间设有电气重联电缆和空气制动系统重联控制风管，可在任何一节机车的司机室对全机车进行统一控制。机车的两端还设有重联装置。

2. 技术特点

SS_4 改型电力机车的主要技术特点如下：

① 机车的持续功率为 6 400 kW，两台机车可以重联运行，电流制为交流单相工频。

② 采用大功率 ZPA2100–28、KPA1300–28 整流管和晶闸管。

③ 采用三不等分半控桥晶闸管相控调压。

④ 采用强迫自导向油循环和全铝板翅式油散热器，全去耦式新型主变压器。

⑤ 采用 L–C 功率因数补偿和三次谐波滤波装置，提高了功率因数，降低了谐波分量。

⑥ 机车牵引、制动采用恒流准恒速控制、无级调速特性、Ⅲ级磁场削弱控制。

⑦ 具有空转保护装置和轴重转移补偿装置，大大提高了机车黏着牵引力的发挥。

⑧ 采用包含牵引控制、电制动控制、功率因数补偿控制、轴重补偿控制、空转保护控制、空电联合制动控制等多功能的电子控制装置。

⑨ 采用改进的 DK–1 型空气制动机，具有空电联合制动控制功能。

⑩ 采用转向架牵引电动机并联的独立供电调压整流电路，按独立电路设置过压、过流、接地保护装置。

⑪ 转向架采用基础制动器、推挽式低位斜杆牵引装置。

⑫ 机车车体采用整体承载式结构，采用预布线、预布管结构，中间通道具有自动关门器。

活动 1.4.2　SS_4 改型电力机车的总体布置

【活动要点】：SS_4 改型电力机车总体布置特点。

SS_4 改型电力机车车体首次采用 16Mn 低合金、高强度钢板型梁、与钢板焊成整体的承载式车体结构，既满足了强度和刚度的要求，又达到了轻量化的目的。它吸收了国外电力机车的先进技术，在车体设计中采用大顶盖预布线、预布管结构和推挽式牵引方式、横移式密封侧窗结构等。为了便于制造和检修，SS_4 改型电力机车车体较多地进行了标准化、系列化和通用化设计，使车体的一些主要参数和零件结构尽量与 SS_4 型、SS_5 型和 SS_6 型车体通用。SS_4 改型电力机车采用单端司机室和双边多通式走廊，尾端有一横走廊，后端设有中间后端门及连挂风挡，把两节机车连接起来。机车车体总图如图 1–1 所示。

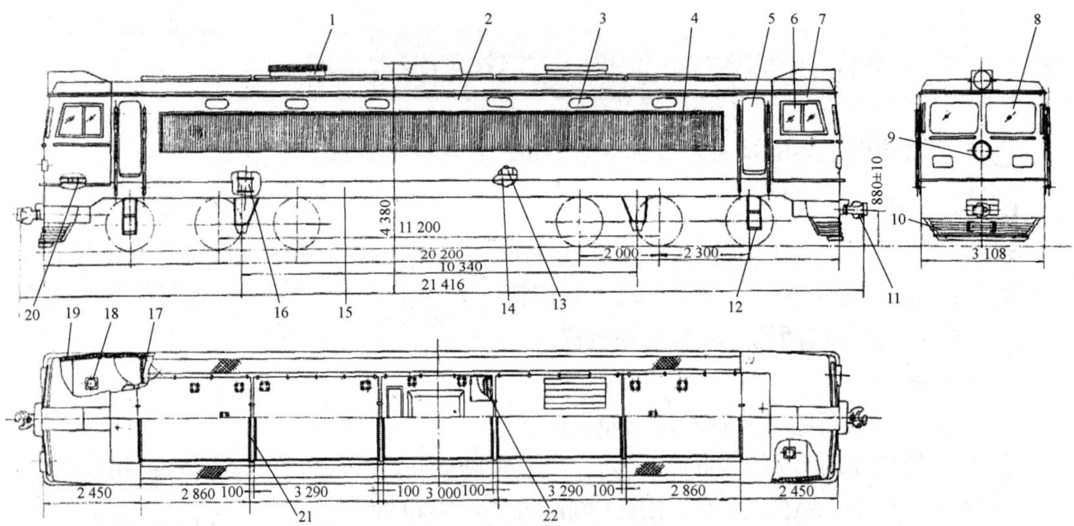

1—小顶盖装置；2—侧墙；3—侧墙固定窗；4—侧墙百叶窗；5—机车门安装；6—司机室活动侧窗；7—司机室；8—司机室前窗；9—标志总装；10—排障器；11—牵引装置组装；12—入口门梯安装；13—车内各室骨架与门；14—台架；15—底架；16—帆布连管；17—司机室后墙；18—司机室设备骨架安装；19—司机室内墙安装；20—司机室地板；21—连接横梁；22—车体辅助装置。

图 1–1　机车车体总图

1. SS_4 改型电力机车的设备布置

① 除牵引电动机外，所有的电气设备都布置在车体上，其中绝大部分电气设备布置在车体内，安全可靠，运行中便于检查。

② 司机室为单节、单端司机室，两节机车完全相同。单节机车共分 5 个室，依次为：司机室、Ⅰ端电器室、变压器室、Ⅱ端电器室、辅助室。机车设备布置总图如图 1–2 所示。

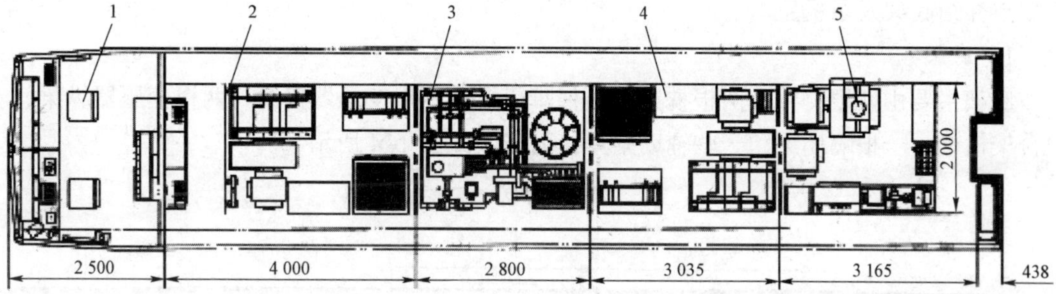

1—司机室；2—Ⅰ端电器室；3—变压器室；4—Ⅱ端电器室；5—辅助室。

图 1–2　机车设备布置总图

③ 继承了韶山系列电力机车的传统优点，采用双边走廊、分室斜对称布置。设备屏柜化、成套化，便于车下组装、车上吊装。结构紧凑，维修方便。

④ 除轴流式通风机组外，其他设备为平面单层布置，设备拆装时互不影响。

⑤ 根据单端司机室的特点，将噪声较大的劈相机、主空气压缩机等辅助机组安装在远离司机室的辅助室内，使司机室的噪声大大低于 SS_1 和 SS_3 型机车。司机室设备布置如图 1–3 所示。

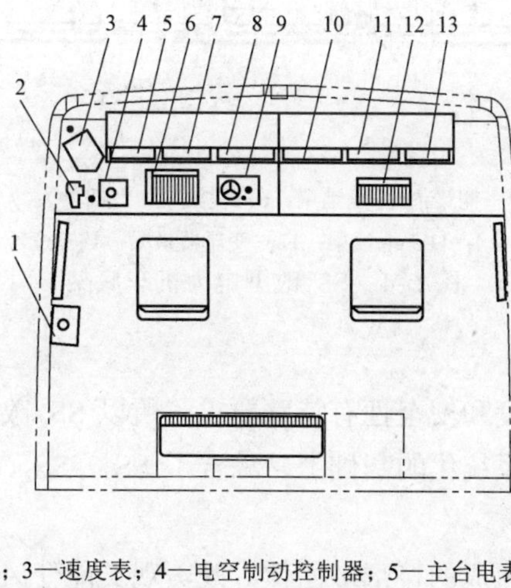

1—调车司机控制器；2—空气制动机；3—速度表；4—电空制动控制器；5—主台电表；6—正司机按键开关；7—主台电表；8—主台显示屏及开关；9—正司机控制器；10—副台电表；11—副台显示屏；12—副司机按键开关；13—副台开关。

图 1–3　司机室设备布置

⑥ 在布线和布管结构设计上，首次采用控制电路的预布线和机车管路的预布管结构新工艺。

⑦ 平波电抗器采用油冷方式，且与主变压器共用油箱和油散热器风冷系统，提高了平波电抗器在冷却系统故障时的可靠性，是国产电力机车在总体布置上的一大进步。

2. SS_4改型电力机车车体主要结构

SS_4改型电力机车车体主要由底架、侧墙、车顶盖、司机室、台架、排障器等组成，下面重点介绍底架及司机室。

1）底架

底架主要由两根侧梁、两根枕梁、两根牵引梁、两根变压器横梁、两根变压器纵梁、一根台架横梁、一根隔墙梁和一些辅助梁焊接而成，如图 1–4 所示。

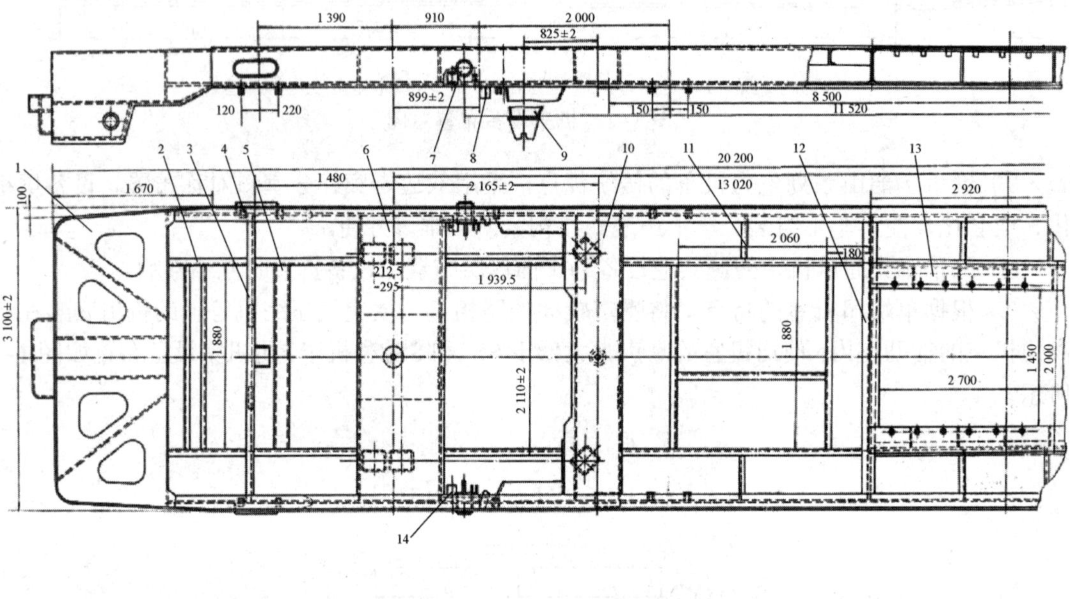

1—牵引梁；2—小纵梁；3—横梁；4—侧梁；5—隔墙梁；6—枕梁（一、四位）；7—吊销套装置；8—减振器安装座；9—牵引座；10—枕梁（二、三位）；11—地板梁；12—变压器横梁；13—变压器盖板；14—减振器安装座。

图 1–4　SS_4改型电力机车底架

2）司机室

由于司机室对外形、强度和安全性有特殊要求，所以SS_4改型电力机车司机室的骨架在充分考虑通用化、标准化和系统化的基础上，综合了SS_3、SS_4、SS_5和 8K 型机车的优点设计而成。

司机室外形是由多平面组成的棱形多面体，既美观又能使风阻变小。为减轻自重，司机室外墙板和骨架的主要梁柱全部采用 16Mn 钢板压制体。司机室两侧外蒙皮和顶盖蒙皮分别使用 3 mm 和 2.5 mm 厚的钢板。司机室骨架如图 1–5 所示。

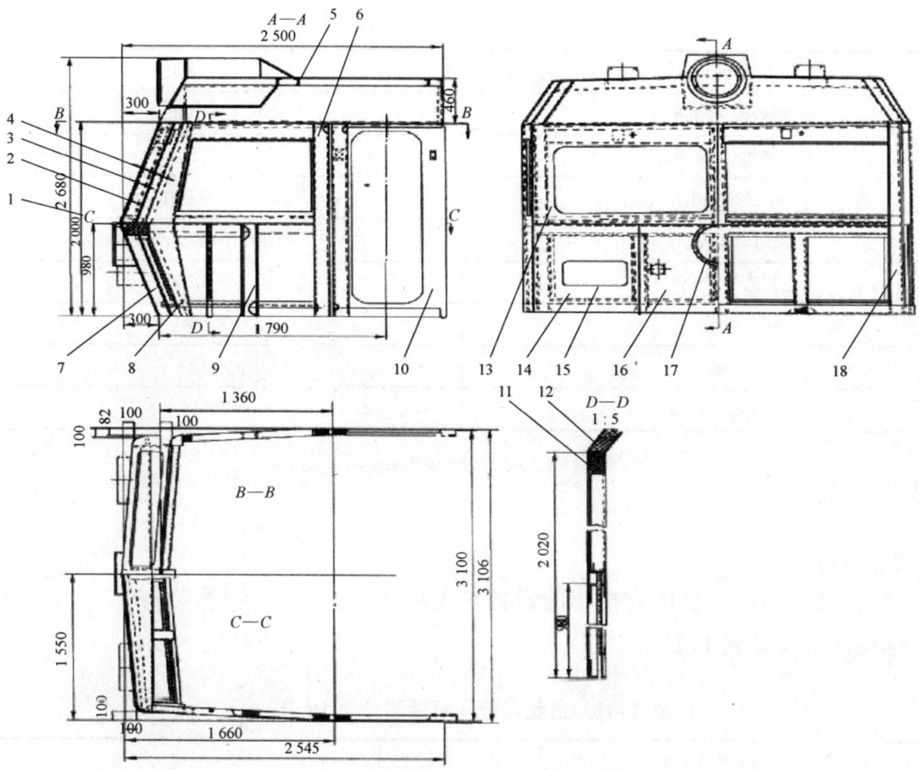

1—腰梁；2—上中立柱；3—上角立柱；4—前上立柱；5—司机室顶盖骨架组成；6—侧立柱；7—下中立柱；8—前下立柱；9—立柱；10—门口板；11—侧窗口板；12—防寒材料；13—前窗口板；14—前围板；15—标志灯体；16—中央围板；17—路徽安装座；18—下角立柱。

图 1–5　司机室骨架

活动 1.4.3　SS_4改型电力机车主要技术参数

【活动要点】：SS_4改型电力机车传动方式、额定功率、牵引力、制动方式。

SS_4改型电力机车主要技术参数如表 1–10 所示。

表 1–10　SS_4改型电力机车主要技术参数

参数	参数值
用途	干线货运
轴式	2（B_0—B_0）
网压/kV，频率/Hz	25，50
传动方式	交—直流传动
额定功率/kW	6 400
最大牵引力/kN	628
持续牵引力/kN	450

续表

参数	参数值
最大速度/（km/h）	100
持续速度/（km/h）	50
电机悬挂方法	半悬挂
制动方式	加馈电阻制动，空气制动
电制动功率/kW	5 300
机车总重/t	184
轴荷重/t	23
车钩中心距/mm	2×16 416

【考核评价】

1. 自我评价

① 自我考核：SS_4改型电力机车的设备布置描述。

② 自我评价（见表 1–11）。

表 1–11　自我评价（每项满分为 10 分）

序　号	评 价 内 容	得　分	亮　点
1	课前知识查阅、调研完成情况		
2	课前、课中与人协作沟通表现		
3	SS_4改型电力机车总体布置掌握情况		
4	课前、课中学习态度表现		

2. 小组评价（见表 1–12）

表 1–12　小组评价（每项满分为 10 分）

序　号	评 价 内 容	得　分	亮　点
1	课中学习态度表现		
2	课前、课中与人协作沟通表现		
3	SS_4改型电力机车总体布置掌握情况		

3. 教师评价（见表 1–13）

表 1–13　教师评价（每项满分为 10 分）

序　号	评 价 内 容	得　分	亮　点
1	课前知识查阅、调研完成情况		
2	课中参与及协作情况		
3	掌握 SS_4改型电力机车总体布置的效果		

【教师建议】

在学习 SS_4 改型电力机车总体布置的基础上，进一步扩展对其他型号电力机车的学习认识。

任务1.5 HX_D3C 型电力机车总体布置认知

【任务描述】

在任务实施过程中，需要一台 HX_D3C 型电力机车。为了引导学生搞清楚电力机车的结构及总体布置情况，可以将学生分成若干小组，以小组为单位结合有关电力机车理论知识对机车的各个组成部分进行观察、分析，使学生熟悉各种设备的安装位置，并展开有针对性的讨论。

【学习目标】

知识目标	掌握 HX_D3C 型电力机车的总体布置情况
能力目标	能正确分析 HX_D3C 型电力机车的结构特点，能指出各种设备的安装位置
素质目标	养成细致、认真的工作作风；养成独立分析问题的良好习惯；能够比较自如地与他人沟通、协作完成工作

活动1.5.1 HX_D3C 型电力机车的总体结构特点

【活动要点】：HX_D3C 型电力机车的主要特点。

HX_D3C 型电力机车是在 HX_D3 型和 HX_D3B 型电力机车基础上研制的交流传动六轴 7 200 kW 干线货运电力机车。通过更换增加供电绕组的主变压器，增加列车供电柜、供电插座、客货运转换开关、双管供风装置等措施，使该机车具有牵引旅客列车的功能，可以向旅客列车提供风源和稳定的 DC 600 V 电源。HX_D3C 型电力机车的主要结构特点如下。

① 采用交—直—交电力传动系统、IGBT 水冷变流机组、1 250 kW 大转矩异步牵引电动机，具有起动（持续）牵引力大、黏着性能好、恒功率速度范围宽、功率因数高等特点。

② 机车辅助电气系统采用两组辅助变流器，能分别提供 VVVF 和 CVCF 三相辅助电源，对辅助机组进行分类供电。该系统有较强的冗余性，一组辅助变流器发生故障后，可以由另一组辅助变流器对全部辅助机组供电。

③ 采用微机网络控制系统，实现逻辑控制、自我诊断功能以及机车的网络重联功能。

④ 机车总体设计采用高度集成化、模块化设计思路，电气屏柜及各种辅助机组按功能斜对称布置在机车中间走廊的两侧。采用规范化的司机室，有利于机车的安全运行。

⑤ 采用带有中梁、整体式承载的框架式车体结构，有利于提高车体的强度及刚度。

⑥ 机车转向架采用滚动轴承抱轴的半悬挂结构，二系悬挂采用高圆螺旋弹簧、整体式轴箱、推挽式低位牵引杆技术。

⑦（全去耦）变压器采用下悬式安装的一体化多绕组结构，具有高阻抗、重量轻的特点。

⑧ 冷却系统采用机车顶盖夹层进风、各个系统独立通风冷却的技术，同时使司机室的换气和机械间保持微正压状态。

⑨ 空气制动系统采用集成化气路，具有空电制动功能，机械制动采用轮盘制动形式。

⑩ 空气干燥器采用新型的工作模式，有利于压缩空气的干燥，减少制动系统相关阀件的故障率。

活动 1.5.2　HX_D3C 型电力机车的总体布置

【活动要点】：HX_D3C 型电力机车的总体布置。

在机车的两端各设一个司机室，两个司机室的中间是机械室。在机械室内设有 600 mm 宽的中央通道，在通道左右两侧设有主变流装置、通风机、空气压缩机等设备。在车体下设有两台 3 轴的转向架及主变压器，在顶盖上设有受电弓及避雷器。车内设备布置以平面斜对称布置为主，设备成套安装，有利于机车的重量分配和机车的制造、检修及部件互换。机车外形如图 1–6 所示。

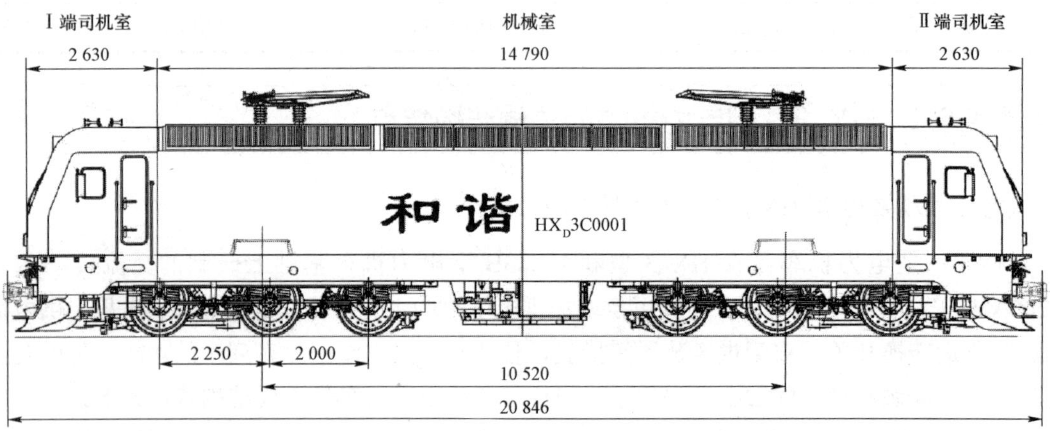

图 1–6　机车外形

1. 司机室设备布置

司机室如图 1–7 所示。在司机室内设有操纵台、八灯显示器、司机座椅、紧急放风阀、灭火器等设备。司机室操纵台前部设有空调装置，司机室顶部设有风扇、头灯、照明设备等。司机室前窗采用电加热玻璃，窗外设有电动刮雨器，窗内设有电动遮阳帘，侧窗外设有机车后视镜。在操纵台上设有 TCMS 显示器、ATP 显示器、压力组合模块、司机控制器、制动控制器、扳键开关组、制动装置显示器、冰箱、暖风机、脚炉和膝炉。

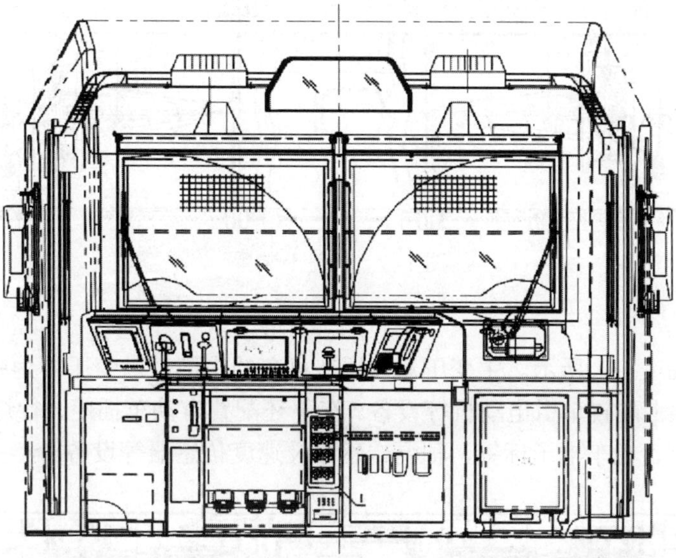

图 1–7　司机室

2. 机械室设备配置

机械室设备配置如图 1–8 所示。Ⅰ端设备室紧邻Ⅰ端司机室，内部布置有牵引通风机、蓄电池充电装置、蓄电池柜、滤波装置、微机柜（TCMS 柜）、控制电器柜、空气压缩机、干燥器、高压电器柜、列车供电柜（客运机车）。

Ⅱ端机械室紧邻Ⅱ端司机室，内部布置有牵引通风机、卫生间、空气压缩机、主风缸、辅助风缸、干燥器、制动屏柜、列车供电柜（客运机车）。

在Ⅰ端设备室和Ⅱ端设备室之间设有中央机械室，室内布置有主变流装置、复合冷却器及复合冷却器通风机组。

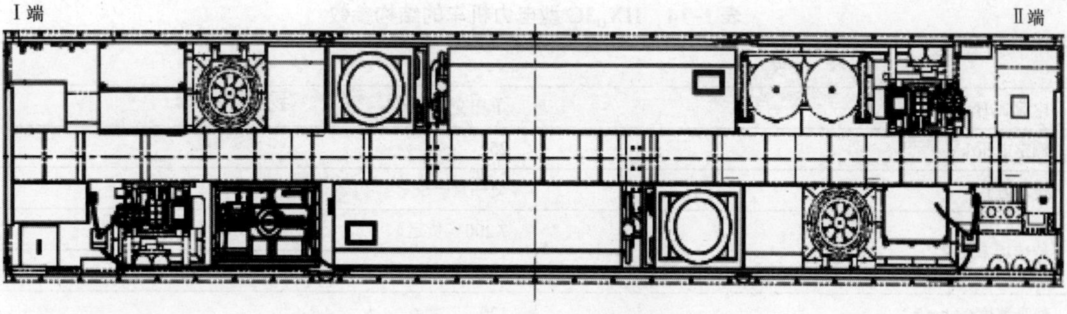

图 1–8　机械室设备配置

3. 顶盖上装置

顶盖上装置如图 1–9 所示。机车顶盖由 3 个顶盖组成，Ⅰ端顶盖和Ⅱ端顶盖配置有受电弓，中央顶盖上配置有检修升降口，由升降口上车顶进行检修和维修作业。为确保安全，天窗设置有钥匙联锁装置。

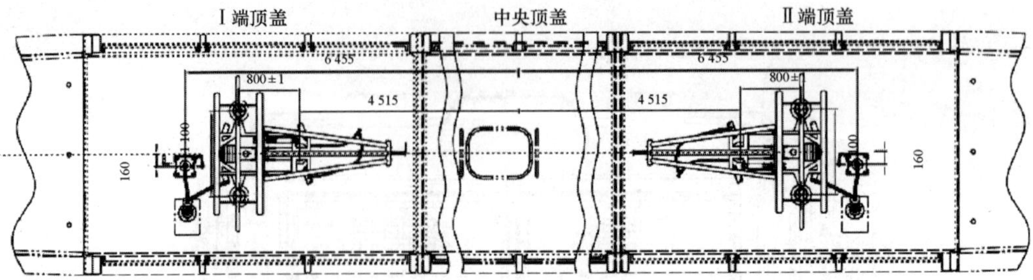

图 1–9　顶盖上装置

4. 车下设备

车下设备如图 1–10 所示。主变压器设置在机车的中部，以变压器为中心对称布置两台转向架。在转向架上配置牵引电动机等设备。车下还配置有动车插座、行灯插座、辅助/控制电路外接电源插座、机车电子标签、轴温传感器及速度传感器等设备。

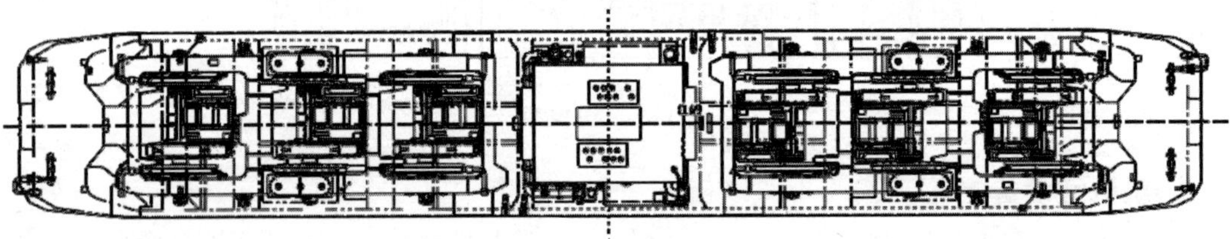

图 1–10　车下设备

活动 1.5.3　HX_D3C 型电力机车的结构参数

【活动要点】：机车主要结构参数。

HX_D3C 型电力机车的结构参数如表 1–14 所示。

表 1–14　HX_D3C 型电力机车的结构参数

参　数	参 数 值
电流制/Hz	单相交流 50
额定电压/kV	25
传动方式	交—直—交
持续功率/kW	7 200（货运）
	6 400（客运）
最高速度/（km/h）	120
持续速度/（km/h）	70（23 t 轴重）
	62（23 t 轴重，客运）
	65（25 t 轴重）
起动牵引力/kN	520（23 t 轴重）
	570（25 t 轴重）

续表

参　数	参 数 值
持续牵引力/kN（半磨耗轮）	370（23 t 轴重）
	400（25 t 轴重）
恒功率速度范围/（km/h）	65～120（25 t 轴重）
	70～120（23 t 轴重）
	62～120（23 t 轴重，客运）
电制动方式	再生制动
电制动功率/kW（70～120 km/h）	7 200（23 t 轴重）
（65～120 km/h）	7 200（25 t 轴重）
（62～120 km/h）	6 400（23 t 轴重，客运）
最大电制动力/kN（15～70 km/h）	370（23 t 轴重）
（15～65 km/h）	400（25 t 轴重）
（15～62 km/h）	370（23 t 轴重，客运）
轨距/mm	1 435
轴式	$C_0—C_0$
机车总重/t	$138^{+41.4}_{-13.8}$（23 t 轴重）
	150^{+15}_{-45}（25 t 轴重）
轴重/t	23+2
机车前后车钩中心距/mm	20 846
车底底架长度/mm	19 630
车体宽度/mm	3 100
车体高度/mm	4 100（新轮）
机车全轴距/mm	14 700
中心距固定轴距/mm	2 250+2 000
车轮直径/mm	1 250（新轮）
	1 200（半磨耗）
	1 150（全磨耗）
车钩中心线距轨面高度/mm	880±10
排障器距轨面高度/mm	110^{+10}_{0}
受电弓落下时，滑板顶面距轨面高度/mm	≤4 770

【考核评价】

1. 自我评价

① 自我考核：HX_D3C 型电力机车的总体布置描述。

② 自我评价（见表 1–15）。

表 1–15　自我评价（每项满分为 10 分）

序　号	评 价 内 容	得　分	亮　点
1	课前知识查阅、调研完成情况		
2	课前、课中与人协作沟通表现		
3	HX_D3C 型电力机车总体布置掌握情况		
4	课前、课中学习态度表现		

2. 小组评价（见表 1–16）

表 1–16　小组评价（每项满分为 10 分）

序　号	评 价 内 容	得　分	亮　点
1	课中学习态度表现		
2	课前、课中与人协作沟通表现		
3	HX_D3C 型电力机车总体布置掌握情况		

3. 教师评价（见表 1–17）

表 1–17　教师评价（每项满分为 10 分）

序　号	评 价 内 容	得　分	亮　点
1	课前知识查阅、调研完成情况		
2	课中参与及协作情况		
3	掌握 HX_D3C 型电力机车总体布置的效果		

【教师建议】

在学习 HX_D3C 型电力机车总体布置的基础上，进一步扩展对其他型号电力机车的认识。

项目 2

电力机车电机检修技能训练

任务 2.1　小型直流电动机检修技能训练

【任务描述】

为了切实增强学生的动手能力和团队协作能力，将学生分成若干小组，各小组成员共同完成对小型直流电动机的解体、组装及试验运行工作，进一步加强学生对小型直流电动机结构的认知。

【学习目标】

知识目标	熟悉小型直流电动机的结构，掌握小型直流电动机的检修工艺流程
能力目标	能够独立完成小型直流电动机的解体和组装，并能对检修、组装后的小型直流电动机进行试验运行
素质目标	养成细致、认真的工作作风；养成独立分析问题的良好习惯；能够比较自如地与他人沟通、协作完成工作

活动 2.1.1　小型直流电动机结构认知

【活动要点】：小型直流电动机的结构。

直流电动机是将直流电能转换为机械能的电机，由静止的定子和旋转的转子两大部分组成，其结构如图 2-1 所示。其中，定子主要由机座、主磁极、换向极及电刷装置等组成；转子又称电枢，主要由电枢铁芯、电枢绕组和换向器等组成。

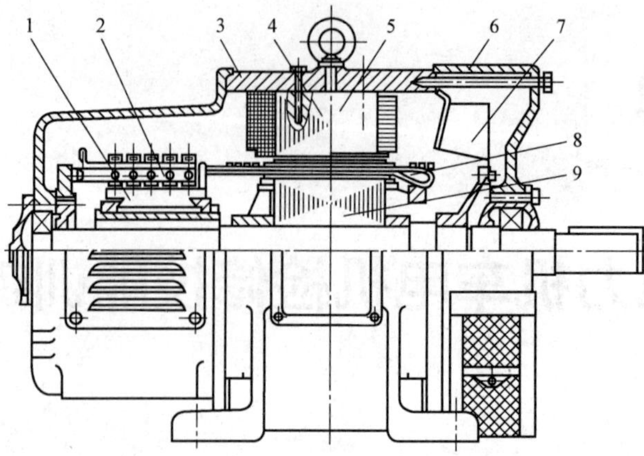

1—换向器；2—电刷装置；3—机座；4—主磁极；5—换向极；6—端盖；7—风扇；8—电枢绕组；9—电枢铁芯。

图 2–1　小型直流电动机的结构

活动 2.1.2　小型直流电动机的检修技术规程

【活动要点】：检修要求及限度。

1. 检修要求

1）电动机机座、端盖、轴承检修要求

① 机座、端盖不许有裂损、变形。油管及油堵齐全、畅通。

② 接线板清洁，不许有裂损。接线柱不许有松动、歪斜及过热烧痕，螺栓完好，接线柱间及对地绝缘电阻符合限度要求。

③ 轴承转动灵活、平稳，无异音。滚道及滚动体不许有裂损、剥离、碾堆、麻面及锈蚀现象。保持架完好。

④ 轴承内、外圈分别与轴、端盖轴承室的配合及端盖与机座的配合不得有松旷，松旷时严禁以滚花或加垫方式处理。重新安装时，其配合尺寸应符合技术要求。

2）定子检修要求

① 电枢铁芯不许有松动、移位。槽楔紧固，不得有裂损。电枢铁芯应密贴机座，各主极尖之间的距离的相互偏差不许超限。

② 绕组清洁、紧固，绝缘状态良好。引接线固定、可靠，折损面积不许超限。接线端子平整，连接状态完好。

③ 绕组对地绝缘电阻值和对地耐电压试验应符合限度规定。在二次中修时，应对定子绕组进行清洗、浸漆处理。

3）电动机电枢检修要求

① 电枢铁芯与轴配合良好，不许有松弛、移位。自冷风扇完好，平衡块不得有松动。

② 电枢轴配合面光洁，损伤超限或与轴承配合松旷时，允许采用镀层修复，但不许焊修、嵌套。

③ 电枢绕组端部绝缘清洁、完好，绑线不许有拉伤、松动。槽楔不得有裂损、松动，

绕组对地绝缘电阻值符合限度规定。

④ 换向器表面光滑，不得有拉伤，直径磨耗量及跳动量不得超限。云母槽内不得有污垢，下刻深度及倒角符合限度规定。换向器表面镟修粗糙度 *Ra* 不大于 1.6 μm。

⑤ 换向器片间不许有短路、断路，升高片不许有开焊。对换向器不良或有甩锡、开焊现象的电枢，应及时更换绕组的电枢，应进行片间电压测量，电压值与平均值之差不得超过平均值的 ±5%。

4）电动机刷架检修要求

① 刷架各部分清洁，不许有裂损。刷盒压指与弹簧不许有断裂、疲劳。刷架连线绝缘状态良好，导线截面的缺损不许超限。

② 电刷不许有裂损，刷辫不许有过热及松脱，电刷接触面缺损及刷辫折损不得超限。电刷长度、电刷与刷盒的间隙、电刷压力符合限度规定。

5）电动机的组装要求

① 机组内外清洁，标记正确、清晰。附件齐全、完整，各紧固件紧固，接线正确、牢固。

② 电枢转动灵活，轴伸部分中点的圆跳动量不得超限。

③ 同一电动机必须使用同一厂家牌号的电刷。电刷与换向器的接触面积、刷盒底面与换向器表面的距离及平行度符合限度规定。电刷中性线位置正确。

6）电动机试验要求

① 机组转动灵活，运转平稳、无异音，电枢与定子间不许有摩擦，额定工况下轴承稳定温升不得超过 55 K。

② 直流电动机应进行正向空载试验，启动过程及空载电流均应正常，其火花不得超过 1 1/4 级。电枢重新绑扎时，应以 1.2 倍的最大工作转速试验 2 min，电动机结构不许发生任何影响其正常运行的机械损伤和永久变形。

2. 限度表

小型直流电动机检修限度表如表 2–1 所示。

表 2–1　小型直流电动机检修限度表

序号	名称		原形	限度	
				中修	禁用
1	主极极尖之间距离的相互偏差/mm			≤1	
2	引线、连线及刷辫截面积缺损/%			≤10	
3	电动机绝缘电阻（500 V 兆欧表）/MΩ	直流电动机定子绕组对地		≥10	
		直流电动机电枢对地		≥5	
		接线板、接线柱间及对地		≥50	
4	轴配合面拉伤/%	面积		≤15	
		深度与直径比		≤2	
5	辅助空气压缩机电机换向器直径（ZTP–22）/mm		82	≥79	
6	换向器表面磨损量/mm			≥0.3	≥0.5

续表

序号	名称			原形	限度	
					中修	禁用
7	换向器表面圆跳动量/mm				≥0.05	≥0.10
8	云母槽		深度/mm		0.8～1.2	
			倒角		0.2×45°	
9	电刷接触面缺损/%			0	0	≥10
10	电刷长度/mm			30	30	≤20
11	电刷压力/N			3.14～3.63	3.14～3.63	
12	电刷与换向器表面接触面积/%			≥80	≥80	
13	电刷与刷盒间隙/mm		轴向	0.06～0.30	0.06～0.30	
			圆周方向	0.05～0.20	0.05～0.20	
14	刷盒与换向器表面的距离/mm				1.5～2.5	
15	键与键槽配合/mm	最大间隙	轴	0.025	0.025	
			孔	0.075	0.075	
		最大过盈	轴	0.075	0.075	
			孔	0.075	0.075	
16	轴伸部分中点处的圆跳动量/mm			≤0.04	≤0.1	

活动 2.1.3　小型直流电动机的检修作业程序

【活动要点】：① 小型直流电动机的解体、组装及各部件的检查。

② 小型直流电动机检修，组装后的运行试验。

1. 解体

① 松开换向器检查孔盖的螺栓，取下换向器检查孔盖，把弹簧压指扳上，取出电刷。

② 松开换向器侧轴承外盖螺栓，取下轴承外盖。

③ 拆开定子绕组与刷架连线，并在接线端子上做上记号。

④ 在换向器侧端盖与机座上做上适当记号，卸下换向器侧端盖紧固螺栓，在端盖周围用铜棒对称敲击，使其离开机座止口，取下端盖。

注意：取端盖时不要损伤绕组和换向器。

⑤ 在刷架圈和端盖上做适当记号，松开刷架圈紧固螺栓，取下刷架圈。

⑥ 在轴伸侧端盖和机座上做上适当记号，卸下轴伸侧端盖紧固螺栓，用黄铜棒在端盖周围对称敲击，并使其与机座止口分离。

⑦ 用手扶住两端，使电枢保持水平，并使定子和电枢轴线对齐，将电枢从轴伸端由定子内腔移出，置于电枢托架上。

注意：移出时不得碰伤绕组和换向器。

⑧ 卸下轴伸端轴承外盖紧固螺栓，取下轴承外盖，将电枢立起，用黄铜棒对称敲击端盖，使端盖与轴承外圈分离，取下端盖。

⑨ 用轴承拔出器分别拔下两端轴承，取下轴承内盖。

注意：拔出轴承时应使轴承内圈受力，注意保护中心孔。

2. 清扫、检查

1）吹扫、清洗

用 200～300 kPa 干燥的压缩空气吹扫电动机定子、电枢，再用汽油、棉丝将其擦干净，换向器用白布蘸酒精擦拭。

注意：吹扫时风嘴距离绝缘部分大于 150 mm。

2）清洗、检查接线板装置

① 拆开接线板装置，用汽油将其清洗干净。

② 检查接线板装置。检查引线的接线端子、接线螺栓、螺母及接线盒，如有不良器件，应更新。要求：接线板应无裂纹、无放电灼伤，引接线折损面积不超过其表面积 10%，绝缘无破损、老化，接线端子良好、无过热，接线螺栓、螺母、热圈齐全，胶皮垫圈完整。

③ 组装接线板装置。

④ 测量接线板绝缘电阻，要求绝缘电阻大于 50 MΩ。

3）清洗、检查轴承

（1）清洗轴承

① 新轴承整备。将轴承从纸盒中取出，然后连同紧贴轴承的油包纸放入电热烘箱内，在 90～100 ℃温度下进行烘焙，时间为 5～10 min，烘后取掉轴承上的油包纸。

② 清洗前的准备（旧轴承必须先去掉外部油垢）。直接放入 70～80 ℃的变压器油中加热，待油脂全部溶去后取出，放在油箱上面的铁丝网上，滴净轴承上的附油。

③ 清洗及吹净。逐件用钳子夹到第一汽油箱中，清洗油垢后，再将其漫入汽油箱清洁汽油中洗净。清洗过的轴承，用手握紧轴承内外圈，用 200～300 kPa 干燥清洁压缩空气对准轴承滚道部分沿周围依次缓慢地吹净。

（2）检查轴承

① 检查清扫状态。细心检查轴承，如发现有砂粒或杂质，说明该轴承未清洗干净，应重新清洗。

② 检查轴承滚道、保持架、滚珠状态，应无不良情况，轴承内、外滚道间保持架及滚珠表面应无锈迹、划痕、烧伤、裂纹等缺陷。

③ 检查轴承。用手或工具穿入轴承内圈，托住轴承，沿内外圈转动，待其自由停下，在此过程中观察轴承转动是否灵活，如遇卡住或过松现象则不得使用。

④ 用内径百分表检测轴承内径尺寸，须符合公差要求。

4）检查定子

① 用 500 V 兆欧表测量定子绕组对地绝缘电阻，绝缘电阻应大于 10 MΩ，否则应在 120 ℃恒温下干燥 8 h 后再行测定。

② 检查磁极及其线圈，要求磁极固定螺栓不得有松动，线圈不得有松动，磁极垫片不得有脱落、变形、裂纹，绝缘不得有老化、破损。

③ 检查磁极连线、刷架连线，应无过热、绝缘老化等不良现象，引接线折损面积应不超过 10%。

④ 测量各磁极极尖之间的距离，相互间距离偏差应不超过 1 mm。

⑤ 检测主极极性，应使 N、S 极交替布置。

5）检查刷架圈装置

① 检查刷架圈及刷杆，刷架圈和刷杆绝缘柱应无裂纹。

② 检查刷握，刷握应无裂纹、无烧痕，刷握内孔应光洁、无疵纹。用塞尺检查电刷在刷握内的间隙，轴向限度为 0.06～0.30 mm，圆周方向限度为 0.05～0.20 mm。

③ 检查刷握弹簧，应无退火或永久变形。

④ 检查刷握的绝缘电阻，应大于 20 MΩ。

6）检查电枢

① 用 500 V 兆欧表测量电枢对地的绝缘电阻。其绝缘电阻应大于 5 MΩ，否则应在 100 ℃恒温下干燥 4 h 后再测。若干燥后绝缘电阻仍不达标，说明绝缘老化。

② 检查电枢铁芯及轴。轴上无裂纹，电枢铁芯与轴、换向器与轴无松弛、位移，轴颈无拉伤。用外径千分尺检查轴颈尺寸，轴伸柱直径为 8 mm，轴承柱直径为 20 mm，用游标卡尺检查键及键槽配合情况。

③ 用电机短路测试仪检查电枢绕组，不得有短路现象。

④ 检查换向器表面，应光洁、无污斑、无毛刺、无拉伤。换向器应焊接良好，无甩锡现象。检查换向器云母槽，云母片应低于换向器表面 0.8～1.2 mm，槽内清洁、无异物。

⑤ 检查自冷风扇，应无裂纹、无变形，与轴配合无松动、无位移。

7）检查端盖

轴承内、外盖应无变形、无裂纹。

3. 组装

① 套装轴承，步骤如下。

（a）两侧轴承内盖分别套到轴上。

（b）合格轴承平行推入轴承挡处，用轴承套管顶住内圈，用锤轻轻将其敲入。套装轴承时，应使轴承上有字码的一面朝外。也可将套装轴承悬放入油槽中，在 90～100 ℃的油中加热，再将其热套在轴上，组装后用汽油冲洗轴承。

（c）将轴承润滑脂加入轴承及轴承内盖内，轴承润滑脂在轴承内盖内应涂满容积的 1/3，在轴承内要塞满滚环之间的空间。

② 将轴伸端端盖对准后套在轴伸端轴承外圈上，用铜棒对称轻敲端盖四周，使轴承套端盖住轴承室。在轴承外盖内涂 1/3 容积的轴承润滑脂，并将其装在轴端，用螺栓紧固。

③ 用手扶住电枢两端使其保持水平，并使定子和电枢轴线对齐，将电枢移入定子内腔。对准记号后用木锤轻轻敲打，使端盖和机座止口完全贴合，紧固端盖螺栓。

注意：不得碰伤线圈和换向器。

④ 套装刷架圈，按规定位置将刷架圈固定在换向器侧端盖上。

⑤ 按记号套入换向器侧端盖，装入固定螺栓，用铜棒对称敲击端盖，使其与机座止口完全贴合，用木锤轻敲轴端，转动电枢使其灵活，最后对称紧固螺栓。

⑥ 在轴承外盖内涂 1/3 容积轴承润滑脂，并将其套装在轴端上，上紧紧固螺栓。

⑦ 安装、调整电刷，测量电刷压力及刷握与换向器之间的间隙。

注意：电刷压力为 9.8～11.7 N，间隙为 1.5～2.5 mm。

⑧ 试验运行后，再装上换向器观察孔盖，紧固螺栓。

注意：装观察孔盖时，要使孔盖上百叶窗向下倾斜。

4. 试验运行

① 试验前检查。

（a）检查电动机所有紧固螺栓，应紧固、无松动。用手转动电动机，应转动灵活。

（b）电刷应能在刷盒内上下自由移动，电刷与换向器接触面大于其 3/4 表面。

（c）检查换向器，表面应清洁、光滑，云母槽内无异物，云母片低于换向片 1～1.5 mm。

② 用 500 V 兆欧表测量电动机对地绝缘电阻，绝缘电阻应大于 5 MΩ。

注意：在测量绝缘电阻时，应把接线盒的所有接线柱用导线连在一起。

③ 测量绕组的直流电阻。测量的电阻值应换算成 20 ℃的电阻值，换算后的电阻值与制造厂提供的数值之差不超过其值的 10%，据此判断绕组是否断线或短路。

注意：实训时，也可与其他电动机比较。

④ 采用感应法调整电刷中性线位置，在固定位置上应重复校验一次，确定电刷是否在中性线上。

⑤ 耐电压试验。正弦波工频交流电 1 500 V，持续 1 min 不击穿。

⑥ 接通电源，电动机连续启动数次并进行运转试验，监听轴承声音。电动机起动运转应无异常，电动机无剧烈振动。轴承转动应平稳、轻快，无停滞现象，声音均匀和谐，无任何不正常的杂音。

⑦ 改变不同接法，观察电动机转向：

（a）主极连接改变；

（b）电枢连接改变。

⑧ 调速。改变电枢两端电压，测量不同电压时的速度。

注意：并励电动机调压时，应使励磁绕组电压不变。

⑨ 运行中观察换向器火花，换向器火花等级应不超过 1 1/4 级。若发现火花超过规定，应查明原因，并进行处理。

【考核评价】

1. 自我评价

① 自我考核：小型直流电动机的结构、检修作业程序描述。

② 自我评价（见表 2–2）。

表 2–2　自我评价（每项满分为 10 分）

序　　号	评 价 内 容	得　　分	亮　　点
1	课前知识查阅、调研完成情况		
2	课前、课中与人协作沟通表现		
3	小型直流电动机结构的认知程度及检修作业的熟练程度		
4	课前、课中学习态度表现		

2. 小组评价（见表 2–3）

表 2–3　小组评价（每项满分为 10 分）

序　　号	评 价 内 容	得　　分	亮　　点
1	课中学习态度表现		
2	课前、课中与人协作沟通表现		
3	小型直流电动机结构的认知程度及检修作业的熟练程度		

3. 教师评价（见表 2–4）

表 2–4　教师评价（每项满分为 10 分）

序　　号	评 价 内 容	得　　分	亮　　点
1	课前知识查阅、调研完成情况		
2	课中参与及协作情况		
3	小型直流电动机的结构及检修作业程序掌握情况		

【教师建议】

在掌握小型直流电动机结构的基础上，进一步熟悉并掌握其检修操作流程及各项要求，达到能够独立完成小型直流电动机检修的目的。

任务 2.2　小型交流电动机检修技能训练

【任务描述】

为了切实增强学生的动手能力和团队协作能力，将学生分成若干小组，各小组成员共同完成对小型交流电动机的解体、组装及试验运行工作，进一步加强学生对小型交流电动机结构的认知。

【学习目标】

知识目标	熟悉小型交流电动机的结构，掌握小型交流电动机的检修工艺流程
能力目标	能够独立完成小型交流电动机的解体和组装，并能在组装后进行试验运行
素质目标	培养严谨、认真的工作态度；养成独立分析问题的良好习惯；培养团队合作精神

活动 2.2.1　小型交流电动机结构认知

【活动要点】：小型交流电动机的结构。

和小型直流电动机一样，小型交流电动机也主要由静止的定子和旋转的转子两大部分组成，定子和转子之间有一个较小的气隙，其结构如图 2–2 所示。其定子主要由定子铁芯、定子绕组和机座三部分组成，其转子由转子铁芯、转子绕组和转轴组成。

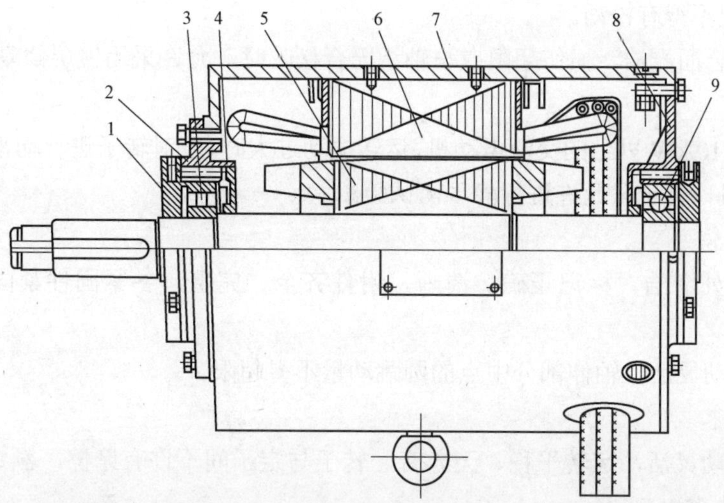

1—轴承外盖；2—前端盖；3—66312Z1 轴承；4—轴承内盖；5—转子；6—定子；7—机座；8—后端盖；9—312Z1 轴承。

图 2–2　小型交流电动机的结构

活动 2.2.2　小型交流电动机的检修技术规程

【活动要点】：小型交流电动机的检修要求及限度。

1. 检修要求

1）电动机机座、端盖、轴承检修要求

① 机座、端盖不许有裂损、变形。油管及油堵齐全、畅通。

② 接线板清洁，不许有裂损。接线柱不许有松动、歪斜及过热烧痕，螺栓完好，接线

柱间及对地绝缘电阻符合限度要求。

③ 轴承转动灵活、平稳，无异音。滚道及滚动体不许有裂损、剥离、碾堆、麻面及锈蚀现象。保持架完好。

④ 轴承内、外圈分别与轴、端盖轴承室的配合及端盖与机座的配合不得有松旷，松旷时严禁以滚花或加垫方式处理。重新安装时，其配合尺寸应符合技术要求。

2）定子检修要求

① 定子铁芯不许有松动、移位。槽楔紧固，不得有裂损。

② 绕组清洁、紧固，绝缘状态良好。引接线固定可靠，折损面积不许超限。接线端子平整，连接状态完好。

③ 定子绕组对地及相间绝缘电阻值和绕组对地耐电压试验应符合限度规定。电动机在二次中修时，应对定子绕组进行清洗、浸漆处理。定子绕组大修时，其相序与旋转方向必须符合技术要求。

3）转子检修要求

① 转子铁芯与轴配合良好，不许有松弛、移位。鼠笼导条及端环不许有断裂，自冷风扇完好，平衡块不得有松动。

② 转轴配合面光洁，损伤超限或与轴承配合松旷时，允许采用镀层修复，但不许焊修、嵌套。

③ 容量在 10 kW 以上的交流电动机，运转振动过大时，应对转子进行动平衡试验。10 kW 以下交流电动机，转子只允许进行静平衡试验。

4）组装要求

① 机组内外清洁，标记正确、清晰，附件齐全、完整，各紧固件紧固，接线正确、牢固。

② 转子转动灵活，轴伸部分中点的圆跳动量不得超限。

5）试验要求

① 机组转动灵活，运转平稳、无异音。转子与定子间不许有摩擦，额定工况下轴承稳定温升不得超过 55 K。

② 一般交流电动机在三相电源平衡条件下，其空载电流任一相与三相平均值的差不大于平均值的 10%，并不得超过出厂值的 10%，转速正常。

③ 更换交流电动机定子绕组后，应进行对地及绕组相互间的耐电压试验。

④ $6U_\phi$+1 000 V 波高值的脉冲电压试验，历时 1 min 不许有击穿现象（U_ϕ为每相电压有效值）。若需要重复试验，试验电压不得超过规定值的 85%。

2. 限度表

小型交流电动机检修限度表如表 2–5 所示。

表 2–5　小型交流电动机检修限度表

<table>
<tr><th rowspan="2">序　号</th><th rowspan="2" colspan="3">名　　称</th><th rowspan="2">原形</th><th colspan="2">限度</th></tr>
<tr><th>中修</th><th>禁用</th></tr>
<tr><td rowspan="2">1</td><td rowspan="2" colspan="2">电动机绝缘电阻值（500 V 兆欧表）/MΩ</td><td>交流电动机定子绕组对地及相间</td><td></td><td>≥10</td><td></td></tr>
<tr><td>接线板、接线柱间及对地</td><td></td><td>≥50</td><td></td></tr>
<tr><td rowspan="2">2</td><td rowspan="2" colspan="2">定子绕组对地及相间耐电压试验值（交流）/V</td><td>新品</td><td>2 000</td><td>2 000</td><td></td></tr>
<tr><td>旧品</td><td></td><td>1 700</td><td></td></tr>
<tr><td rowspan="2">3</td><td rowspan="2">轴配合面拉伤/%</td><td colspan="2">面积</td><td></td><td>≤15</td><td></td></tr>
<tr><td colspan="2">深度与直径比</td><td></td><td>≤2</td><td></td></tr>
<tr><td rowspan="4">4</td><td rowspan="4">键与键槽配合/mm</td><td rowspan="2">最大间隙</td><td>轴</td><td>0.025</td><td>0.025</td><td></td></tr>
<tr><td>孔</td><td>0.075</td><td>0.075</td><td></td></tr>
<tr><td rowspan="2">最大过盈</td><td>轴</td><td>0.075</td><td>0.075</td><td></td></tr>
<tr><td>孔</td><td>0</td><td>0</td><td></td></tr>
<tr><td rowspan="2">5</td><td rowspan="2" colspan="2">轴伸部分中点处的圆跳动量/mm</td><td>交流电动机（14 kW 及以上）</td><td>≤0.06</td><td>≤0.15</td><td></td></tr>
<tr><td>交、直流两用小型电动机</td><td>0.04</td><td>≤0.1</td><td></td></tr>
</table>

活动 2.2.3　小型交流电动机的检修作业程序

【活动要点】：① 小型交流电动机的解体、组装及各部件的检查。
② 小型交流电动机检修、组装后的运行试验。

1. 解体

① 将风罩及外风扇拆下。

② 将轴伸端轴承盖螺栓拆下，取下轴伸端轴承外盖。

③ 在轴伸端盖和机座上做好适当标记，拆下轴伸端端盖螺栓，用黄铜棒对称轻敲端盖，使其与机座止口分离，取下端盖。

④ 在风扇端（后端）端盖和机座上做好适当记号，拆下端盖螺栓，用黄铜棒对称轻敲端盖，使其与机座止口分离，取下端盖。

⑤ 托起前端轴，使转子保持水平位置，把转子与后端盖一起从定子内腔抽出。

⑥ 拆下后端盖上轴承盖螺栓，取下轴承外盖。

⑦ 从转子上取下风扇端端盖。

⑧ 卸下两端滚动轴承（可根据需要拆卸轴承）。

⑨ 取下轴承内盖。

2. 清扫、检查

1）清扫

用 200～300 kPa 干燥压缩空气吹扫定子和转子，再用汽油、棉丝将其擦拭干净。吹扫时风嘴距绕组距离要大于 150 mm。

2）检查接线板装置

① 拆下接线板装置，用汽油将其清洗干净。检查接线板，应无裂纹、无放电灼伤。

② 检查引接线、接线端子、接线螺栓。引接线绝缘应无破损、老化；引接线折损面积不应大于其表面积的 10%；接线端子良好，无过热；螺栓、螺母齐全。

③ 组装接线板装置，测量接线板对地绝缘电阻，应大于 50 MΩ。

3）检查定子

① 检查机座，机座应无破损、裂纹。

② 检查定子铁芯，定子铁芯与机座之间应无松弛、无位移。

③ 检查定子绕组绝缘、端部绑线及槽楔。定子绕组应无破损、老化、过热，端部绑线牢固；槽楔完好，无松动、脱落。

④ 用电机短路测试仪测量定子绕组，不能有短路现象。

⑤ 用 500 V 兆欧表测量定子绕组对地及相间绝缘电阻，绕组不能接地，相间不能短路，绝缘电阻应大于 10 MΩ。

⑥ 用指南针法检查极相组之间连接是否正确。将定子绕组三个始端 *A*、*B*、*C* 互相并在一起，末端 *X*、*Y*、*Z* 也并在一起，在两端施加低压直流电源，用指南针沿着定子铁芯内圆移动，指南针经过各极相组时方向交替变化，表示接线正确；如果经过相邻的极相组时指南针方向不变化，表示极相组间接线错误；若指南针方向变化不明显，可适当提高电源电压。

4）清洗检查轴承

方法同小型直流电动机“检查轴承”。

5）检查转子

① 检查转子铁芯，铁芯应无松动、位移、扫膛，铁芯槽部无烧痕。

② 检查转子铸铝导条端环，用电机短路测试仪检查，转子导条、端环应无断条、开裂。

③ 检查平衡块，原平衡块应牢固、无脱落。

④ 检查轴拉伤情况、轴键槽状态。轴拉伤面积应不大于其表面积的 15%，深度不大于轴径的 2%，键槽完好，无变形、损伤、毛刺。

6）检查端盖和轴承内外盖

各零件应无变形、裂纹。

7）检查自冷风扇

自冷风扇应无裂纹、无变形，与轴配合无松动。

3. 组装

① 套装轴承。

（a）将两侧轴承内盖分别套在轴上。

（b）将合格轴承的字码一方朝外，平行推入轴承挡处，用轴承管顶住内圈，用锤将其敲至轴承止挡处。

（c）将轴承润滑脂加入轴承及轴承的内盖内，轴承内盖涂 1/3 容积的轴承润滑脂。轴承内尽量将轴承润滑脂填满滚珠之间的空间。

② 套装风扇端端盖，用铜棒对称轻敲击端盖四周，使轴承套入端盖轴承室内。先在轴

承外盖内涂 1/3 容积的轴承润滑脂，并将其装在轴端，用螺栓紧固。

③ 将转子托平，与定子轴线对齐，平行移入定子内腔，并按记号对准。装入螺栓，用铜棒对称轻敲，使端盖与机座止口贴合，紧固螺栓。

注意：装入转子时不要碰伤绕组。

④ 按记号装入轴伸端端盖，装入螺栓，用铜棒或木锤对称轻敲端盖，使其与机座止口贴合，紧固螺栓。

⑤ 在轴承外盖内涂 1/3 容积的轴承润滑脂，并将其装在轴端，用螺栓紧固。

⑥ 安装好端盖，用木锤（或铜棒）对称轻敲，均匀紧固螺栓，同时用木锤轻敲轴端，用手转动轴，应转动灵活、无摩擦声，最后紧固螺栓。

⑦ 安装自冷风扇和风罩。

4. 试验运行

① 试验前的检查。

（a）检查所有紧固螺栓，用手转动电动机，应转动灵活。

（b）用兆欧表检查定子绕组相间是否短路、绕组是否接地。

（c）检查定子绕组的始端和末端。用绕组串联法检查时，将任一相绕组的两端接到 36 V 低压交流电源上，另外两相绕组串联。如果两端电压接近为 0，则表示两相绕组反串，即两相绕组的始端或末端接在一起了。如果两端电压接近 36 V，则表示两相绕组顺串，即一相绕组始端接到另一相绕组的末端了。若接电源的绕组接另外一相绕组，其他两相绕组串联，重复上述试验，可以定出三相绕组始、末端。

② 用 500 V 兆欧表检查电动机绝缘电阻，应大于 10 MΩ。

注意：测量时应把电动机三相绕组六个端子用导线连在一起。

③ 用电桥测量三相绕组冷态下的直流电阻，各相电阻之误差与三相平均值之比不大于 5%。电阻较大的一相可能有断线故障。

④ 耐电压试验。正弦波工频交流电 1 500 V，持续 1 min 不击穿。

注意：练习试验时，电压可降低。

⑤ 电动机起动试验。接通三相电源，数次起动电动机，监听轴承声音，应运行正常、轻快、无杂音。考查电动机振动状态。

⑥ 空载试验。电动机轴上不带机械负载，定子绕组施加对称三相额定电压，测定三相空载电流是否平衡，任何一相的三相空载电流值与三相电流平均值的偏差应不大于平均值的 10%。

⑦ 试运行。对定子绕组施加对称三相电压，并用自耦变压器启动，不带负载，额定电压下运行 30 min，测量电动机空载电流，电动机铁芯和轴承应不过热。轴承应运行平稳，声音均匀、和谐，无杂音。

【考核评价】

1. 自我评价

① 自我考核：小型交流电动机的结构、检修作业程序描述。

② 自我评价（见表 2–6）。

表 2–6　自我评价（每项满分为 10 分）

序　号	评 价 内 容	得　分	亮　点
1	课前知识查阅、调研完成情况		
2	课前、课中与人协作沟通表现		
3	小型交流电动机结构的认知程度及检修作业的熟练程度		
4	课前、课中学习态度表现		

2. 小组评价（见表 2–7）

表 2–7　小组评价（每项满分为 10 分）

序　号	评 价 内 容	得　分	亮　点
1	课中学习态度表现		
2	课前、课中与人协作沟通表现		
3	小型交流电动机结构的认知程度及检修作业的熟练程度		

3. 教师评价（见表 2–8）

表 2–8　教师评价（每项满分为 10 分）

序　号	评 价 内 容	得　分	亮　点
1	课前知识查阅、调研完成情况		
2	课中参与及协作情况		
3	小型交流电动机的结构及检修作业程序掌握情况		

【教师建议】

在掌握小型交流电动机结构的基础上，进一步熟悉并掌握其检修作业程序及各项要求，达到能够独立完成小型交流电动机检修的目的。

任务 2.3　ZD105 型直流牵引电动机检修技能训练

【任务描述】

为了切实增强学生的动手能力和团队协作能力，将学生分成若干小组，各小组成员共同完成对 ZD105 型直流牵引电动机的解体、组装及试验运行工作，通过讨论进一步加强学生对 ZD105 型直流牵引电动机结构的认知。

【学习目标】

知识目标	熟悉直流牵引电动机的结构，掌握直流牵引电动机的检修工艺流程
能力目标	掌握直流牵引电动机的解体、清扫、检修、试验及组装等检修流程
素质目标	养成细致、认真的工作作风；养成独立分析问题的良好习惯；能够比较自如地与他人沟通、协作完成工作

活动 2.3.1　ZD105 型直流牵引电动机结构认知

【活动要点】：ZD105 型直流牵引电动机的结构。

ZD105 型直流牵引电动机是 SS_4 型和 SS_4 改型电力机车的主电动机，是采用抱轴式悬挂，带有补偿绕组的 6 极、串励、脉流电动机。它由定子、转子和电刷装置等部件组装而成。ZD105 型直流牵引电动机的纵剖面图和横剖面图分别如图 2–3（a）和图 2–3（b）所示。

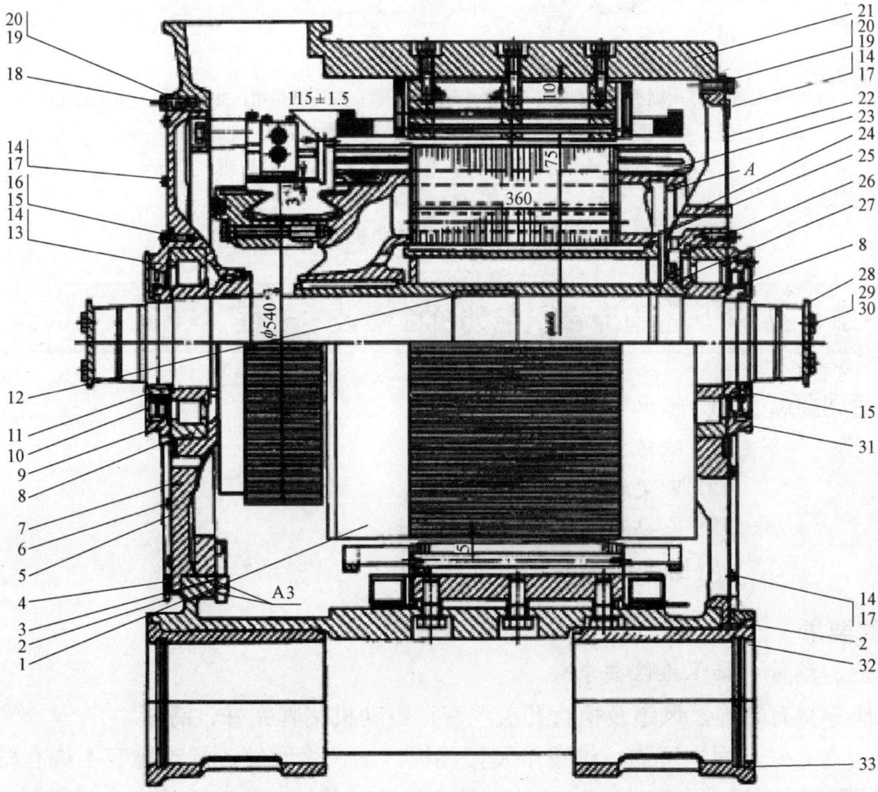

1—电枢；2—油杯；3—刷架圈定位件；4—油管夹；5—前端盖盖板；6—排油管；7—前端盖；8—轴承；9—轴承前端盖；10—前端外盖；11、27—封环；12、25—电枢支架；13、15、17、19、29—螺栓；14—弹簧垫圈；16、20—弹性垫圈；18—刷架装配门；21—定子装配；22—后端盖网孔盖板；23—预成型后支架绝缘；24—后端盖；26—后端内轴承盖；28—挡板；30—止动垫圈；31—轴承后端盖；32—上抱轴瓦；33—下抱轴瓦；*A*—F 级填充泥或硅橡胶密封胶。

（a）纵剖面图

图 2–3　ZD105 型直流牵引电动机的结构

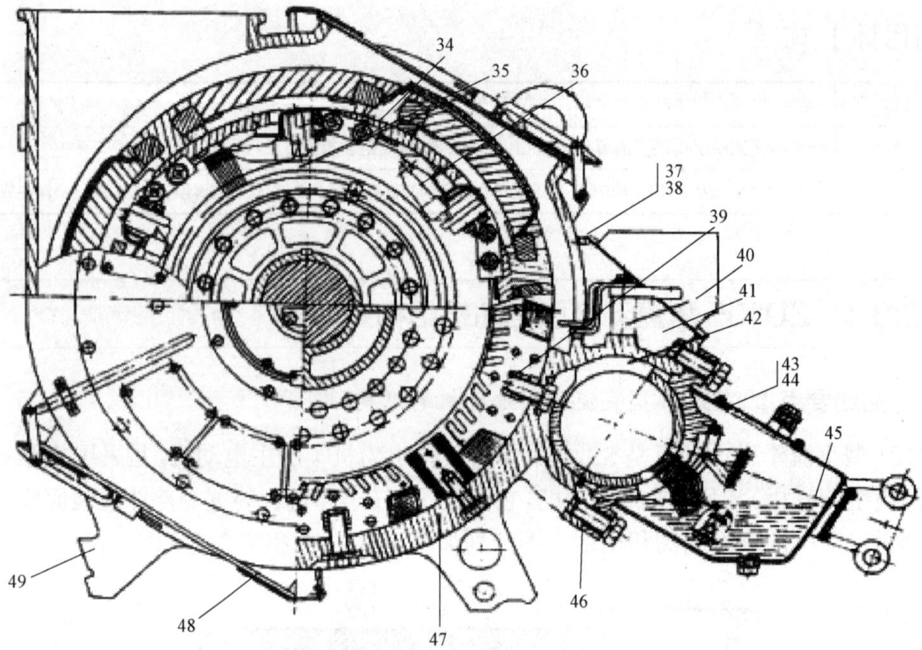

34—上观察孔盖；35—刷握装置；36—补偿绕组；37—轴；38—开口销；39—主极一体化装配；
40—出线盒；41—接线板；42—绝缘板；43，44—弹性垫圈；45—油箱；46—键；
47—换向极一体化装配；48—下观察孔盖；49—吊杆座。

（b）横剖面图

图 2–3　ZD105 型直流牵引电动机的结构（续）

活动 2.3.2　ZD105 型直流牵引电动机检修技术规程

【活动要点】：① 轴承检修技术要求。
② 磁极检修技术要求。
③ 刷架检修技术要求。
④ 电动机组装后的试验要求。
⑤ 熟悉电动机检修限度表。

1. 检修要求

1）机座、端盖、轴承检修要求

① 机座不得有裂损，风道及检查孔盖严密，电动机铭牌完好、清晰。

② 接线盒完好、固定可靠，绝缘子及接线板清洁，聚四氟乙烯绝缘套不许有松动、裂损，外界电缆夹板完好，电缆不许与其他机件相摩擦，盖板完整，螺栓齐全、紧固。

③ 端盖不得有裂纹；端盖与机座、端盖轴承室与轴承外圈的配合尺寸符合限度规定；轴承盖、油封环不许有损坏、变形；均压孔畅通，不得有油垢；油管、油堵完整，油路畅通；防护网完好。

④ 轴承滚道及滚珠不许有裂纹、剥离、碾堆、麻面及过热。保持架完好，铆钉齐全，

不许有折损及松动。齿轮箱油不得经由轴承及防护网窜入电动机内。

⑤ 更换轴承时，轴承自由状态间隙符合限度规定。

2）磁极检修要求

① 铁芯密贴机座，固定可靠。铁芯与机座端面的垂直度、主极尖之间距离的相互偏差、主极尖与换向极之间距离的相互偏差、主极及换向极气隙均须符合限度要求。

② 绕组清洁，不许有松动及变形，外包绝缘良好。补偿绕组槽楔不许有松动、裂纹，端部支撑（端箍）完好，绑扎牢固。绕组连线及引出线固定可靠，与机座及引线孔的距离符合限度要求。软连线不许过热，其断股不许超过原形的 1/20。接线端子平整，搪锡完好，接头不许有过热、断裂，与机座的距离符合限度要求。

③ 绕组对地的绝缘电阻应符合限度规定。对中修电动机的磁极绕组必须进行耐电压试验及冷态直流电阻测量，并对磁极绕组连线及引出线的连接状态进行检测。

④ 磁极绕组更换时应保证极性正确。

⑤ 中修时，应对定子各部进行清洗、烘干和喷涂表面漆处理。

3）刷架检修要求

① 刷握绝缘子及聚四氟乙烯套管清洁，不许有裂损、灼痕及松动。

② 当刷盒有裂纹、烧损时，允许焊修。修复后的刷盒方孔表面粗糙度 *Ra* 应不大于 1.6 μm，两长边的平行度符合限度要求。压指与弹簧不许有断裂、疲劳。压指支承轴不许有松晃。

③ 刷架圈胀紧装置及定位装置完好、可靠。相邻刷握电刷中心线在换向器圆周上的距离偏差符合限度要求。

④ 刷架连线不许有断裂，绝缘状态良好，固定可靠。中修时，应刷绝缘漆。

⑤ 电刷不许有裂损，刷辫不许有过热及松脱，电刷接触面缺损及刷辫折损不得超限。电刷长度、电刷与刷盒的间隙、电刷压力符合限度要求。中修时，应对电刷进行全部更新。

⑥ 测量刷架对地绝缘电阻值，并进行工频对地耐电压试验。

4）电枢检修要求

① 电枢绕组端部及换向器前端外包绝缘清洁、完好，不许有缝隙。平衡块及换向器螺栓不许有裂损及松弛。

② 电枢槽楔不许有裂损、松动。无纬带绑扎完好，不许有松动、剥层、损伤、轴向裂纹及放电痕迹，不允许有宽度、深度各超过 1 mm 的圆周裂纹。当重新绑扎无纬带时，应符合技术要求。

③ 换向器表面光洁，不得有拉伤。换向器直径、圆跳动量、磨耗量、凸片高度不得超限。云母槽内不许有污垢，槽壁不得有残存云母，下刻深度及倒角符合限度要求。换向器镟修时，表面粗糙度 *Ra* 应不大于 1.6 μm，退刀槽深度与宽度符合限度要求。

④ 电枢转轴不许有裂纹，其配合表面允许有不超过表面积 15%的轻微拉伤，油槽处不许有轴向拉伤，轴端锥面跳动量不许超限，电枢轴不许焊修。

⑤ 油封圈不许有损伤、变形及松动。轴承内圈工作面不许有剥离、碾堆、裂纹、麻面及过热。当安装轴承内圈时，加热温度不应超过 120 ℃。轴承内圈与转轴配合的尺寸公差和接触电阻均应符合限度要求。

⑥ 电枢对地绝缘电阻值符合限度要求。中修时，应对电动机的电枢进行清洗、烘干。

用 TY 型绝缘检测仪进行绝缘检测，当不能确切判断绝缘状态时，应进行工频交流耐电压试验。用 TA 型匝间耐压检测仪进行匝间耐电压试验。用 TZ 型接触电阻检测仪检测换向器片间电阻或测量换向器片间电压值，其值与平均值之差不大于平均值的 5%。

⑦ 当平衡块脱落或窜动、电动机出现异常振动、重新浸漆及重新绑扎无纬带的电枢时，均应进行平衡试验。

⑧ 第二次中修时，电枢须做清洗、烘干及浸漆处理。

5）牵引电动机组装要求

① 电动机内外清洁，标记正确、清晰，附件齐全、完整，紧固件不许有松动，防缓件作用良好。

② 电枢转动灵活，封环不许有摩擦，轴承组装间隙及电枢轴向窜动量符合限度要求。

③ 刷架圈应转动灵活并胀紧，定位可靠。

④ 同一电动机必须使用同一厂家牌号的电刷。电刷与换向器的接触面积、刷盒底面与换向器表面距离及平行度符合限度要求。当电枢窜动时，必须保证电刷全部在换向器的工作面上。

⑤ 主极气隙、换向极气隙及补偿绕组端部与电枢间的距离符合限度要求。

⑥ 主动齿轮与轴的接触面、主动齿轮装入量及主动齿轮内台阶对轴端的凸出量符合限度要求。

6）牵引电动机组装后的试验要求

① 在 70%最高转速下空载运行，正反向各运行 30 min，观察空载电流及电机振动情况：电刷下不得有火花出现；轴承运行应平稳、轻快，不得有异音及甩油；最高稳定温升不超过 55 K。

② 使用专用测试仪进行电刷中性位的检查及调整。

③ 当电枢重新绑扎无纬带或电动机经过凸片处理时，应以 2 300 r/min 超速试验 2 min，试验后不许有任何足以影响电动机正常运行的损伤。

④ 空载试验换向不良时须进行换向试验。试验应在电动机热状态、仅在最深削弱磁场下进行，做正反两个方向 6 个点（额定电流、最大电流、最高转速）的火花等级检查，须符合有关技术要求。

2. 限度表

ZD105 型直流牵引电动机检修限度表如表 2–9 所示。

表 2–9　ZD105 型直流牵引电动机检修限度表

序号	名称	原形	限度	
			中修	禁用
1	端盖与机座配合/mm			
	换向器端　最大间隙	—	—	
	最大过盈	0.138	0.138	
	非换向器端　最大间隙	—	—	
	最大过盈	0.156	0.156	

续表

序　号	名　　称	原　　形	限　　度	
			中　　修	禁　用
2	轴承外圈与端盖配合/mm 最大间隙 最大过盈时量	 0.139 0.018	 0.139 0.018	
3	轴承内圈与转轴配合 过盈量/mm 接触电阻/Ω	 0.027～0.077 	 0.027～0.077 ≤90	 >90
4	轴承自由状态间隙/mm	0.15～0.18	0.15～0.22	
5	主极铁芯对机座端面垂直度偏差/mm	≤0.5	≤0.5	
6	主极尖与换向极尖之间距离的相互偏差/mm	≤0.5	≤0.5	
7	主极尖之间距离的相互偏差/mm	≤0.5	≤0.5	
8	主极气隙/mm	5	5	
9	换向极第一气隙/mm	10	10	
10	换向极第二气隙/mm	7.5	7.5	
11	引出线与机座引线孔之间的距离/mm		≥10	
12	主极连线及连线接头与机座之间的距离/mm		≥5	
13	定子绕组冷态直流电阻值（20 ℃）/Ω 主极 换向极及补偿绕组		 $0.006\,6^{+10\%}_{-10\%}$ $0.013\,95^{+10\%}_{-10\%}$	
14	定子绕组对地绝缘电阻值（1 000 V 兆欧表）/MΩ		≥50	
15	定子绕组对地耐电压试验值/V 交流 直流（TY 型）	 5 300 	 4 500 8 kV，80 μA	
16	电刷长度/mm	50	50	≤25
17	电刷接触面缺损/%	0	0	≥10
18	同一副电刷两片长度差/mm	0	0	
19	同刷盒两副电刷长度差/mm	0	0	
20	电刷与刷盒间隙/mm 轴向 圆周方向	 0.08～0.41 0.05～0.20	 0.10～0.45 0.05～0.25	
21	刷盒方孔两长边平行度偏差/mm	≤0.5	≤0.5	
22	电刷压力/N	30±3	30±3	
23	刷架对地绝缘电阻值（1 000 V 兆欧表）/MΩ		≥50	
24	刷架对地耐电压试验值（交流）/V	6 800	5 800	
25	换向器直径/mm	540^{+1}_{0}	≥522	≤520
26	换向器表面磨耗量/mm	0	≤0.15	

续表

序号	名称	原形	限度	
			中修	禁用
27	换向器退刀槽/mm 深度 宽度	 $4^{+0.12}_{0}$ 9±0.5	 $4^{+0.12}_{0}$ 9±0.5	
28	云母槽/mm 深度 倒角	 1.5±0.2 （0.3～0.4）×45°	 1.5～2.0 （0.3～0.4）×45°	
29	换向器凸片高度/mm	0	≤0.03	
30	换向器表面圆跳动量/mm	≤0.04	≤0.05	
31	轴端锥面圆跳动量/mm	≤0.08	≤0.12	
32	电枢绕组对地绝缘电阻值（1 000 V 兆欧表）/MΩ		≥20	
33	电枢绕组对地耐电压试验值/V 交流 直流（TY 型）	 5 300	 4 000 6 kV，80 μA	
34	轴承组装间隙/mm		0.10～0.20	
35	电枢轴向窜动量/mm	5.76～8.74	5.76～8.74	
36	相邻刷握电刷中线在换向器圆周上定位距离偏差/mm		≤0.5	
37	补偿绕组端部与电枢的距离/mm		≥6	
38	刷盒底面与换向器表面的距离/mm	3～4	3～4	
39	刷盒底面对换向器表面的平行度偏差/mm	≤0.5	≤0.7	
40	电刷与换向器的接触面积/%	≥80	≥80	
41	主动齿轮与轴配合接触面积/%	≥85	≥75	
42	主动齿轮装入量/mm	1.9～2.3	1.9～2.3	
43	主动齿轮内台阶对轴端面凸出量/mm		≥0.5	
44	整机对地耐电压试验值（交流）/V	4 660	4 000	

活动 2.3.3　ZD105 型直流牵引电动机的检修作业程序

【活动要点】：① ZD105 型直流牵引电动机的解体、清扫、检修。
② ZD105 型直流牵引电动机的检查、组装及试验。

1. 作业前检查

① 了解当日修车计划，并确认所使用的工艺装备良好。

② 准备好合格的零部件，如电刷、8E42330EQTY 滚动轴承、传动小齿轮等。

③ 查阅前次修程（大、中、小修）记录和机统–28 有关项目，在解体、检修过程中应对相

关项目多加注意和重视。

④ 将电动机吊至工作场地，平放在托盘上，将各部油泥用泥铲铲净，用刷子把外壳上的油污清理干净，然后进行外观检查。测量电枢自由窜动量（5.76～8.74 mm），用 1 000 V 兆欧表测量各绕组对地绝缘电阻值（定子绕组对地绝缘电阻应大于 50 MΩ，电枢绕组对地绝缘电阻应大于 20 MΩ）。将磁性支座固定在电动机上，用百分表测量换向器表面跳动量（应不大于 0.05 mm）。通入低压直流电，空转电动机，监听轴承运行情况，观察电枢有无剧烈振动。上述诸项检查均应做好记录。

⑤ 工作场地要清洁、整齐，对解体下来的零部件要做好标记，并放置在专用检修台上。

2. 解体

1）拆卸小齿轮

① 用手锤、扁铲伸直制动垫圈，用专用扳手卸下轴端紧固螺栓，取下轴端挡板。

② 装上缓冲板，拧上两条螺栓（但不要拧紧），以防小齿轮松下时蹦出伤人或损坏财物。

③ 在设有油道的螺孔内放好密封垫，装上已上好油的专用高压油枪，将油脂填满螺孔，缓缓加压，直至退下小齿轮。

④ 取下油枪及缓冲板，卸下小齿轮，取下密封垫。

用同样方法拆卸另一端的小齿轮，并分别做好记录。

2）拆卸密封环

用密封环拨出专用工具分别将两端密封环拨下。

3）拆卸前后端轴承外盖，测量轴承间隙

① 用梅花扳手拆下前端轴承外盖紧固螺栓，并用该螺栓拧入顶丝孔内，对称均匀地拧进，卸下轴承外盖。

② 用塞尺插入轴承内圈与滚柱间，测量轴承间隙，并做记录。

③ 用同样方法卸下后端轴承外盖，测量轴承间隙，并做记录。

4）拆卸前端盖

① 在后端装上护轴用的轴颈顶套，并用螺栓固定。

② 用电机翻转架将电动机由水平位置竖立，使前端朝上。

③ 用梅花扳手卸下前端盖紧固螺栓，并利用三条螺栓拧入顶丝孔内，对称均匀地拧紧，使端盖与止口分离，装上吊环螺栓，用ϕ6 mm 钢丝绳上前端盖。

在拆卸过程中要注意，端盖不得歪斜，并禁止锤打、棍撬，以防端盖变形或损伤止口和轴承。

5）拆卸刷架装置

① 用梅花扳手拆下换向极和刷架引出线在刷架上联线的联结螺栓。

② 用专用扳手松开刷架圈紧固螺母，并按顺时针方向拧动刷架圈双头紧固螺栓，使刷架圈收紧至可取出为止，切勿过紧，以防刷架变形而影响转动。

③ 拆下刷架定位键，并旋转 90°。

④ 将刷架圈水平取出，平稳放置于专用检修台上。

6）吊出电枢

① 在电枢轴端装上吊升盘，用螺栓紧固牢靠，再拧紧吊升环。

② 套住ϕ20 mm 钢丝绳，用天车大钩徐徐将电枢吊出。吊出时，电枢要正、平稳，不得碰伤铁芯与线圈。

③ 吊出电枢后，用翻转小车将电枢平放于专用检修架上。

7）拆卸后端盖

① 用天车将定子由垂直位置翻转成水平位置。

② 用梅花扳手卸下后端盖螺栓，留下一个，以防端盖松脱滑下。

③ 用天车吊住端盖，并用顶丝慢慢将其顶出，取下保留螺栓，将端盖置于检修台上。

8）拆卸轴承内圈、外圈及内套

用轴承压装设备分别将两端盖的轴承外圈压出，取下轴承内圈，当轴承或内油封经清洗、检查发现问题需要更换时，用专用加热设备拆下电枢轴承内套。

注意：一般轴承内套不用拔出，以防加热后变形松动。

3. 清洗、检修

1）定子的清扫、检修

① 首先将定子用天车吊入专洗定子的清洗机内，将定子用卡子卡固好，要求使用 20 ℃的水，添加 1∶10 比例的清洗液，开启清洗机，反复数次冲刷，直至定子内外油污去掉为止。

② 用 0.3～0.5 MPa 的干燥压缩空气吹扫定子各部。吹扫时，风嘴距绝缘部分的距离应大于 150 mm。

③ 检查机座，机座应无裂损，电动机铭牌应完好、清晰。

④ 检查接线盒、引出线、接线板、绝缘柱，应无裂纹、放电灼痕等不良现象，否则视情况用细砂布打磨并涂刷 1150#漆处理，或更换新品。引出线与机座引线孔之间的距离应大于 10 mm。用 1 000 V 兆欧表测量绝缘柱对地绝缘电阻值，应不低于 50 MΩ。

⑤ 检查铁芯，应密贴机座、固定可靠。检查铁芯与机座端面的垂直距离、主极尖之间距离的相互偏差、主极尖与换向极之间的距离，主极及换向极气隙均应符合限度要求。

⑥ 检查各磁极紧固螺栓，应无松动。

⑦ 检查磁极绕组绝缘，应无过热、老化、破损现象，如有轻微局部破损，可涂 1357#防潮漆。

⑧ 检查换向极绕组，不得有变形，否则应予更新。换向极垫片及其支持物不得有松动，否则应予调整。

⑨ 检查补偿绕组，其两端不得有变形，不得高出铁芯。如果发现补偿绕组变形，应在热态下进行处理。检查补偿绕组槽楔，不得有松动及裂纹，应端箍完好、绑扎牢固。

⑩ 检查磁极连接结的绝缘，应无过热、老化、破损等不良现象，否则应包扎或更新。磁极连线及引出线应固定可靠，与机座及引出线孔的距离符合限度要求。软连线不许过热，其断股不得超过原形的 1/20。绑线卡子处应绝缘良好，无松动。接线端子应平整，搪锡完好，接头不许有过热及断裂等不良现象。

⑪ 用 1 000 V 兆欧表测量绕组对地绝缘电阻值，不应小于 50 MΩ，否则应在电热干燥炉内，以（120±5）℃恒温干燥 12 h，再进行测量。

⑫ 测量主极绕组、补偿绕组和换向极绕组冷态直流电阻，应符合限度要求。

⑬ 用 TZ 型接触电阻检测仪检测磁极连线及引出线的连接状况，测量结果应符合技术

标准。

⑭ 将检修、清洗合格的定子烘干，并喷涂 1321#防潮漆。

⑮ 定子绕组对机壳进行耐压试验，试验以单相工频交流 4 500 V 电压历时 1 min 不击穿为合格，或用 TY 型电机绝缘检测仪进行耐压测量（8 kV 时电流不大于 80 μA）。

2）电枢的清扫、检修

① 按定子清洗方法，将电枢进行专项清洗。

② 用 0.2～0.3 MPa 的干燥压缩空气吹扫电枢各部（吹扫时风嘴距绝缘部分应大于 150 mm），再用棉丝、汽油擦去各部（换向器除外）的尘土、油垢。

③ 检查电枢铁芯与轴、换向器与轴，相互之间不得有松弛、位移，且轴向通风孔畅通。当需要更换轴承或内密封环时，应将轴承内套和密封环拨下，轴颈应光滑、无拉伤。用超声波或电磁探伤仪检查小齿轮配合面锥度处，应无横向裂纹、无内部缺陷。若轴承和密封环轴颈拉伤过限或轴颈过细，可按专项工艺进行喷涂加工，使之恢复原形，或更换新轴。检查轴端螺孔，螺纹应良好，油孔畅通，内密封环良好。

④ 检查电枢槽楔，不许有裂损、松动。电枢绕组绝缘不得有老化、过热及破损。无纬带绑扎完好，不得有松动、损伤，机械损伤宽度超过 30 mm、深度超过 1 mm 者，应重新绑扎无纬带；轻微破损者可涂刷自干环氧树脂处理。

⑤ 检查电枢平衡块，应紧固可靠。块组两端应点焊固定，但不得在槽内施焊。

⑥ 用白布蘸酒精擦拭换向器表面，清除轻微铜斑痕迹和云母槽内污垢。

⑦ 当换向器工作面凸片高度或跳动量过限，表面严重拉伤时，应按专项工艺进行镟修。

⑧ 检查换向器升高片，应无过热、缩头、开焊等不良现象。测量中间电阻值时，各片的电阻测量值与平均值之差不大于平均值的 5%，否则应按专项工艺进行氩弧焊处理。

⑨ 检查换向器前端云母环处绝缘，三度面均应无损伤。换向器螺栓须用力矩为 240 N·m 的测力扳手对称均匀紧固。

⑩ 用 1 000 V 兆欧表测量电枢绕组对地绝缘电阻，应不低于 20 MΩ，否则应在（120±5）℃的恒温下干燥 12 h 后再次测量，直到符合标准为止。

⑪ 一、三次中修时，电枢只做清洗、烘干处理，涂 1357#防潮漆。二次中修时，电枢要按专项工艺进行清洗、烘干和涂漆处理，用 TA 仪检测电枢匝间绝缘状态。

⑫ 对于移动过平衡块、空转试验双向振幅超限、重新浸漆及重新绑扎无纬带的电枢，应进行动平衡试验。

⑬ 进行电枢绕组对地耐电压试验，以通入单相工频交流 4 000 V 电压历时 1 min 无闪络、击穿为合格，或用 TY 仪测量，以 6 kV 电压的泄漏电流不大于 80 μA 为合格。

3）刷架装置的清扫、检修

① 用 0.2～0.3 MPa 干燥压缩空气吹扫，并用汽油、棉丝将各部擦拭干净。

② 检查刷握连线及其固定夹板处的加强绝缘，应无老化、击穿或破损等不良现象，刷架连接线应解体、涂漆。

③ 检查刷杆，应无裂纹、电灼伤等不良现象，否则用 00#砂布打磨并做涂漆处理，或更换新品。用 1 000 V 兆欧表测量刷杆对地绝缘电阻，应不小于 50 MΩ，刷架圈连线用聚四氟乙烯重新包扎，卡子部分用 DM 折叠四折，夹死紧固。

④ 刷握应光滑、无疵纹。刷握安装位置正确、不偏斜，螺杆不松动。

⑤ 检查刷握压指是否转动灵活。压指弹簧不应锈蚀，弹簧压力应为（30±3）N。挂销应无断裂现象。

⑥ 检查刷架圈各螺栓，刷架胀紧螺栓及螺母丝扣良好，定位装置完好。

⑦ 同一台电动机应使用同一厂家同一型号电刷，电刷长度不应小于 50 mm，电刷接触面不应有缺损，电刷与换向器表面的接触面积不应小于电刷整个面积的 80%，否则应在电刷研磨机上对电刷进行研磨。电刷在刷盒内应上下活动自如，用塞尺测量圆周与轴向间隙，应符合限度要求。

⑧ 更换电刷后，应在专用检修台上检查刷握中线，相邻电刷的刷握中线在换向器圆周上的距离不应超限，刷盒底面与换向片间隙为 3～4 mm，不平行度应符合限度要求。

⑨ 用 1 000 V 兆欧表测量刷架圈对地绝缘电阻，应不低于 50 MΩ，否则应在（120±5）℃恒温下干燥 12 h 后再进行测量，直到符合标准为止。

⑩ 进行刷架圈对地耐电压试验，以通入单相工频交流 5 800 V 电压历时 1 min 无闪络为合格。

4）端盖、轴承外盖、密封环等部件的清扫、检修

① 用棉丝和汽油清洗、擦拭各端盖、轴承外盖、密封环和挡圈上的油垢。

② 检查各端盖、轴承外盖，应无裂纹和变形，止口应无损伤，否则应更新。检查端盖上防护网罩，应完整、牢靠。

③ 检查油管、油路，应完好、畅通，回油孔不堵塞，均压孔畅通。

④ 密封环无损伤、变形、松动等不良现象，轴承内圈工作面应无剥离、碾堆、裂纹、麻面、过热等不良现象，尺寸公差均应符合限度要求。

⑤ 检查、测量端盖与轴承配合尺寸，应符合限度要求。

⑥ 各紧固件齐全、完好。

5）轴承的清洗、检查

按《电机轴承清洗检修工艺》的要求清洗、检查轴承，轴承应无过热、变色，滚柱和滚道应无疵纹、麻面、辗堆、剥离等不良现象，保持架应无裂纹和过大旷量。

6）小齿轮的清扫、检查

① 用汽油、棉丝将小齿轮擦拭干净（锥孔用白布擦拭）。

② 检查齿面，不得有台阶磨痕，其剥离面积、固定弦齿厚磨耗量、插孔尺寸均不得超限。锥孔有轻微拉伤时，可用油光锉及细砂布打磨，使其光滑。用红丹粉检查锥孔与轴颈接触面，接触面积应不小于总面积的 75%。

③ 对小齿轮进行探伤检查，不得有裂纹。

4. 组装及试验

1）轴承组装

① 首先对轴承内套进行选配，用千分尺测量电枢端外径，用百分尺测量内圈内径，其过盈量符合限度即可。

② 用专用压装设备，将轴承外圈压入两端的端盖内，组装时应将有字码的一面朝外，严禁用锤棒直接敲打。

③ 轴承室内填入牵引电动机专用脂，填入量为轴承室容量的1/3～1/2。

④ 轴承内圈的套装。用油浴炉将轴承内圈加热至（120±5）℃，保温 30 min，戴上石棉手套，用白布擦净轴承内圈上的油污，然后将其迅速平行地推入轴承挡，使其正确地与内油封贴合。装配时，应注意两端轴承的次序。

⑤ 测量轴承间隙，应符合限度要求。

2）吊装后端盖及轴承外盖

① 将定子水平放置，用天车垂直吊起后端盖，使后端盖的缺口在抱轴承侧，用小撬棍在上方对准螺孔，撬动并调准端盖位置，待螺栓装好几个后，撤去天车，用铜棒将端盖轻轻打入止口，对称、均匀地紧固全部螺栓。

② 装上轴承外盖，拧紧固定螺栓。

3）吊装电枢

① 用天车将电动机定子竖起，使其后端朝下，平稳地放置于基座上。

② 将电枢前轴端装上吊升盘、吊升环，在后轴端装上轴颈顶套。

③ 用天车和电枢翻转小车将电枢由水平位变成垂直位，而后徐徐放入定子中，放入时要平稳，不得碰伤绝缘和轴承，最后拆除吊升环、吊升盘。

④ 电枢与补偿绕组端部的距离、主极气隙、换向极气隙均应符合限度要求。

4）吊装刷架装置及前端盖

① 将全部电刷从刷盒中抽出，在止口处涂少许油脂，将刷架圈置入定子，置入过程中不得碰伤换向器。

② 调整刷握与换向器之间的间隙，至符合径向与轴向限度要求。

③ 转动刷架圈，装入电刷，放入压指，装好定位装置，胀紧刷架圈，紧固螺母。

④ 用天车装前端盖，对正入口、止口后，对称、均匀地紧固螺栓。

⑤ 接好刷架与换向极及引出线的连接母线。

⑥ 用双钩天车将电动机由垂直位变成水平位，拆除后端轴颈顶套。

5）组装前轴承外盖及两端密封环

① 安装前轴承外盖，并用螺栓紧固。

② 将前后密封环用电磁加热器加热至 160 ℃后迅速组装在电枢轴上，测量电枢轴向串动量，应符合限度要求。

6）检查试验

① 测量刷握与换向器工作面及升高片之间的距离，应符合限度要求。

② 测量电动机各绕组对地绝缘电阻，应符合限度要求。

③ 测量换向器工作面的跳动量，应符合限度要求。对更换过电枢、刷架或变动过刷握、磁极位置以及在运用中换向不良的电动机，应进行电刷中性位测量。

④ 整机对地做耐电压试验，以通入单相工频交流 4 000 V 电压历时 1 min 不击穿为合格。

7）空转试验

① 电动机接成串激方式，缓慢升高电压，使电动机达最高转速（1 859 r/min）。在此转速下，正反向各连续运行 30 min。

② 轴承运行应平稳、轻快、无异音、无甩油。用红外测温计测量其稳定温升，应不超过 55 K。

③ 换向良好。

④ 双向振幅不应超限。

⑤ 试验完后检查电刷接触面，应不小于总面积的 80%。

试验完成后进行下一步的组装工作。

8）传动小齿轮的啮合及组装

① 用白布擦净配合面，在冷态下将小齿轮稍加用力稳稳推入轴颈，用深度游标卡尺测量安装尺寸，并做记录。

② 用电磁加热器加热小齿轮至 180～220 ℃。

③ 停止加热，戴上石棉手套，取出小齿轮，擦净内孔后迅速套于轴端。

④ 用深度游标卡尺测量热装尺寸，使两个尺寸差为 1.9～2.3 mm，并做记录。

⑤ 待小齿轮冷却后，装上轴端挡板，上紧轴螺栓，打好制动垫圈。

9）另一端小齿轮的组装（须在工艺轮对上进行）

① 将另一端小齿轮冷装于轴上，用上述方法测定冷装尺寸后，卸下齿轮进行加热。

② 将电动机吊至工艺轮对上，调整抱轴瓦端面与大齿轮芯的距离，使两距离相等且二者之和不大于 2.2 mm。

③ 撬动电枢轴，使电枢处于中间位置。

④ 将加热好的小齿轮顺齿旋方向用力转动，推进齿轮，使两端大小齿轮在同一方向贴紧，并安装到位。测量热装尺寸，使两个尺寸差为 1.9～2.3 mm，并做记录。待齿轮冷却后，撬动电枢轴，测量其窜动量和齿间隙，应符合限度要求。

⑤ 吊下电动机，上好轴端挡板。测量电枢轴向窜动量，应在限度范围内。

【考核评价】

1. 自我评价

① 自我考核：ZD105 型直流牵引电动机的结构、检修作业程序描述。

② 自我评价（见表 2–10）。

表 2–10　自我评价（每项满分为 10 分）

序　号	评 价 内 容	得　分	亮　点
1	课前知识查阅、调研完成情况		
2	课前、课中与人协作沟通表现		
3	ZD105 型直流牵引电动机结构的认知程度及检修作业的熟练程度		
4	课前、课中学习态度表现		

2. 小组评价（见表 2–11）

表 2–11　小组评价（每项满分为 10 分）

序　　号	评 价 内 容	得　　分	亮　　点
1	课中学习态度表现		
2	课前、课中与人协作沟通表现		
3	ZD105 型直流牵引电动机结构的认知程度及检修作业的熟练程度		

3. 教师评价（见表 2–12）

表 2–12　教师评价（每项满分为 10 分）

序　　号	评 价 内 容	得　　分	亮　　点
1	课前知识查阅、调研完成情况		
2	课中参与及协作情况		
3	ZD105 型直流牵引电动机的结构及检修作业程序掌握情况		

【教师建议】

在掌握 ZD105 型直流牵引电动机的结构、检修作业程序等的基础上，进一步探究其他型号牵引电动机的结构及检修作业程序。

项目 3

电力机车电器检修技能训练

任务 3.1 TCK7F 型电空接触器检修技能训练

【任务描述】

先认知 TCK7F 型电空接触器的作用和结构，再学习 TCK7F 型电空接触器的检修工艺流程和检修作业方法。理论联系实践，强调实践操作的步骤和方法，注重对学生能力的培养。

【学习目标】

知识目标	熟悉 TCK7F 型电空接触器的结构，掌握电空接触器的检修工艺
能力目标	能对 TCK7F 型电空接触器进行解体、清洗、检查、维修、组装及试验，并能准确判断故障
素质目标	养成细致、认真的工作作风；养成独立分析问题的良好习惯；能够比较自如地与他人沟通、协作完成工作

活动 3.1.1 TCK7F 电空接触器认知

图 3–1 TCK7F 型电空接触器的外形

【活动要点】：TCK7F 电空接触器的作用和结构。

电空接触器的主要作用是控制机车主电路的有关励磁电流回路和牵引动电机回路。TCK7F 型电空接触器的外形如图 3–1 所示，结构如图 3–2 所示。

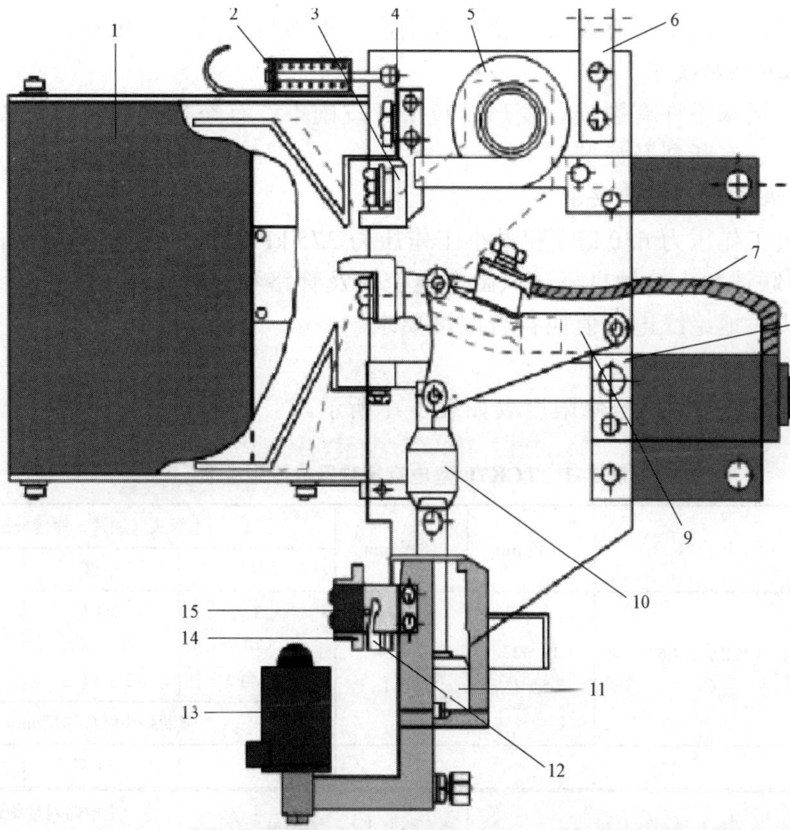

1—灭弧罩；2—挂钩；3—触头；4—灭弧角；5—吹弧线圈；6—安装杆；7—软连线；8—杠杆出线座；9—杠杆支架组装；10—绝缘杆；11—传动风缸；12—联锁板；13—电空阀；14—联锁触头；15—联锁支架。

图 3–2　TCK7F 型电空接触器的结构

活动 3.1.2　TCK7F 型电空接触器段修技术规程

【活动要点】：① 触头系统检修技术要求。
② 灭弧装置检修技术要求。
③ 电空接触器动作性能要求。

1. 检修要求

1）触头系统检修要求

① 各部清洁。绝缘件不许有裂损、烧痕及松动。触头压力弹簧不许有裂损及疲劳，不得有过热、飞弧烧痕。

② 触头上不得有铜瘤。触片与触头座不得开焊。触头压力、开距、超程、触片厚度及接触线长度均须符合限度要求。动、静触头左、右接触偏差不得超限。

③ 辅助触头厚度符合限度要求，接触良好，有适当压力及超程。

2）灭弧装置检修要求

①灭弧罩不许有裂损及严重缺损。壁板厚度不得小于原形的 1/2。

② 灭弧线圈安装牢固，不得有变形、短路、断路及裂损。

③ 灭弧角清洁，不得有裂损、变形及铜瘤，不得与灭弧室壁相碰。

3）风动机构检修要求

① 风缸、活塞不许有裂损、变形及拉伤，皮碗不许有裂损、老化及永久变形。

② 弹簧不许有断裂及疲劳。

4）电空接触器动作性能要求

① 在最大工作压力 650 kPa 和最小工作压力 375 kPa 下，均能可靠工作，不得有卡滞现象。辅助联锁触头接触良好。风缸、电空阀及管路不得有泄漏。

② 主触头对地绝缘电阻值应符合限度要求。

2. 限度表

TCK7F 型电空接触器检修限度表如表 3-1 所示。

表 3-1 TCK7F 型电空接触器检修限度表

<table>
<tr><td rowspan="2">型号</td><td rowspan="2">压力/N</td><td rowspan="2">开距/μm</td><td rowspan="2">超程/mm</td><td colspan="3">主触头（触片）厚度/mm</td></tr>
<tr><td>原形</td><td>中修</td><td>禁用</td></tr>
<tr><td rowspan="2">TCK7F、7G
TCK1-500</td><td rowspan="2">196.2～274.68
63</td><td rowspan="2">19～23
5±1</td><td rowspan="2">7～14
2±1</td><td>3
1（动）
3.5（静）</td><td>≥1.5
≥0.7（动）
≥2.5（静）</td><td>≤0.5
≤0.4（动）
≤1（静）</td></tr>
<tr><td colspan="3">辅助触头触片厚度/mm</td></tr>
<tr><td>TCK7F、7G</td><td colspan="3"></td><td>1.6</td><td>≥1.3</td><td>≤1.1</td></tr>
<tr><td>型号</td><td colspan="2">触头接触线长度/mm</td><td colspan="2">动、静触头左、右接触偏移/mm</td><td colspan="2">主电路对地绝缘电阻值（2 500 V 兆欧表）/mΩ</td></tr>
<tr><td rowspan="2">TCK7F、7G
TCK1-500</td><td colspan="2">≥31</td><td colspan="2">≤1</td><td colspan="2">≥5</td></tr>
<tr><td colspan="2">≥20</td><td colspan="2">≤1</td><td colspan="2">≥5</td></tr>
</table>

活动 3.1.3 TCK7F 型电空接触器的检修作业程序

【活动要点】：① TCK7F 型电空接触器的解体步骤。

② TCK7F 型电空接触器的检修工艺流程。

TCK7F 型电空接触器检修分为辅修、小修、中修。辅修为一般性检查、清扫，小修、中修按下面程序进行。

1. 检修用材料

汽油、白布、砂布、绝缘漆、机油、轴承润滑脂、环氧树脂。

2. 检修用设备与工具

压缩空气装置、可调直流电源、测力计、电器钳工常用工具、什锦锉、兆欧表、毛刷。

3. 检修工艺流程

1）解体清洗

① 拆卸灭弧罩。提开灭弧罩挂钩，取下灭弧罩并清扫。

② 拆除电空阀接线及阀座螺栓，取下电空阀，按相关工艺检修。

③ 拆下挂钩、灭弧角及动、静触头，用 0.2～0.3 MPa 压缩空气吹扫各部尘垢，并用汽油清洗各部，用白布擦净。

④ 拆下联锁接触元件（联锁触头或联锁支架）及联锁板，并用汽油清洗干净。

⑤ 解体传动风缸。拆除传动风缸活塞与绝缘杆连接穿销及传动风缸下盖，取出皮碗、活塞及反力弹簧并拔下皮碗。用汽油清洗各部并用白布擦净，用压缩空气吹净风缸内腔污垢，保证风缸畅通。

电空阀解体过程如图 3–3 所示。

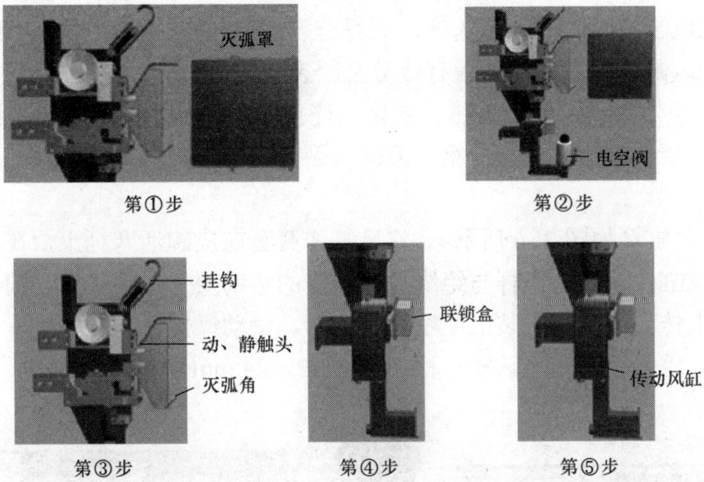

图 3–3 电空阀解体过程

2）检修

① 用砂布打磨灭弧板上电弧烧痕，锉修引弧角上烧痕。灭弧罩有裂纹及严重缺损者，或壁板厚度小于原形 1/2 者。灭弧罩外形如图 3–4 所示。

② 检查铁芯外套绝缘管，不得有过热、老化、破损等不良现象，否则应更新。吹弧线圈安装应牢固，不得有变形、短路、断路及裂损等不良现象，外刷绝缘有脱落时用绝缘漆涂刷。灭弧角应清洁，不得有裂损、变形等不良现象。测量吹弧线圈匝间距离，应不小于 0.5 mm。吹弧线圈及弧角如图 3–5 所示。

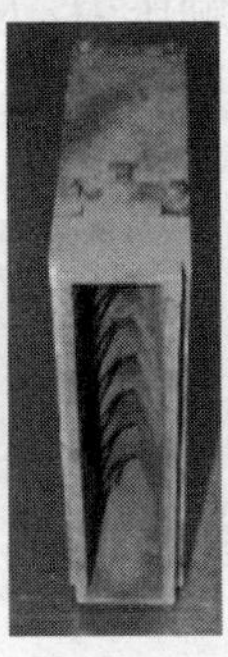

图 3–4 灭弧罩外形

图 3–5 吹弧线圈及弧角

③ 锉修并打磨主触头，使其保持原有（R300 mm）的接触面弧度，主触头（触片）厚度不小于 1.5 mm。

④ 检查软连线，不得有过热现象。软连线折损面积不应大于原形的 1/10，否则应更新。

⑤ 检查触头弹簧外观，不得有变形、疲劳、裂损、圈距不均等不良现象，否则应更新。

⑥ 检查联锁触头。动、静触头应安装牢固、正确，用砂布打磨其烧痕处，更换严重烧损、过热的触头及压力弹簧。检查联锁板，不得有剥离及过量磨耗。滚轮应转动灵活，不得有过量磨耗。杠杆滑动灵活，不得有卡滞、变形，裂损等不良现象，变形者应更换。弹簧应弹性良好，不得有裂损、变形。联锁盒不得破损。检测联锁触头接触压力，应不小于 3.2 N。

⑦ 检查传动风缸，应光滑，不得拉伤。活塞不得有裂损、变形及拉伤等不良现象。

⑧ 更新传动风缸皮碗。检查活塞杆，不得有裂损、老化、变形等不良现象。

⑨ 检查传动风缸反力弹簧，不得有疲劳及断裂现象，否则应更新。

⑩ 检查绝缘杆外观，不得有过热、老化、烧损等不良现象。用砂布打磨绝缘杆烧痕处至本色后，再涂一层绝缘漆；烧损严重、表面龟裂者，应更新。

3）组装

① 组装传动风缸（如图 3–6 所示）。将风缸弹簧套在皮碗活塞杆上，在皮碗外表面涂润滑脂后装入传动风缸；将活塞连杆与绝缘拉杆连接的穿销及开口销穿好，向传动风缸内注入足量的机油，装上传动风缸座；装上电空阀及风管，手动操作 10～20 次，检查传动风缸各部，不许有泄漏；用钢板尺测量活塞行程，应为 22～24 mm。

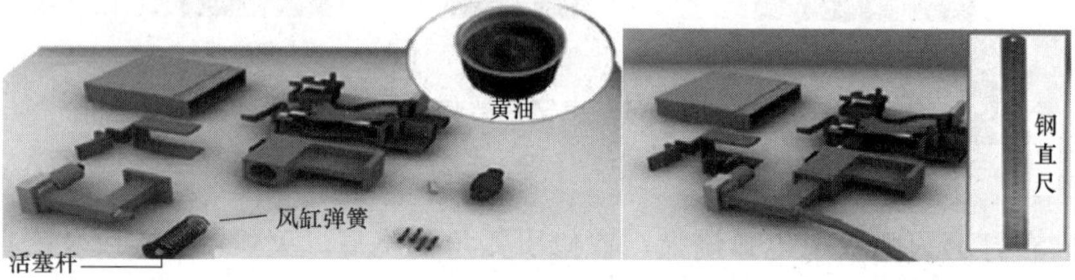

图 3–6　组装传动风缸

② 组装动、静触头（如图 3–7 所示）。装上动、静触头及弧角，静触头组装后应贴靠上端，检查其在安装座下方伸出距离，应为 3～4 mm，并应保证齿面啮合良好。手控开闭 10～20 次，检查接触偏差、接触线长度，触头间接触偏差应不大于 1 mm，动、静触头接触线长度应不小于 31 mm。在额定工作风压下测量开距、超程及接触压力，应符合开距 19～23 mm、超程 7～14 mm、接触压力 196.2～247.68 N。

图 3–7　组装动、静触头

③ 装联锁及联锁板（如图 3–8 所示）。在滚轮及活动关节部涂适量润滑脂，将联锁及联锁板安装牢固，调节开距为 2～3 mm。

图 3–8　装联锁及联锁板

④ 装灭弧罩（如图 3–9 所示）。在活动关节部涂适量机油，装上灭弧罩，检查触头与灭弧罩两侧间隙，应均匀；手拉灭弧罩挂钩，使弹簧压死，检查并调节其行程至适当；检查灭弧角，不得与灭弧罩壁相碰。

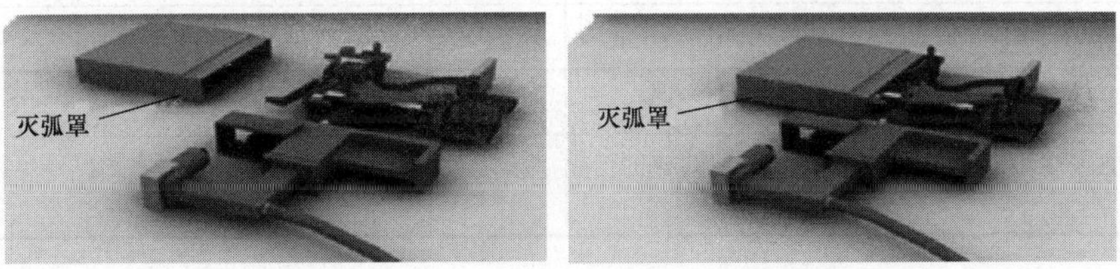

图 3–9　装灭弧罩

4）检查试验

① 绝缘电阻测定。用 2 500 V 兆欧表测量主触头对地绝缘电阻，应不低于 5 MΩ。

② 动作性能及气密性检查试验。外加 88～121 V 的直流电压，在工作风压 0.375～0.650 MPa 下，断开、闭合动作灵活，状态良好，触头开闭自如，不得有卡滞现象。传动风缸及风管路、电空阀不得有泄漏（用皂液检查，皂泡 5 s 不破灭）。

【考核评价】

1. 自我评价

① 自我考核：对 TCK7F 型电空接触器的结构、作用及检修作业程序的描述。

② 自我评价（见表 3–2）。

表 3–2　自我评价（每项满分为 10 分）

序　号	评 价 内 容	得　分	亮　点
1	课前知识查阅、调研完成情况		
2	课前、课中与他人协作沟通表现		
3	TCK7F 型电空接触器的结构和检修作业程序掌握情况		
4	课前、课中学习态度表现		

2. 小组评价（见表 3–3）

表 3–3　小组评价（每项满分为 10 分）

序　号	评价内容	得　分	亮　点
1	课中学习态度表现		
2	课前、课中与人协作沟通表现		
3	TCK7F 型电空接触器的结构和检修作业程序掌握情况		

3. 教师评价（见表 3–4）

表 3–4　教师评价（每项满分为 10 分）

序　号	评价内容	得　分	亮　点
1	课前知识查阅、调研完成情况		
2	课中参与及协作情况		
3	TCK7F 型电空接触器的结构和检修作业程序掌握程度		

【教师建议】

在掌握 TCK7F 型电空接触器的结构、作用及检修作业程序的基础上，进一步探究其他型号电空接触器的结构及检修作业程序。

任务 3.2　6C 系列电磁接触器检修技能训练

【任务描述】

先认知 6C 系列电磁接触器的作用和结构，再学习 6C 系列电磁接触器的各级修程的检修范围及工艺流程。将理论应用于实践，强调实践操作的步骤和方法，注重对学生能力的培养。

【学习目标】

知识目标	熟悉 6C 系列电磁接触器的作用及结构，掌握电磁接触器的检修工艺
能力目标	能按 6C 系列电磁接触器辅修、小修和中修的检修范围及工艺流程进行电磁接触器检修
素质目标	养成独立分析问题的良好习惯，建立团队协作精神，养成勤于动手的好习惯

活动 3.2.1　6C 系列电磁接触器认知

【活动要点】：电磁接触器的作用和结构。

电磁接触器在电力机车上用来控制辅助电路中各辅助电动机及劈相机的接通和开断。目前 SS 系列电力机车低压电器柜内的三相交流电磁接触器多采用 6C 系列产品（6C180、6C110 等）。其主要技术参数如表 3–5 所示。该接触器具有体积小、结构紧凑、安全性能好、主触头接触可靠等优点。6C 系列电磁接触器的外形及结构如图 3–10 所示。

表 3–5　6C 系列电磁接触器主要技术参数

型号		6C110	6C180
主触头	额定工作电压/V	AC 380	AC 380
	额定工作电流/A	110	180
	短时（1 min）最大电流/A	550	750
	分断能力（440 V 以下）/A	1 300	1 800
	环境温度/℃	–50～70	–50～70
辅助触头	额定电压/V	DC 110	
	额定电流/A	1.5	
	约定发热电流/A	15	
	连接导线最大截面/mm²	2.5	
控制线圈	额定电压/V	DC 110	
	20 英寸绕线电阻/Ω	闭合：46（1±5%）；吸持：1 240（1±5%）	
	闭路电感/H	14.7	
机械寿命/百万次		10	10
电气寿命/百万次		1.2	1.2
最大操作频率/（次/h）		2 400	2 400

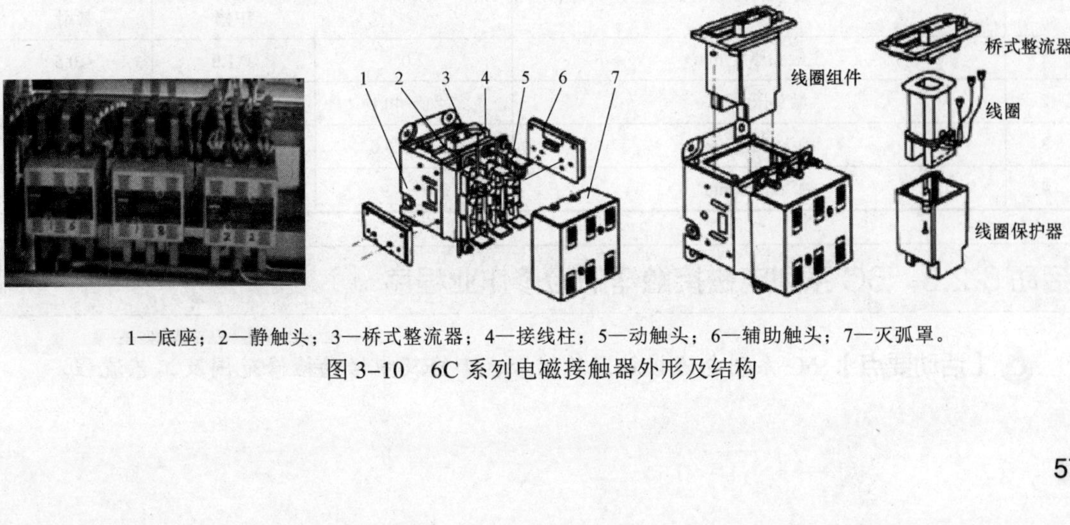

1—底座；2—静触头；3—桥式整流器；4—接线柱；5—动触头；6—辅助触头；7—灭弧罩。

图 3–10　6C 系列电磁接触器外形及结构

6C 系列电磁接触器为直动式电磁接触器，具有立体布置、双断点结构的特点，主要由底座、动触头、静触头、辅助触头、灭弧罩等组成。其结构设计方针为模块组合式，各配件具有系统化、标准化、通用化的特点，如动触头、静触头、辅助触头、桥式整流器、灭弧罩等均为组合式标准配件。

活动 3.2.2　6C 系列电磁接触器检修技术规程

【活动要点】：① 检修技术要求。
② 动作性能要求。

1. 检修技术要求

① 各部清洁，安装、接线牢固，接头接触良好。触桥不得有过热现象。触头不许有熔瘤、裂损等不良现象，其厚度、压力、开距、超程均须符合限度要求。

② 电磁机构良好，线圈不得有短路、断路等不良现象。衔铁支持稳固、动作灵活。非磁性垫片不得有松动现象。铁芯吸合面平整，不得有污垢。E 型铁芯应保证有适当的去磁气隙。

③ 杠杆、底座及弹簧盒状态良好，不得有裂损现象。弹簧不许有断裂、疲劳，销子不许有过量磨耗。铁芯及衔铁的缓冲部件状态良好。

④ 灭弧罩不许有裂损和严重缺陷，灭弧栅应齐全、清洁、完整。

⑤ 辅助联锁不得有变形、过热现象，接触应可靠，开距及超程应符合限度要求。

2. 动作性能要求

① 电磁接触器动作应灵活，不得有卡滞现象，衔铁释放时不得有严重回弹现象，在最小工作电压 88 V 时能可靠动作。

② 三相触头通断一致。辅助联锁动作准确可靠。

3. 限度表

6C 系列电磁接触器检修限度表如表 3–6 所示。

表 3–6　6C 系列电磁接触器检修限度表

序号	名称	原形	限度	
			中修	禁用
1	主触头厚度/mm	2.0	≥1.0	<0.5
2	触头压力/N	34.1～40.1	34.1～40.1	
3	触头开距/mm	13.8～15.0	13.8～15.0	
4	触头超程/mm	3.6～3.9	3.6～3.9	

活动 3.2.3　6C 系列电磁接触器的检修作业程序

【活动要点】：6C 系列电磁接触器的辅修、小修及中修的检修范围及工艺流程。

1. 主要设备和工具

压缩空气装置、可调直流电源、电器钳工常用工具、万用表、什锦锉、内六角扳手、专用钢卡测力计、毛刷。

2. 主要材料

汽油（或电器清洗剂）、白布、砂布。

3. 检修范围

1）辅修项目

① 在确认断电的情况下清理电磁接触器外部，应无尘垢、油污。

② 检查电磁接触器外观，应无破损或异常。

③ 检查各接线端子，应无松脱。

④ 检查电磁接触器安装，应无松动现象。

上述项目检查完成后，通电检查，接触器应无异响。辅修作业时，无须打开接触器灭弧罩，不必对动、静触头进行检修。

2）小修项目

① 在确认断电的情况下，完成辅修项目检查、维护。

② 打开灭弧罩，用棉布蘸酒精清理触头、支架和灭弧罩上的黑色炭粉。如果触头上有凸起颗粒，应将其去掉。

上述项目完成后，通电检查，接触器应无异响。

注意：不允许用砂布、锉刀对动、静触头进行磨修。打开灭弧罩后，不允许用强力推压动触头机构进行合、分检查。

3）中修项目

① 在确认断电的情况下，完成辅修项目检查、维护。

② 清理灭弧罩内外。

③ 检查灭弧罩，如果有破损或裂痕，应更换。检查灭弧罩栅片，如果有脱落，应更换。检查动、静触头，应无松动或移位。用棉布蘸酒精清理触头、支架上的黑色炭粉，如果触头上有凸起颗粒，应将其去掉。检查灭弧罩安装，应牢固。检查各接线端子，应无松脱。检查接触器安装，应无松动现象。

上述检查项目完成后，进行通电检查。电磁接触器在正常工作状态下应无异响。检查电磁接触器的动作性能：在−50～70 ℃的环境温度下，在标准的额定控制电压范围内，电磁接触器应能可靠闭合、可靠释放。

注意：不允许用砂布、锉刀对动、静触头进行磨修。磨损或灼伤严重的触头应更换，操作次数大于177 000次的触头应更换。打开灭弧罩后，不允许用强力推压动触头机构进行合、分检查。

【考核评价】

1. 自我评价

① 自我考核：对6C系列电磁接触器的结构、作用及各级修的检修范围的描述。

② 自我评价（见表3–7）。

表 3–7　自我评价（每项满分为 10 分）

序　号	评 价 内 容	得　分	亮　点
1	课前知识查阅、调研完成情况		
2	课前、课中与人协作沟通表现		
3	6C 系列电磁接触器结构及各级修的检修范围掌握情况		
4	课前、课中学习态度表现		

2. 小组评价（见表 3–8）

表 3–8　小组评价（每项满分为 10 分）

序　号	评 价 内 容	得　分	亮　点
1	课中学习态度表现		
2	课前、课中与人协作沟通表现		
3	6C 系列电磁接触器的结构及各级修的检修范围掌握情况		

3. 教师评价（见表 3–9）

表 3–9　教师评价（每项满分为 10 分）

序　号	评 价 内 容	得　分	亮　点
1	课前知识查阅、调研完成情况		
2	课中参与及协作情况		
3	掌握 6C 系列电磁接触器的结构及各级修的检修范围的效果		

【教师建议】

在掌握 6C 系列电磁接触器的结构、作用及检修作业程序的基础上，进一步探究其他型号电磁接触器的结构及检修作业程序。

任务 3.3　S640H 型司机控制器检修技能训练

【任务描述】

先认知 S640H 型司机控制器的结构及调速手柄和换向手柄之间的机械联锁关系，再学习 S640H 型司机控制器检修作业工序、相关技术参数及试验方法，理论联系实践，强调实践操作的步骤和方法，注重对学生动手能力的培养。

【学习目标】

知识目标	熟悉 S640H 型司机控制器的结构及调速手柄和换向手柄之间的机械联锁关系，掌握 S640H 型司机控制器的相关技术参数及试验方法
能力目标	能按照 S640H 型司机控制器检修作业程序进行检修作业
素质目标	养成细致、认真的工作作风；养成独立分析问题的良好习惯；能够比较自如地与他人沟通、协作完成工作

活动 3.3.1　S640H 型司机控制器认知

【活动要点】：① S640H 型司机控制器的结构。
② 调速手柄和换向手柄之间的机械联锁关系。

SS_4 改型电力机车的主司机控制器采用 S640H 型司机控制器，该司机控制器由上、中、下三层组成，上层有调速手柄、换向手柄及限位器；中层为面板；下层主要为机械传动联锁装置、辅助触头组、调速电位器和接线插座，如图 3–11 所示。调速手柄用于机车调速控制，它分为“牵引”区、“零”区、“制动”区，每个区又设多个位；换向手柄用于控制机车的运行状态及方向，它有“后”“0”“前”“制”“Ⅰ”“Ⅱ”“Ⅲ”七个工作位置。

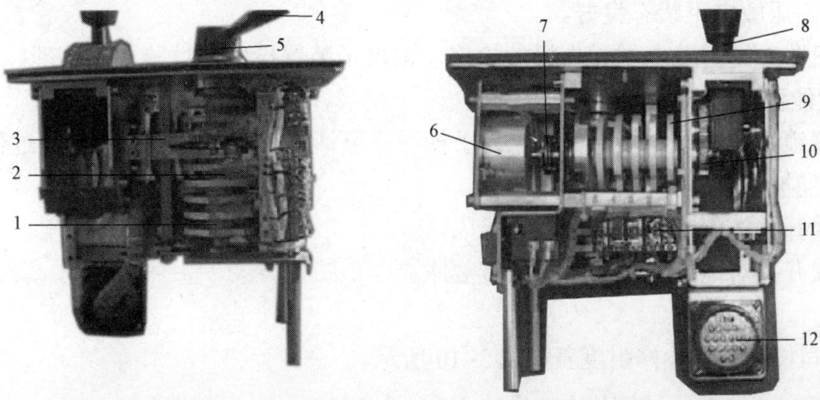

1—换向凸轮；2—换向轴；3—联锁杆；
4—换向手柄；5—限位器；

(a)司机控制器正面

6—调速电位器；7—连轴器；8—调速手柄；9—调速凸轮；
10—传动齿轮；11—辅助触头组；12—接线插座。

(b)司机控制器反面

图 3–11　S640H 型司机控制器

司机通过调速手柄和换向手柄来实现对司机控制器的操作。调速手柄为推拉式，司机通过推动手柄到不同位置来实现机车调速。换向手柄采用可取式（钥匙式），利用面板上限位器的缺口来保证只有当换向手柄在“0”位时才能被插入和取出。

为了防止误操作，确保机车设备及机车运行安全，调速手柄和换向手柄之间装有机械联锁装置，其联锁关系如下：

① 换向手柄在“0”位时，调速手柄被锁住，不能推动。

② 换向手柄在“前”或“后”位时，调速手柄可推向“牵引”区。

③ 换向手柄在“制”位时，调速手柄可推向“制动”区。

④ 调速手柄在“零”区时，换向手柄可在所有位置之间任意转换。

⑤ 调速手柄在“牵引”区时，换向手柄被锁在“前”或“后”位。

⑥ 调速手柄在“制动”区时，换向手柄被锁在“制”位。

活动 3.3.2　S640H 型司机控制器检修技术规程

【活动要点】：① 检修技术要求。
② 动作性能要求。

1. 检修技术要求

① 凸轮鼓清洁，各联锁开关良好。触头不许有烧痕及过热现象。触头压力、开距、厚度及圆鼓磨耗深度均应符合限度要求。

② 机械机构各部不得有裂损、松旷及异常磨耗。各穿销配合良好。定位螺栓不许有松动，弹簧不许有断裂及永久变形。标牌应完好、清晰。

③ 各接线紧固，插头、插座应清洁、完整，插接良好，不得有烧痕。各接线标号齐全、清晰，绝缘不许有破损、碳化。

④ 电位器安装正确。在手柄转动范围内电阻值平滑变化、作用良好。电位器的总阻值符合限度要求。压敏电阻状态良好。

⑤ 通风机防频繁起动电子元件板的检修，按电子装置检修及试验要求办理。

2. 动作性能要求

① 机械联锁锁闭正确，作用可靠，各手柄操作灵活、正确，不得有旷动、过位，只有在规定位置才能被取出或插入。

② 各联锁开关按顺序开闭。

③ 各联锁开关对地绝缘电阻符合限度要求。

3. 限度表

S640H 型司机控制器检修限度表如表 3–10 所示。

表 3–10　S640H 型司机控制器检修限度表

序号	名称		原形	限度	
				中修	禁用
1	速动开关	开距/mm	20±0.5	20±0.5	
		行程/mm	3.4±0.25	3.4±0.25	
		全程/mm	6.8±0.5	6.8±0.5	
		压力/N	≤2	≤2	
2	调速手柄操作力/N		≤20		
3	换向手柄操作力/N		≤20		
4	触头接触电阻/mΩ		≤200	≤200	
5	开关对地绝缘电阻（500 V 兆欧表）/MΩ		≥1.5	≥1.5	
6	电位器对地绝缘电阻（250 V 兆欧表）/MΩ		≥1.5	≥1.5	

活动 3.3.3　S640H 型司机控制器的检修作业程序

【活动要点】: S640H 型司机控制器的解体、检修、组装、试验过程。

1. 检修工具

1.5～5 mm 规格的内六角扳手一组、60 W 电烙铁、50 mm 螺丝刀、150 mm 螺丝刀、5.5～7 mm 呆口扳手、8～10 mm 呆口扳手、尖嘴钳、斜口钳、卡簧钳、手锤、1.5～3 mm 冲子、300 mm 钢直尺、弹簧秤、数字万用表、机械万用表、500 V 兆欧表、接触电阻检测仪、吹扫设备、司机控制器试验台。

2. 主要材料

清洗剂（汽油）、酒精、纱布、焊锡、助焊剂、凡士林（铁道脂）、毛刷、记号笔、清洗盘、蛇形管、绑扎带、WDD65S–2SJ10 型电位器 2.2 kΩ（1±15%）/5 W、S826a/L 型速动开关、24 V 逆变器。

3. 基本技术要求

① 司机控制器转轴轴向窜动量不能大于 1 mm，如图 3–12 所示。

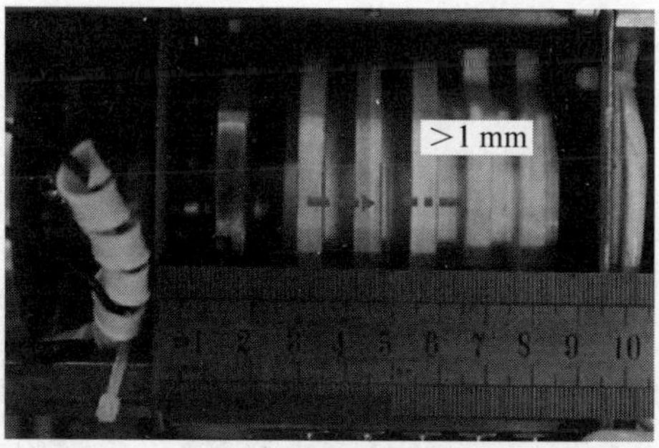

图 3–12　轴向窜动量

② 电气间隙和垂直爬电距离大于 3 mm，水平爬电距离大于 4 mm，如图 3–13 所示。

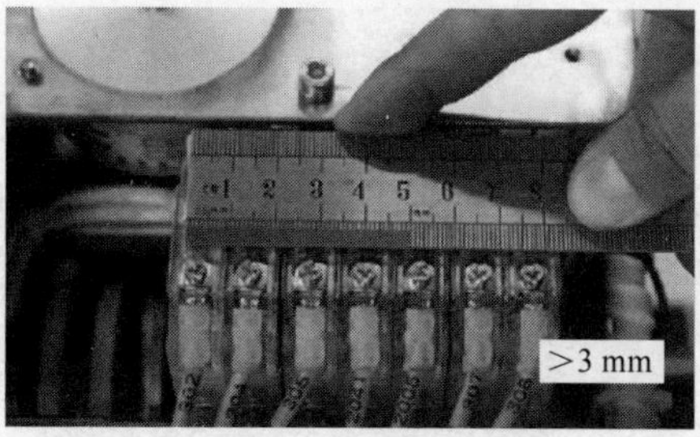

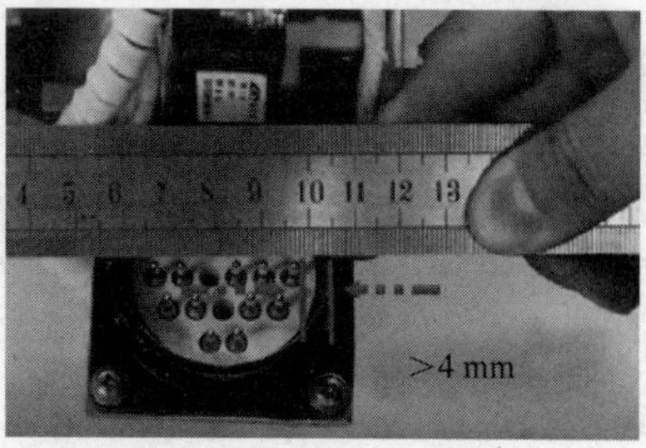

图 3–13　电气间隙垂直、水平爬电距离

③ S826a/L 型速动开关触头接触电阻小于 250 mΩ，触头额定电压为 DC 110 V，额定电流为 1.0 A，约定发热电流为 10 A。

④ 调速手柄操作力和换向手柄操作力不大于 20 N。

⑤ 机械联锁及各接触元件开闭应符合规定。

⑥ 电位器输出电压：

（a）调速手柄在“零”区时，输出电压不大于 0.15 V。

（b）调速手柄在牵引区“0”位时，输出电压不大于 0.15 V。

（c）调速手柄在牵引区“3”位启动风机位时，输出电压为（3±0.3）V 或 4.4 V。

（d）调速手柄在牵引区“10”位时，输出电压不小于 14.6 V，对称误差不大于 0.3 V。

（e）调速手柄在制动区“11”位时，输出电压不大于 0.15 V。

（f）调速手柄在制动区“1”位时，输出电压不小于 14.6 V，对称误差不大于 0.3 V。

（g）匀速推动调速手柄，电压应平滑变化，无跳显，无断显。

（h）各带电部分对地绝缘阻值（500 V 兆欧表）不小于 10 MΩ。

（i）清洁度符合电力机车部件检修Ⅱ级清洁度标准。

4. 检修作业程序

1）解体前期清洗、检查

① 使用清洗剂清洗各机械件表面油污、灰尘。清洗完毕后，用压缩空气将部件吹干，并用纱布擦拭干净。

② 检查各速动开关座有无裂损，触头开距、超程是否符合要求。

③ 检查机械联锁作用性能、转轴轴向窜动量、手柄操作力是否符合规定。

④ 记录检查情况，便于解体时展开针对性检修。

2）解体

① 松开电位器传动止钉螺钉，拆除电位器连接线及电位器固定螺栓，取出电位器。

② 拆除调整、换向机械联锁定位装置。

③ 拆除速动开关。

④ 根据修程规定及解体前检查、配合情况，决定控制器的解体程度。

3）部件清洗

部件解体后，用清洗剂（汽油）清洗凸轮定位机构、联锁轴销面板、凸轮，用酒精清洗插座、线束、24 V 逆变器、接触元件。清洗后，用纱布将各部擦拭干净，达到Ⅱ级清洁度标准。

4）零部件检查

（1）凸轮轴检查

凸轮片不得有缺损、剥离，否则更换相应凸轮片，更换时要注意凸轮片的“1”记号位置和凸轮的组装尺寸，应符合调速轴、换向轴的组装要求，凸轮片在轴上不允许松旷。凸轮如图 3–14 所示。

（2）速动开关检查

① 检查已拆下速动开关的接触元件、触头座外观，应无裂纹、变形，否则更新。

② 检查速动开关内部触头情况。

③ 检查滚轮架及滚轮转动情况，应灵活、可靠，架与轮之间不许有摩擦现象。

④ 用线路检测仪测量触头接触电阻，应小于 200 mΩ，如不符合规定应更换。如图 3–15 所示。

图 3–14　凸轮

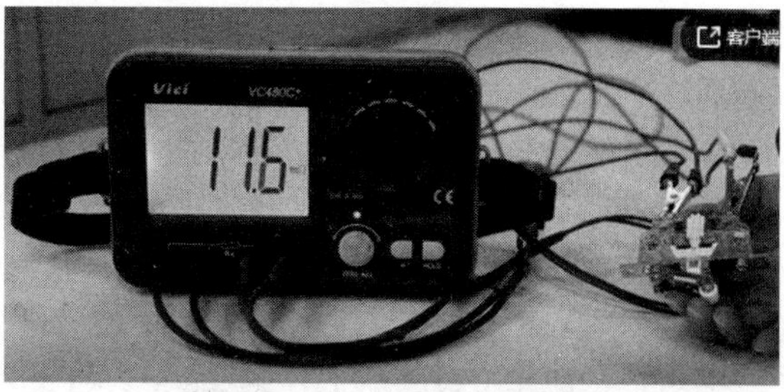

图 3–15　测量触头接触电阻

⑤ 检测速动开关动作力的灵敏度。

⑥ 检测速动开关行程及转换位置，开关未动的初始开距为（20±0.5）mm；触头闭合时开距为（16.6±0.25）mm，触头压死不能再动时开距为（13.2±0.5）mm，压力减小触头释放时开距为（18.4±0.25）mm。如不能满足上述要求，应更换。

（3）电位器检查

① 滑动触头转动灵活。

② 常态电阻由 0 kΩ 上升到 2.2 kΩ（1±15%），不许有跳变。

③ 当电位器电阻膜磨损严重时或电阻在变动过程中有跳变时，用同型号电位器更换。

④按 SS_{3B} 型电力机车中修工艺检修范围的规定更新电位器。电位器如图 3–16 所示。

图 3–16　电位器

（4）其他检查

① 检查换向调速面板标牌，应字迹清晰、安装位置正确，字迹不清者应更换。

② 检查司机控制器发光装置，应发光均匀，无闪烁和不发光现象。如果有不发光或闪烁现象，应检查回路线路、24 V 逆变器、发光组件，并更换不良部件。

③ 检查接线插座，各导线应焊接、压装牢固，焊点圆滑，无脱落、虚接现象；线束应无过热、烧损现象；绝缘层完好，接点紧固。检查确认状态良好后用蛇形管、绑扎带将线束包好，绑扎牢固，在各接磨处做好防护。

5）组装

根据解体情况对部件进行组装。

① 凸轮安装（更换）。安装完毕后，检查轴向窜动量，不能大于 1 mm。

② 定位机构及机械联锁安装。安装完毕后，检查换向手柄限制件，应作用可靠，只能在“0”位插入或取出。检查调速机械联锁锁闭作用，应符合技术要求。

③ 电位器安装：

（a）更换电位器时，须提前将接线与电位器焊接牢固，套管、线号应完好、清晰。

（b）用万用表 R×100 测量 731 线与 700（600）线之间的电阻值，应为“0 Ω”，730 线与 700（600）线之间的电阻值应为“2.2 kΩ（1±15%）”。

（c）将电位器安装在底座上。

（d）将电位器套上联轴器，安装到电位器座上。

（e）调整联轴器位置并紧固。

④ 将换向手柄置“前”“后”位，调速手柄向“牵引”区推动，测量 731 线与 700（600）线之间的电阻值，应由 0 Ω逐渐上升到 2.2 kΩ（1±15%）。

⑤ 安装速动开关。速动开关滚轮应与凸轮片中心对正，触点开、闭准确，速动开关滚轮与胶木凸轮间隙为 1～2 mm，速动开关动作应达到规定技术要求。

5. 检查与试验

1）绝缘检查

用 500 V 兆欧表测量各插芯对地绝缘电阻和电位器各接点对地绝缘电阻，应不小于 1.5 MΩ。

2）性能检查

① 机械性能检查：检查手柄是否能正常操作，对其机械联锁的可靠性、准确性进行检查。

② 试验台电气性能检查：

（a）打开试验台，进入司机控制器试验界面，选择测试型号“S640H”。

（b）连接试验台与司机控制器接线。

（c）夜光照明部分检查。

（d）电气性能检查。

（e）电位器检查。

（f）清理、关闭试验台。

3）润滑

加油前必须去除零部件上原有的已污染的油脂，用铁道脂对以下部分进行轻微润滑：

① 轴的转动接触处。

② 定位凸轮的齿以及对应杠杆的滚轮。

③ 弹簧、棘轮的圆周。

④ 轴联锁的铰链。

⑤ 所有凸轮块表面。

⑥ 辅助触头盒的杠杆。

4）其他工作

① 绑扎固定接线。

② 做防缓标记。使用记号笔分别在换向手柄杠杆螺母、电位器定位螺丝、速动开关接线螺丝上做好防缓标记。

③ 填写检修记录。

【考核评价】

1. 自我评价

① 自我考核：对 S640H 型司机控制器的结构、作用、机械联锁关系及检修作业程序的描述。

② 自我评价（见表3–11）。

表3–11　自我评价（每项满分为10分）

序　号	评价内容	得　分	亮　点
1	课前知识查阅、调研完成情况		
2	课前、课中与人协作沟通表现		
3	S640H型司机控制器的结构、作用、检修作业程序掌握情况		
4	课前、课中学习态度表现		

2. 小组评价（见表3–12）

表3–12　小组评价（每项满分为10分）

序　号	评价内容	得　分	亮　点
1	课中学习态度表现		
2	课前、课中与人协作沟通表现		
3	S640H型司机控制器的结构、作用、检修作业程序掌握情况		

3. 教师评价（见表3–13）

表3–13　教师评价（每项满分为10分）

序　号	评价内容	得　分	亮　点
1	课前知识查阅、调研完成情况		
2	课中参与及协作情况		
3	掌握S640H型司机控制器检修技能的效果		

【教师建议】

在掌握S640H型司机控制器的结构、作用、机械联锁及检修作业程序的基础上，进一步探究其他型号司机控制器的结构及检修作业程序。

任务3.4　TSG3–630/25型受电弓检修技能训练

【任务描述】

先认知TSG3–630/25型受电弓的结构及作用，然后将学生分成若干小组，以小组为单位对照TSG3–630/25型受电弓实物对其各个部分进行观察学习，结合小组讨论，使学生进一步认知TSG3–630/25型受电弓的结构及检修工艺。

【学习目标】

知识目标	掌握 TSG3–630/25 型受电弓的结构及检修工艺
能力目标	能正确分析 TSG3–630/25 型受电弓的结构特点，能指出受电弓各组成部分的功用及检修程序
素质目标	养成细致、认真的工作作风；养成独立分析问题的良好习惯；能够比较自如地与他人沟通、协作完成工作

活动 3.4.1　TSG3–630/25 型受电弓的结构

【活动要点】：TSG3–630/25 型受电弓的结构。

TSG3–630/25 型受电弓主要由滑板机构、框架和气缸传动机构三部分组成。滑板机构由滑板和支架组成。框架由上框架、下臂杆、平衡杆、推杆和底架组成。气缸传动机构由缓冲阀、传动风缸、连杆、滑环及升降弹簧组成。TSG3–630/25 型受电弓的结构如图 3–17 所示。

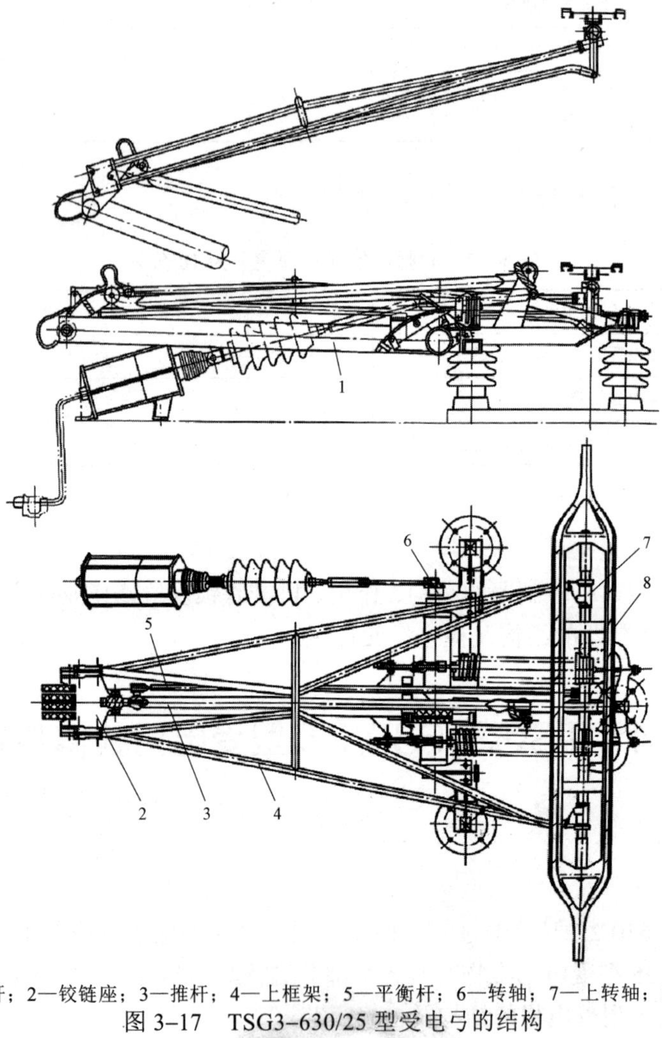

1—下臂杆；2—铰链座；3—推杆；4—上框架；5—平衡杆；6—转轴；7—上转轴；8—弓头。

图 3–17　TSG3–630/25 型受电弓的结构

活动 3.4.2 TSG3-630/25 型受电弓的检修技术规程

【活动要点】：检修要求及限度。

1. 检修要求

1）各连杆机构检修要求

① 底架、框架、杆件、铰链座及扇形板不得有弯曲、裂损，轴、销及套不得有不正常磨耗，杆接头不得有松动。

② 轴承完好，转动灵活，油堵齐全，油路畅通，油润良好，分流线紧固，截面积缺损不得超限。

③ 定位橡胶不得有老化、裂纹、变形。

2）滑板及支架检修要求

① 滑板条不许有严重缺损，安装螺钉不许凸出。滑板条应安装牢固，接缝处应平整、密贴，其厚度、局部磨耗深度及接缝间隙不许超限。

② 滑板托不得有裂损、折损、锈损、变形，滑板托顶面平整。诱导角安装牢固，不得有变形。诱导角与滑板条之间应平滑过渡，间隙不许超限。

③ 滑板支架的活动部分在任何高度均能动作灵活。

3）瓷瓶检修要求

瓷瓶表面光洁，安装牢固，不许有裂纹。如果表面有缺损，应进行绝缘处理，缺损面积大于 3 cm^2 时必须进行 75 kV 耐电压试验，缺损面积大于 30 cm^2 时应更新。

4）弹簧检修要求

① 各弹簧不许有裂损、锈蚀，弹簧自由高度应符合限度要求。

② 升弓弹簧的调整螺杆螺纹完好，挂链完好，不许有严重锈蚀。

5）风动机构检修要求

① 风缸、活塞、传动杆和缓冲阀不许有裂损、变形、拉伤，皮碗不许有裂损、老化、永久变形，缓冲阀作用良好。

② 风管及接头不得有泄漏。

6）外露铁质零件检修要求

外露的铁质零件应做除锈、涂漆处理。

7）受电弓试验要求

① 在最小气压下，滑板应能顺利上升至最大高度而无呆滞现象，且传动风缸杆不得有抖动。

② 滑板中心必须沿其垂直中心线上下灵活移动。在滑板的工作高度范围内，其中心线与机车车顶的中心线偏差符合限度规定；在滑板的工作高度范围内，应横向保持水平，当滑板高度在 1 250 mm 时，其工作长度范围内的高低偏差不得超限。

③ 滑板下落时，应与两止挡同时接触，两止挡水平差应符合限度要求。

④ 弓头横向摆动幅度不得超限。

⑤ 在工作高度（400～1 900 mm）及额定气压（500 kPa）下，测量受电弓的静态接触压

力差，应符合限度要求。

⑥ 在额定气压（500 kPa）下，在工作高度范围（0～1 900 mm）内，受电弓的升降时间应符合限度要求，且缓冲作用良好，对接触网及底座均不得产生有害冲击。

⑦ 在最大工作气压（650 kPa）下，风缸不得有泄漏。

2. 限度表

TSG3–630/25 型受电弓检修限度表如表 3–14 所示。

表 3–14　TSG3–630/25 型受电弓检修限度表

序号	名称		原形	限度	
				中修	禁用
1	粉末冶金滑板条厚度/mm		10	10	≤3
2	滑板条局部磨耗深度/mm		0	0	≥3
3	滑板条接缝间隙/mm		≤1	≤1	
4	滑板条与诱导条间隙/mm		≤0.5	≤1	
5	弓头横向摆动幅度/mm			≤30	
6	滑板工作长度范围内高低偏差/mm		≤5	≤15	
7	两止挡水平差/mm			≤5	
8	滑板在工作高度范围内其中心线与车顶中心线偏差/mm			≤20	
9	滑板最大上升高度/mm		≥2 400	≥2 380	
10	最小升弓气压/kPa		≥350	≥400	
11	接触压力及压力差/N	接触压力	70±10	70^{+10}_{-15}	
		滑板单独运动（上升或下降）时的压力差	≤10	≤15	≥20
		在同一高度上滑板上升或下降时的压力差	≤15	≤18	≥22
12	升、降弓时间/s	升弓时间	≤8	≤9	
		降弓时间	≤7	≤8	
13	升弓弹簧自由高度/mm		406^{+8}_{-4}	≤430	
14	降弓弹簧自由高度/mm	内圈	435±7	≥415	
		外圈	422±7	≥400	
15	托架弹簧自由高度/mm		138^{+4}_{-1}	≥130	
16	分流线截面积缺损/mm^2		0	0	≥10

活动 3.4.3　TSG3–630/25 型受电弓的检修作业程序

【活动要点】：外观检查要点、解体步骤及组装顺序。

1. 受电弓外观检查程序及要求

1）受电弓外观检查程序

按如下顺序进行受电弓外观检查：滑板及支架→各连杆机构→外弓弹簧→风动机构→风

管及接头→瓷瓶。

2）受电弓外观检查技术要求

① 滑板托顶面应平整，无裂损、变形。

② 滑板条无严重缺陷，安装坚固，接缝处平整、密贴。诱导角安装牢固，与滑板条之间过渡平滑。滑板在任意高度均动作灵活。

③ 底架、框架的各连杆件、铰链座无变形、裂损，各杆接头不松动。轴承转动灵活。油堵齐全。分流线坚固、无破损。

④ 各弹簧无裂损、锈蚀，升弓弹簧螺杆螺纹及挂链良好。

⑤ 风缸传动杆无裂损、变形。

⑥ 缓冲阀水平安装，作用良好，风管及接头无泄漏。

⑦ 瓷瓶表面光洁，无裂纹，安装牢固。

2. 受电弓的解体、清洗、检修和组装

1）解体

① 先接通风源，使受电弓呈升起状态，松开拉杆紧固螺母，取下挡圈，旋下拉杆绝缘子；然后逆时针旋转螺杆，松开升弓弹簧紧固螺母以消除弹簧张力，拆卸所有关节部位的分流线，拆卸推杆下部铰链、推杆上部铰链、平衡杆上部铰链及平衡杆下部铰链，取下轴套，压出滚动轴承。

② 拆卸滑板及滑板支架，用弯钩扳手拆下轴承盖，取出套筒、轴承体及滑板下部的水平轴，采取加压方法由轴承体中压出滚动轴承。

③ 拆卸上部框架。用拔轴器拔出转轴，取下左、右两侧滚动轴承，卸下上框架。

④ 拆卸连接杆、滑环及传动用的拐臂部分。

⑤ 拆卸下臂杆。在下臂杆转轴左、右垫上枕木，拆下左、右轴承座安装螺丝，取下下臂杆及轴承座，进而拆下转臂，并从轴承座中压出滚动轴承。

⑥ 拆下升弓弹簧、节流阀及传动风缸。

2）清洗、检修

① 用汽油清洗各轴、轴套、轴销、轴承体及轴承，并用白布擦拭干净。

② 转动轴承，轴承转动应灵活、无杂音，然后给各轴承上润滑油脂。

③ 用游标卡尺测量各轴销直径，应符合要求。

3）组装

按如下顺序对受电弓进行组装：底架→下臂杆→上框架→推杆→平衡杆→均衡梁→拐臂→滑环→升弓弹簧→滑板部分→分流线→注油堵→风缸传动装置。

3. 受电弓的特性调试和试验

① 通过调节绝缘子连杆中连杆的高度来调整受电弓，最大高度为 2 600 mm。

② 静态接触压力试验。传动风缸供风，上铰链上挂一重量为 80 N 的重物，让受电弓从 2.25 m 的升弓高度开始，通过调节无初始速度地释放，受电弓应能自行下降到 0.5 m 的高度；在上铰链座上挂一重量为 60 N 的重物，让受电弓从 0.5 m 的高度，无初始速度释放，受电弓应能自行上升到 2.25 m 的高度。

③ 传动风缸供风，将受电弓的升弓高度用绳索固定在 1.8 m 处，调整节流阀，使受电弓

升弓时间为6～8 s，降弓时间为5～8 s。

【考核评价】

1. 自我评价

① 自我考核：对TSG3–630/25型受电弓的结构、检修作业程序的描述。

① 自我评价（见表3–15）。

表3–15　自我评价（每项满分为10分）

序　号	评 价 内 容	得　分	亮　点
1	课前知识查阅、调研完成情况		
2	课前、课中与人协作沟通表现		
3	TSG3–630/25型受电弓结构及检修作业程序掌握情况		
4	课前、课中学习态度表现		

2. 小组评价（见表3–16）

表3–16　小组评价（每项满分为10分）

序　号	评 价 内 容	得　分	亮　点
1	课中学习态度表现		
2	课前、课中与人协作沟通表现		
3	TSG3–630/25型受电弓结构及检修作业程序掌握情况		

3. 教师评价（见表3–17）

表3–17　教师评价（每项满分为10分）

序　号	评 价 内 容	得　分	亮　点
1	课前知识查阅、调研完成情况		
2	课中参与及协作情况		
3	掌握TSG3–630/25型受电弓结构及检修作业程序的效果		

【教师建议】

在掌握TSG3–630/25型受电弓的结构、作用及检修作业程序的基础上，进一步探究其他型号受电弓的结构及检修作业程序。

任务 3.5　DSA–200 型受电弓检修技能训练

【任务描述】

先认知 DSA–200 型受电弓的结构及作用，然后将学生分成若干小组，以小组为单位对照 DSA–200 型受电弓实物对其各个部分进行观察学习。结合操作过程及小组讨论，使学生进一步掌握 DSA–200 型受电弓的结构及检修工艺。

【学习目标】

知识目标	掌握 DSA–200 型受电弓的结构及检修工艺
能力目标	能正确分析 DSA–200 型受电弓的结构特点，能指出受电弓各组成部分的功用、故障及检修作业程序
素质目标	养成细致、认真的工作作风；养成独立分析问题的良好习惯；能够比较自如地与他人沟通、协作完成工作

活动 3.5.1　DSA–200 型受电弓的结构

【活动要点】：DSA–200 型受电弓的结构特点。

DSA–200 型受电弓主要由底架、铰链机构、弓头部分、升弓装置及气路组装等几大部分构成。DSA–200 型受电弓的结构如图 3–18 所示。

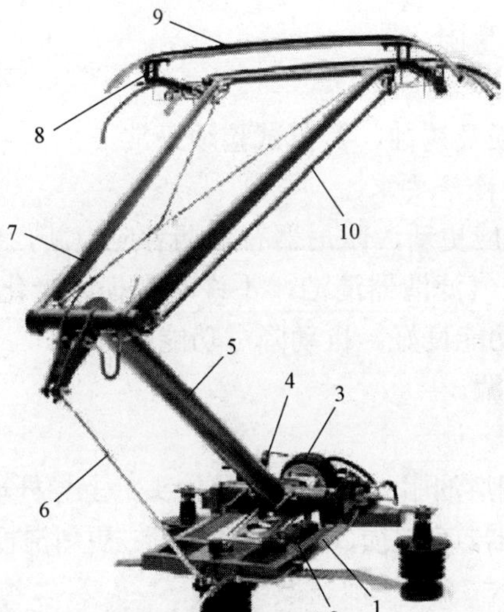

1—底架；2—阻尼器；3—升弓装置；4—弓装配；5—下臂；6—下导杆；7—上臂；8—弓头；9—滑板；10—上导杆。

图 3–18　DSA–200 型受电弓的结构

活动 3.5.2　DSA-200 型受电弓的检修技术规程

【活动要点】：① 弓头部分检修要求及限度。
② 受电弓试验要求。

1. 检修要求

1）底架及铰链机构检修要求

① 底架及铰链机构各部件不许有弯曲、变形、裂纹；轴、销及套不许有不正常磨耗；杆件接头螺纹完好，不许有松动。紧固件正常。

② 轴承完好，转动灵活；油杯齐全，油路畅通，油润良好。导流线紧固，截面积缺损不超过原形的 5%。

③ 橡胶止挡不许有老化、龟裂和变形。

2）弓头部分检修要求

① 滑板厚度须符合限度要求。

② 弓角不许有裂损、锈蚀及变形。弓角安装牢固，不许有变形。弓角与滑板之间须平滑过渡，间隙不许超限。

③ 绝缘套、转套及弹簧（片）状态良好。弓头的活动部分在任何高度均能动作灵活。

④ 弓头支撑轴（平衡梁）滑动轴承间隙不许超限。

3）高压绝缘子检修要求

① 绝缘子表面光洁，有裂纹者应更新。瓷质绝缘子表面有缺损者，须进行绝缘处理；非瓷质绝缘子表面缺损深度达到 1 mm 或表面有放电灼伤者，须更新。

② 铁质零件不许有裂纹、锈蚀，应螺纹完好，与绝缘体浇铸牢固，不许有裂缝、掉块现象。

③ 绝缘子安装须正确、牢固。

4）弹簧检修要求

各弹簧不许有变形、裂损及锈蚀，负荷试验须正常。

5）传动机构和控制机构检修要求

① 气囊有裂缝、泄漏者应更新，阻尼器有泄漏者应更新，钢丝拉绳应完好。

② 各软管状态良好。空气滤清器清洁，不许有裂损、老化。精密调压阀作用良好。控制箱（阀板）内、外清洁，功能良好。自动降弓功能良好。

③ 风管及接头不许有泄漏。

6）中修需增加的要求

受电弓外部清洁；添加润滑油脂；更换风管及接头；上导杆球关节不良者应更新；清洁控制箱内（阀板上）的空气滤清器，有裂损、老化者应更新；更新滑板；更新使用 8 年左右的气囊。

7）受电弓试验要求

① 气囊及气路的气密性试验：

（a）将气囊及升弓装置与容积相当的储风缸相连，并充以 500 kPa 的额定气压后关闭气源，10 min 后储风缸中的气压下降不超过 5%；

（b）气囊在组装时，须单独做保压检测；

（c）气囊应能承受 1.5 倍的额定气压。

② 在最小工作气压（375 kPa）下，弓头须能顺利上升至最大高度，且不许有呆滞现象。

③ 在工作高度范围内（300～1 900 mm）及额定工作气压下，受电弓的接触压力及接触压力差（可不带阻尼器）须符合表 3–18 的规定。

表 3–18　DSA–200 型受电弓接触压力及接触压力差

序　号	名　称		技术要求
1	接触压力/N	静态接触压力	70±5
		弓头上升单向压力	≥55
		弓头下降单向压力	≤85
2	弓头在同一高度上升或下降时的接触压力差/N		≤20
3	落弓保持力/N		≥120

④ 在额定工作气压下，从止挡至 1 900 mm（或从 1 900 mm 至止挡）范围内，受电弓的升、降时间须符合有关技术要求，升弓时须平稳，不许冲击接触网；降弓时能迅速脱离接触网导线，而后再缓慢落至止挡。

⑤ 在最大工作气压下，气路不许有泄漏。受电弓自动降弓系统密封良好，功能符合技术要求。

2. 限度表

DSA–200 型受电弓检修限度表如表 3–19 所示。

表 3–19　DSA–200 型受电弓检修限度表

序　号	名　称	原　形	限　度
1	滑板厚度/mm	22±1	22±1
2	弓角涂层厚度（设计无涂层者除外）/mm	0.6±0.1	≥0.4
3	弓头支撑轴滑动轴承间隙（直径差）/mm	0.17	≤0.3
4	滑板与弓角间隙/mm	0.5	≤0.5
5	最大升弓高度/mm	≥2 400	≥2 400

活动 3.5.3　DSA–200 型受电弓（C4 修）的检修作业程序

【活动要点】：DSA–200 型受电弓的拆卸顺序、检修方法及试验方法。

1. 检修工具材料及设备

手锤、电动扳手、呆口扳手、套筒扳手、锉刀、克丝钳、管钳、内卡环钳、棘轮梅花扳手、斜口钳、布剪刀、钢字头、铜锤、铜棒、钢板尺、塞尺、卷尺、游标卡尺、水平仪、冲击改锥、一字螺丝刀、十字螺丝刀、1.6 气扳机、扭力扳手、测试平台、受电弓试验台、压缩空气装置、储风缸、拔轴器。

2. 安全注意事项

① 作业前穿戴好劳动保护用品。

② 作业过程中注意人身安全。

③ 天车吊运时符合操作要求，有专人指挥。

④ 通电试验时，呼唤应答，确保安全。

3. 检修工艺流程

分解→检修→组装→试验。

4. 检修作业程序

1）分解

① 分解前检查。受电弓上、下臂无变形、烧痕及裂纹；上、下导杆、底架无弯曲、变形；受电弓气囊无老化、裂损。如图 3–19 所示。

② 拆软连接线（7 根）。分别用相应规格工具逆时针拧开各连接线固定螺栓，防止损伤软连接线。如图 3–20 所示。

图 3–19　检查受电弓

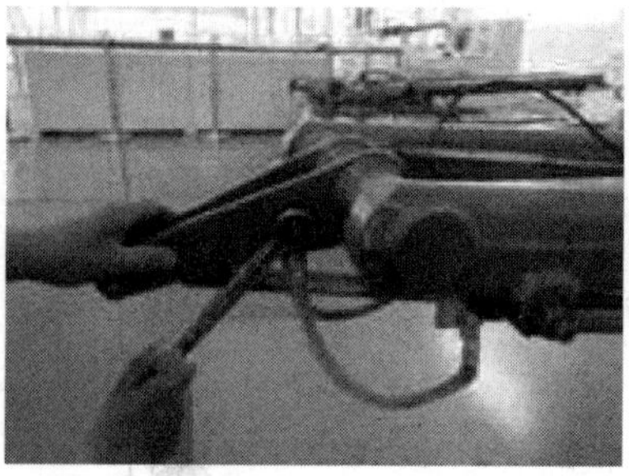

图 3–20　拆软连接线

③ 拆连接气管。用布剪刀、斜口钳剪开尼龙扎带；用 12 mm 棘轮梅花扳手拆除底架、下臂、上臂、弓头之间的连接气管 PU–4 螺母；用 22 mm 棘轮梅花扳手拆除气囊连接橡胶气管；用冲击改锥分解下臂内 PU 管，拧开进气管两端接头，用克丝钳取出气管 PU–4。如图 3–21 所示。

④ 拆滑板。用 13 mm 棘轮梅花扳手拧下滑板安装螺母 M8，取下滑板。如图 3–22 所示。

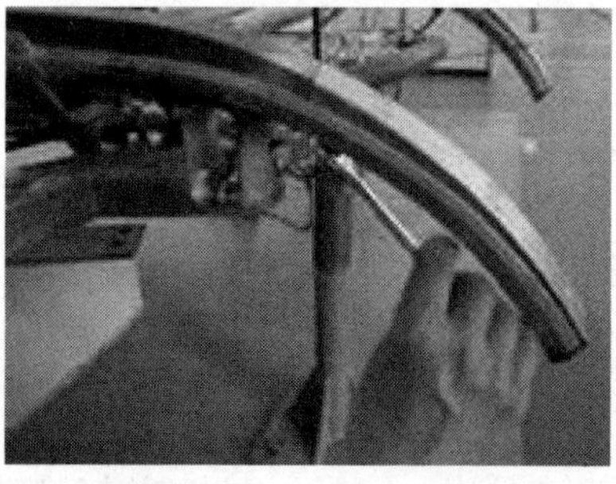

图 3–21　拆连接气管

图 3–22　拆滑板

⑤ 拆解上臂。用 1.6 气扳机逆时针拧开紧固螺母，不得损伤短轴丝扣；用 1.6 气扳机、24 套筒扳手拧下下臂短轴与上臂的连接螺母；用 1.6 气扳机、24 mm 棘轮梅花扳手拧下上臂

中心连接与下导杆连接的 M16 螺母，取出黑色尼龙垫圈及尼龙轴套；将上臂从受电弓上取下。如图 3–23 所示。

⑥ 拆卸上导杆。用 13 mm 棘轮梅花扳手逆时针拧开固定螺母，取出连接销，用手取下上导杆；用 13 mm 棘轮梅花扳手拆下上导杆杆端轴承与下臂的连接螺栓。如图 3–24 所示。

图 3–23　拆解上臂

图 3–24　拆卸上导杆

⑦ 拆卸下导杆。用 1.6 气扳机、24 mm 呆口扳手，逆时针拧开固定螺母，用铜锤、铜棒、手锤取出连接销，用手取下下导杆；用 24 mm 呆口扳手拆下下导杆杆端轴承与底架的连接螺栓（M16X75）。如图 3–25 所示。

⑧ 拆卸钢丝绳。用 24 mm 棘轮梅花扳手逆时针拆下钢丝拉绳螺母。如图 3–26 所示。

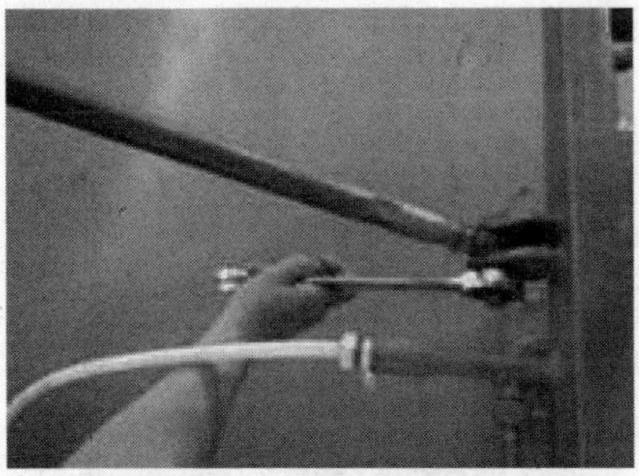

图 3–25　拆卸下导杆

图 3–26　拆卸钢丝绳

⑨ 拆卸阻尼器。用专用支架支撑受电弓上臂中部，用 13 mm 棘轮梅花扳手拆下阻尼器与底架连接螺栓（M8X35）；拆下阻尼器，抽出阻尼器连接销轴。如图 3–27 所示。

⑩ 拆解下臂。用 1.6 气扳机、24 mm 套筒扳手逆时针拧开紧固螺母，不得损伤长轴丝扣；用 24 mm 棘轮梅花扳手拆下下臂杆与下底架固定螺母；将下臂从受电弓上取下。如图 3–28 所示。

图 3–27　拆卸阻尼器

图 3–28　拆解下臂

⑪ 拆下底架。用 27～30 mm 呆口扳手逆时针拆下与工作台连接的三个固定螺栓。如图 3–29 所示。

2）检查修理

① 清洗各零部件。用砂纸打磨配件表面；用毛刷、油盘、油烟净、除锈剂、醇酸稀释剂清洁各零部件表面，用白的确良布、纺绸布擦拭干净后，各零部件表面应无污垢。滑板支架用镀锌自喷漆喷涂，快排阀用镀金自喷漆喷涂，阻尼器用红漆涂刷。如图 3–30 所示。

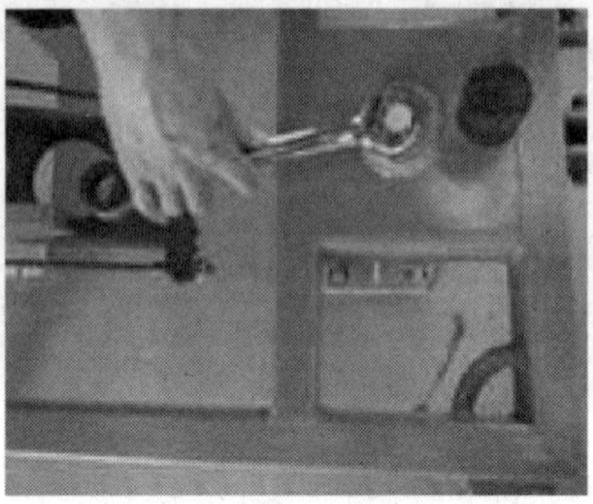

图 3–29 拆下底架

图 3–30 清洗零部件

② 检查弓头零部件。用 13 mm 棘轮梅花扳手逆时针拧下弹簧固定螺栓，弓头支架应无弯曲、变形，弹簧应无老化、锈蚀、裂损，如图 3–31 所示。

③ 检查上臂零部件：上臂应无弯曲、破损、变形，如图 3–32 所示。

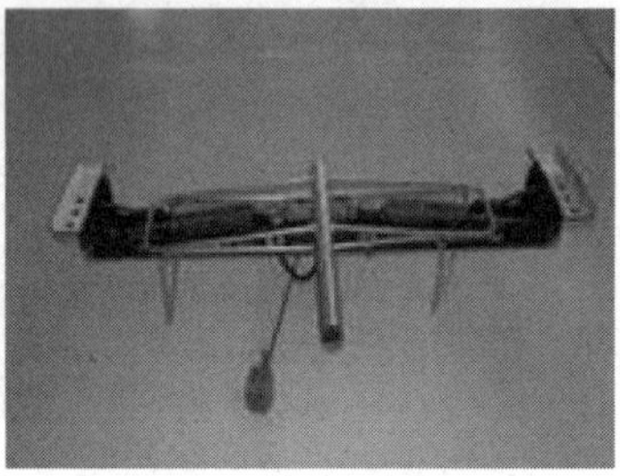

图 3–31 检查弓头零部件

图 3–32 检查上臂零部件

④ 检查下臂零部件。用卡环钳取出卡环，用铜棒、铜锤、手锤或拔轴器取出长、短轴，用游标卡尺测量轴承内径、轴直径，应为 $25^{+0.03}_{-0}$ mm。如图 3–33 所示。

⑤ 检查底架零部件。用 300 mm 钢板尺测量两橡胶堆高度差，不得超过 5 mm，如不符合标准，用 17 mm 棘轮梅花扳手调整。橡胶止挡应无老化、裂损。如图 3–34 所示。

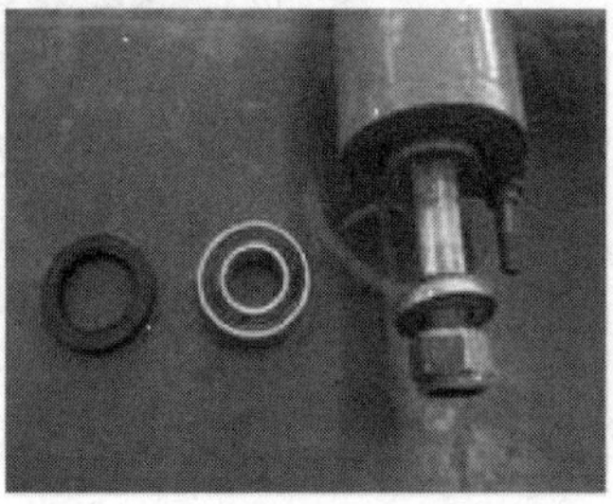

图 3–33 检查下臂零部件

图 3–34 检查底架零部件

⑥ 检查升弓装置零部件。气囊应无裂纹、破损现象，气囊裂纹长度达到 20 mm、深度达到 1 mm 或泄漏者应更新。升弓装置关节装配应转动灵活。气囊如图 3–35 所示。

⑦ 检查上、下导杆。上、下导杆无裂损、弯曲、变形；轴承作用良好，不良者用 13 mm、24 mm 棘轮梅花扳手拆下更换。导杆如图 3–36 所示。

图 3–35　气囊

图 3–36　导杆

⑧ 检查阻尼器。阻尼器不得老化，若有老化则必须更新。阻尼器如图 3–37 所示。

⑨ 检查软连接线。软连接线截面积缺损超过原形 5%者须更新。软连接线如图 3–38 所示。

图 3–37　阻尼器

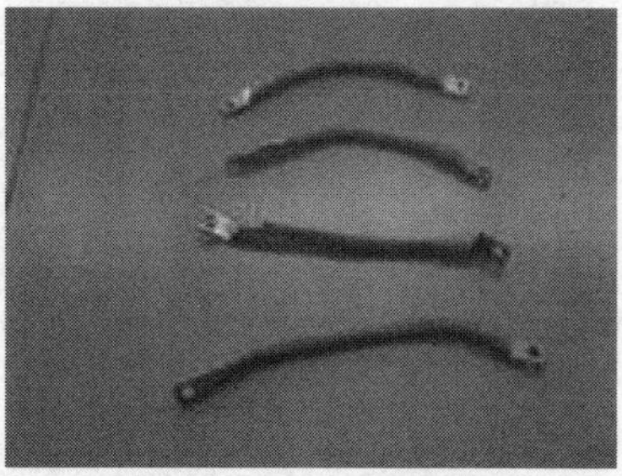

图 3–38　软连接线

⑩ 检查钢丝拉绳。钢丝拉绳出现断股者应更换。钢丝拉绳如图 3–39 所示。

⑪ 检查快排阀。用 10 mm 棘轮梅花扳手拆下上盖螺栓（4 条），取下上盖、弹簧、模板，快排阀风路须畅通，快排阀模板应无老化、无破损。快排阀零部件如图 3–40 所示。

图 3–39　钢丝拉绳

图 3–40　快排阀零部件

⑫ 检查试验阀。试验阀应无泄漏、无破损，开关灵活。试验阀如图 3–41 所示。

⑬ 检查切除阀。切除阀应无泄漏、无破损，开关灵活。切除阀如图 3–42 所示。

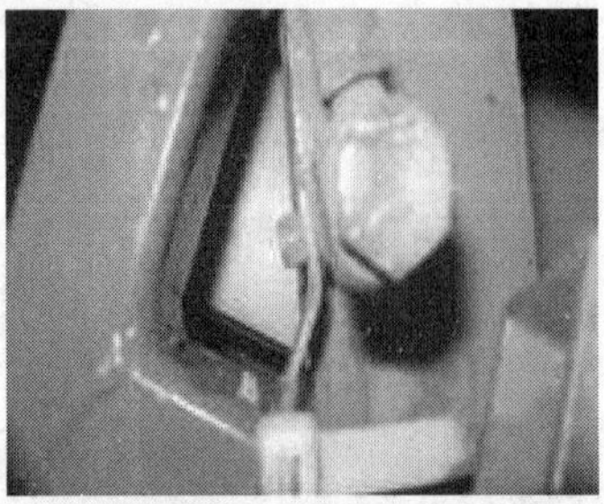

图 3–41　试验阀

图 3–42　切除阀

3）组装

① 安装底架。用 27～30 mm 呆口扳手顺时针紧固固定螺母，如图 3–43 所示。

② 安装下臂。用铜锤（5 磅），铜棒（30×300 mm）将下臂主轴装进底架槽；用 24 mm 棘轮梅花扳手顺时针紧固长轴的固定螺母；用扭力扳手（100～200 N • m）校正，扭矩为 144 N • m。如图 3–44 所示。

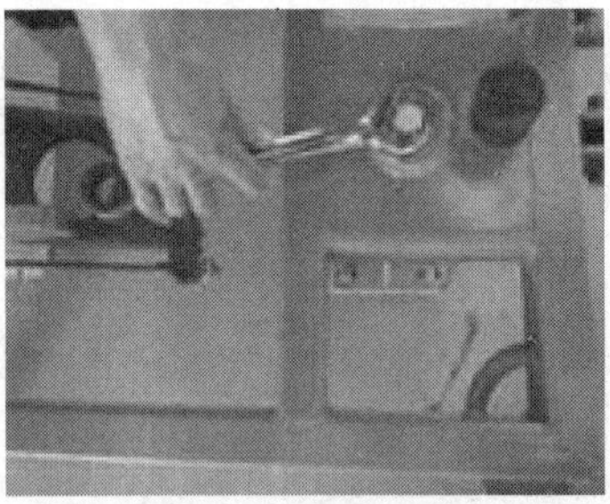

图 3–43　安装底架

图 3–44　安装下臂

③ 安装钢丝拉绳。用 24 mm 棘轮梅花扳手顺时针紧固钢丝拉绳两端的螺母，如图 3–45 所示。

④ 安装下导杆。用 24 mm 棘轮梅花扳手顺时针紧固下导杆两端的固定螺母；用扭力扳手（100～200 N • m）校正，扭矩为 144 N • m。如图 3–46 所示。

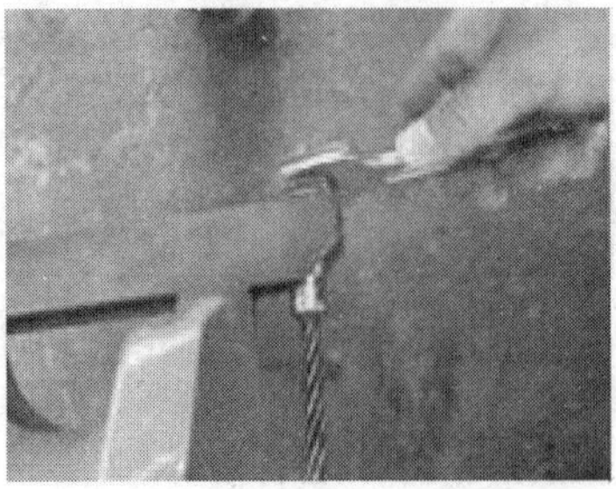

图 3–45　安装钢丝拉绳

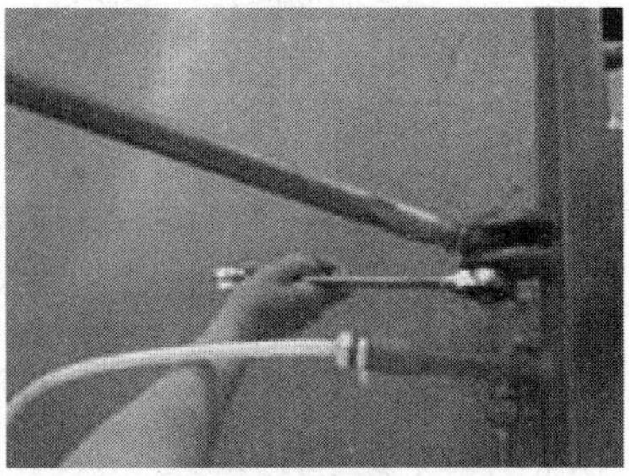

图 3–46　安装下导杆

⑤ 安装上导杆。用 13 mm 棘轮梅花扳手、17 mm 扳手紧固上导杆的安装螺栓。用扭力扳手（5～20 N·m、20～100 N·m）校正，对于 M8 螺母，扭矩为 15 N·m；对于 M10 螺母，扭矩为 35 N·m。如图 3–47 所示。

⑥ 安装上臂。用 24 mm 棘轮梅花扳手顺时针紧固上臂两端的固定螺母；用扭力扳手（100～200 N·m）校正，扭矩为 144 N·m。如图 3–48 所示。

图 3–47　安装上导杆

图 3–48　安装上臂

⑦ 安装滑板。用 13 mm 棘轮梅花扳手顺时针紧固滑板的固定螺母，用扭力扳手（5～20 N·m）校正，扭矩为 15 N·m。如图 3–49 所示。

⑧ 安装连接气管。用 22 mm 棘轮梅花扳手顺时针紧固连接气管螺母；用 12 mm 棘轮梅花扳手顺时针紧固 PU 管螺母；用一字螺丝刀、十字螺丝刀（5×75 mm）紧固 PU 管与下臂的固定螺栓；用尼龙扎带固定 PU 管；用斜口钳、布剪刀剪去剩余扎带。如图 3–50 所示。

图 3–49　安装滑板

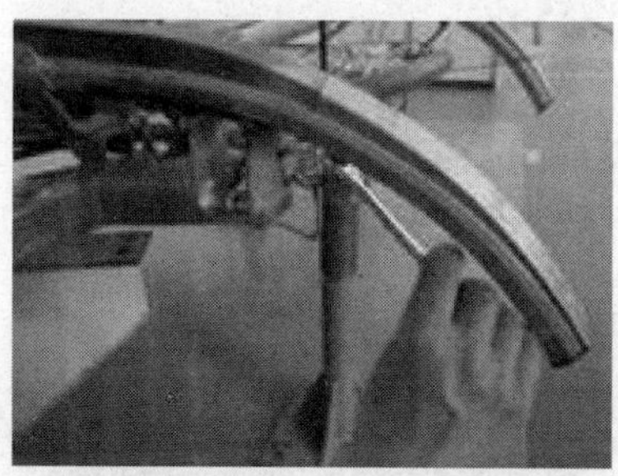

图 3–50　安装连接气管

⑨ 安装软连接线。用 13 mm、18 mm、19 mm 棘轮梅花扳手顺时针紧固各连接螺栓；用扭力扳手（5～20 N·m、20～100 N·m）校正，扭矩分别为 15 N·m（M8 螺母）、80 N·m（M12 螺母）。如图 3–51 所示。

4）试验

① 将测试平台安放于受电弓底部、上臂横梁下部，钢丝拉绳不能与平台出口接磨，如图 3–52 所示。

② 受电弓试验台与测试平台接线连接，连线插头位置对准，紧固到位，如图 3–53 所示。

③ 试验台引出的风管与受电弓进风管连接，连接受电弓与试验台管路接头，用测漏剂检测受电弓管路，应无漏风。风管连接如图 3–54 所示。

图 3–51　安装软连接线

图 3–52　放置测试平台

图 3–53　插头连接并紧固

图 3–54　风管连接

④ 测试受电弓最大升弓高度。最大升弓高度为 3 081 $^{+100}_{-25}$ mm（包括绝缘子高度），如不符合要求，用 16 mm、17 mm、22 mm、24 mm 棘轮梅花扳手调整气囊限位螺栓、下导杆长度。如图 3–55 所示。

⑤ 测试受电弓上升压力、下降压力及压力差特性曲线（如图 3–56 所示）。升弓过程中受电弓接触压力不小于 55 N，降弓过程中受电弓接触压力不大于 85 N，受电弓上升与下降在同一高度时接触压力差不大于 20 N。如果压力不符合要求，用 10 mm 棘轮梅花扳手逆时针松开精密调压阀手轮螺母，进行手动调整；符合要求后，用 10 mm 棘轮梅花扳手顺时针紧固螺母。

图 3–55　测试受电弓最大升弓高度

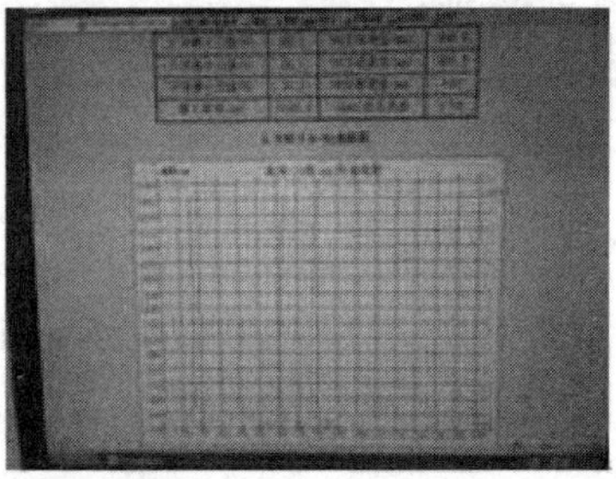

图 3–56　受电弓升降弓压力测试

⑥ 受电弓升降弓时间测试（如图 3–57 所示）。升弓时间不大于 5.4 s，降弓时间不大于 4 s。

⑦ 安装阻尼器。用 13 mm 棘轮梅花扳手顺时针紧固螺栓；用扭力扳手（5～20 N • m）校正，扭矩为 15 N • m。如图 3–58 所示。

图 3–57　受电弓升降弓时间测试

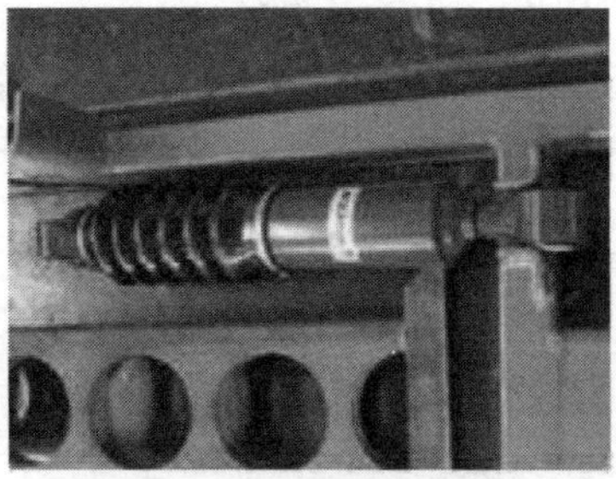

图 3–58　安装阻尼器

⑧ 用蓝色记号笔对各处螺栓及管路接头打防缓标记，标记应清晰、规范。对于 M20 以下螺栓，防缓标记的宽度 1～2 mm，并贯穿螺母、垫片，延伸到固定处所 5～10 mm。

图 3–59　管路接头打防缓标记

【考核评价】

1. 自我评价

① 自我考核：对 DSA–200 型受电弓的结构检修作业程序的描述。

② 自我评价（见表 3–20）。

表 3–20　自我评价（每项满分为 10 分）

序　号	评价内容	得　分	亮　点
1	课前知识查阅、调研完成情况		
2	课前、课中与人协作沟通表现		
3	DSA–200 型受电弓的结构及检修作业程序掌握情况		
4	课前、课中学习态度表现		

2. 小组评价（见表 3–21）

表 3–21　小组评价（每项满分为 10 分）

序　号	评价内容	得　分	亮　点
1	课中学习态度表现		
2	课前、课中与人协作沟通表现		
3	DSA–200 型受电弓的结构及检修作业程序掌握情况		

3. 教师评价（见表 3–22）

表 3–22　教师评价（每项满分为 10 分）

序　号	评 价 内 容	得　分	亮　点
1	课前知识查阅、调研完成情况		
2	课中参与及协作情况		
3	掌握 DSA–200 型受电弓结构及检修作业程序的效果		

【教师建议】

在掌握 DSA–200 型受电弓的结构、作用及检修作业程序的基础上，进一步探究其他型号受电弓的结构及检修作业程序。

任务 3.6　TDZ1A–10/25 型空气断路器检修技能训练

【任务描述】

先认知 TDZ1A–10/25 型空气断路器的结构及作用，再将学生分成若干小组，以小组为单位对照 TDZ1A–10/25 型空气断路器实物对其各个部分进行观察了解。结合小组讨论，使学生进一步认知 TDZ1A–10/25 型空气断路器的结构及检修工艺。

【学习目标】

知识目标	熟悉 TDZ1A–10/25 型空气断路器的结构及检修工艺
能力目标	能正确分析 TDZ1A–10/25 型空气断路器的结构特点，能指出空气断路器各组成部分的功用、故障及检修作业程序
素质目标	养成细致、认真的工作作风；养成独立分析问题的良好习惯；能够比较自如地与他人沟通、协作完成工作

活动 3.6.1　TDZ1A–10/25 型空气断路器的结构

【活动要点】：TDZ1A–10/25 型空气断路器的结构特点。

TDZ1A–10/25 型空气断路器的结构简图如图 3–60 所示。

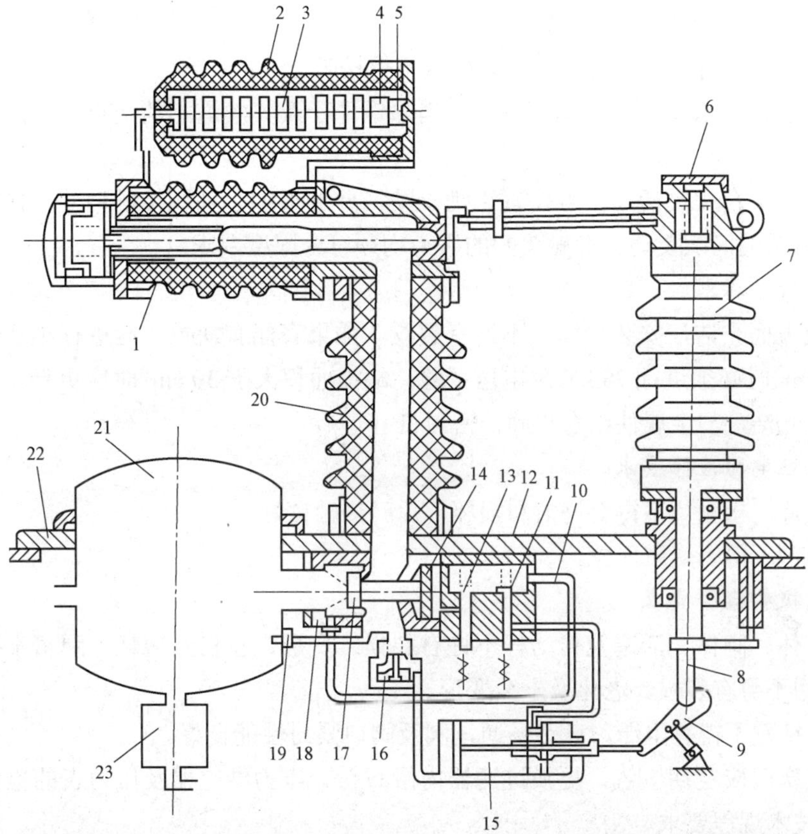

1—灭弧室；2—非线性电阻瓷瓶；3—非线性电阻片；4—干燥剂；5—弹簧；6—隔离开关；7—转动瓷瓶；8—控制轴；9—传动杠杆；10—气管；11—合闸阀杆；12—启动阀；13—分闸阀杆；14—活塞；15—传动风缸；16—延时阀；17—主阀阀门；18—主阀；19—通风塞门；20—支持瓷瓶；21—储风缸；22—底板；23—辅风缸。

图 3-60　TDZ1A-10/25 型空气断路器的结构简图

活动 3.6.2　TDZ1A-10/25 型空气断路器的检修技术规程

【活动要点】：① 隔离开关、瓷瓶的检修要求。
② 主断路器的试验要求。

1. 检修要求

1）灭弧室检修要求

① 动、静触头表面光洁，相互之间的接触线长度、接触电阻值符合限度要求。

② 动触头动作灵活，复原弹簧良好，弹簧自由高及预紧力符合限度要求。箍紧弹簧挂钩牢固，作用良好。

③ 静触头安装位置正确，不许有开焊现象，钼块不许有松动。

④ 触头杆应光洁，不得有变形；销子不得有松动。

2）隔离开关检修要求

① 动、静触头不许有严重烧痕，厚度符合限度要求。动触头压力弹簧盒状态良好。开

关操作杆不得有裂损、松动及变形。

② 控制轴不许有裂纹和变形，组装检查不得松旷。

③ 法兰盘、轴承及滚动导电部完好。消除铜珠子及其滚道上的烧痕、斑点。接触销不得有裂损和松动。

④ 隔离开关动作灵活，接触位置正确。动、静触头中心轴线接触偏差、接触长度、接触电阻、两触头的间隙及动、静触头间的压力均须符合限度要求。

3）瓷瓶检修要求

① 瓷瓶表面光洁，安装牢固，不许有裂纹。如果表面有缺损，应进行绝缘处理，缺损面积大于 3 cm^2 时必须进行 75 kV 耐电压试验；缺损面积大于 30 cm^2 时应更新。

② 内孔光洁，与金属件结合牢固，密封良好。

4）非线性电阻检修要求

① 电阻片、接触片不得有烧痕和损坏，片间接触良好。

② 干燥剂不得有变质现象。

5）控制机构检修要求

① 风缸体、阀体、活塞及传动杆不许有裂损、变形、拉伤及磨耗。弹簧不得有裂损、疲劳。密封圈不得有裂损、老化及永久变形。

② 活塞往复不得有阻滞，风路畅通，阀及阀口紧封性能良好。

③ 通风塞门应定期检值，更换过滤器内滑石粉。压力继电器及压力表的检修应符合主断路器段修技术规程要求。

④ 分合闸线圈的电阻值符合限度要求，接线柱不得松动。衔铁动作灵活，不许有卡滞现象；衔铁与阀杆中心一致，其距离符合限度要求。

⑤ 连接插座及辅助联锁各部清洁，不得有裂损、变形。传动机构作用正确，触头接触良好。

⑥ 车顶内外各导线连接紧固，放电间隙状态良好，且间隙符合限度要求。接地刀夹及防雨罩完好。底板与车顶结合部密封良好，不得漏雨。铁质零件做表面涂快干漆处理。

6）主断路器试验要求

① 在额定电压下，在 350～900 kPa 动作气压范围内，主断路器均能正常分合。在最大气压（900 kPa）下，分合闸的最小动作电压值符合限度要求。

② 在额定电压、额定工作气压下，主断路器分合闸时间符合限度要求。

③ 隔离开关在闭合和打开时缓冲良好。

④ 在最大气压（900 kPa）时，各阀及管路不得有泄漏。

2. 限度表

TDZ1A–10/25 型主断路器检修限度表如表 3–23 所示。

表 3–23　TDZ1A-10/25 型主断路器检修限度表

序　号	名　称		原形	限度	
				中修	禁用
1	主触头复原弹簧自由高度/mm	TDZ1 型	157±2	≥145	
		TDZ1A 型	145±2	≥134	
2	动触头接触线占周长/%			≥80	≥1.5
3	主动、静触头凹痕深度/mm		0	0	
4	隔离开关动、静触头厚度/mm		10	≥8.4	
5	主动、静触头预压力行程/mm	TDZ1 型	11±1	9～12	
		TDZ1A 型	8.5±1.5	6～10	
6	主触头接触电阻/μΩ		≤100	≤200	
7	隔离开关动、静触头中心轴线与接触线偏差/mm		≤2	≤5	≥10
8	隔离开关动、静触头接触长度/mm		≥15	≥15	≤10
9	隔离开关闭合位时两动触头间的间隙/mm			≥2	≤1
10	隔离开关动、静触头间接触电阻（含刀杆）/μΩ		≤150	≤300	
11	分合闸线圈电阻（20 ℃）/μΩ		23^{+8}_{-5}	21～24	
12	衔铁与启动阀阀杆的距离/mm		5～8	5～10	
13	在最大气压时，最小分合闸电压/V		≤77	≤77	
14	在额定电压时，最小分合闸气压/kPa	TDZ1 型	≥400	≥400	
		TDZ1A 型	≥350	≥350	
15	主阀体活塞孔径/mm		$70^{+0.03}_{0}$	≤70.05	
16	主阀体活塞直径/mm		$70^{-0.060}_{-0.106}$	≥69.85	
17	传动风缸套筒与活塞杆的径向配合间隙/mm		0.03～0.074	0.03～0.15	>0.2
18	分合闸时间/s　固有分闸时间（从断开信号发出到主触头打开）	TDZ1 型	≤0.025	≤0.025	
		TDZ1A 型	≤0.03	≤0.03	
	分合闸时间/s　延时时间（从主触头开始打开到隔离开关开始打开）		0.035～0.055	0.035～0.055	
	分合闸时间/s　合闸时间		≤0.01	≤0.01	
19	防电间隙/mm			110±1	

活动 3.6.3　TDZ1A–10/25 型空气断路器的检修作业程序

【活动要点】：TDZ1A–10/25 型空气断路器检修作业程序。

TDZ1A–10/25 型空气断路器检修作业程序如表 3–24 所示。

表 3–24　TDZ1A–10/25 型空气断路器的检修作业程序

程 序	序 号	作 业 过 程	工卡量具	标　准
作业前	1	了解当日修车计划		
	2	确认需要使用的工艺装备良好		
解体	3	用 300 mm 扳手松开风管固定螺栓，取下各连接风管	专用工具	
	4	将隔离开关打至“闭合”位，用 14 mm 呆口扳手松开扇形齿轮螺栓，用外撑钳取出挡圈，用冲子冲出轴销，取下传动风缸连杆装置和定位弹簧	12～14 mm 呆口扳手 外撑钳冲子	
	5	用 10 mm 呆口扳手松开各固定螺栓，依次取下传动风缸、主阀、启动阀、延时阀及非线性电阻	8～10 mm 呆口扳手	
	6	用 10 mm 呆口扳手松开固定螺栓，取下防雨罩，取下动触头装置	8～10 mm 呆口扳手	
	7	用 8 mm、14 mm 呆口扳手松开固定螺栓，用紫铜棒轻轻敲击隔离开关动、静触头，并将其取下，用 14 mm、19 mm 呆口扳手松开固定螺栓，取下隔离开关	呆口扳手（8～10 mm、12～14 mm、17～19 mm）	
	8	用 19 mm 呆口扳手松开转动瓷瓶固定螺栓，取下转动瓷瓶	17～19 mm 呆口扳手	
	9	拆下风压表，送专业班组检修		
清洗、检修、组装	10	目查防雨罩，应无裂纹、变形、开焊，否则应更新		
	11	更新密封圈		
	12	检查动触头，喷口应呈圆形，表面光洁、无拉伤，尾端无毛刺和卷边。用钢板尺测量触头长度，其值应为（173±2）mm。当触头有轻微烧痕时，可用细砂布打磨处理	300 mm 钢板尺	（173±2）mm
	13	取下固定圈和接触管并检查，要求表面平整、光洁，接触片无折损、变形		
	14	取下主触头复原弹簧并检查，不得有锈蚀、变形。用钢板尺测量弹簧自由高度，原形为（145±2）mm，中修限度不小于 134 mm	300 mm 钢板尺	（145±2）mm，中修禁用 134 mm
	15	取下外罩、消音器并检查，应无裂损、变形、脱漆		
	16	检查圆筒、弹簧座、螺纹环、法兰盘，应无变形、裂损，内部应光洁		
	17	检查缓冲座及复原弹簧，缓冲座应无老化、裂纹，黄铜垫无裂损，复原弹簧更新		
	18	按解体相反顺序组装灭弧室动触头，组装时应注意： ① 装动触头并在动触头表面涂凡士林，测量动触头行程，应为（36±2）mm；检查其动作，应灵活、无卡滞现象。 ② 装弹簧座，并检查法兰盘与弹簧座间隙，应不大于 0.2 mm；弹簧座装入后，在法兰盘内应运动灵活，无卡滞现象。 ③ 装复原弹簧、压缩圆筒和弹簧，将螺纹环缓慢转动到位。 ④ 装密封圈，将密封圈周围用凡士林密封；检查密封圈，应高出法兰盘 1 mm	 300 mm 钢板尺 0～250 mm 游标卡尺 300 mm 钢板尺 	 （36±2）mm ≥0.2 mm ＞1 mm
	19	用紫铜棒敲击静触板并将其取下，更新静触板；用紫铜棒敲击静触头，并将其拆下，检查静触头外观，表面应光洁，无凹痕和烧痕；钼块应牢固，无松动，否则应更新；允许用细砂布打磨处理轻微烧痕	紫铜棒	
	20	检查静触头杆，应平直、表面光洁，穿销合格，套筒齿纹良好		

续表

程 序	序 号	作 业 过 程	工卡量具	标准
清洗、检修、组装	21	更新套筒密封圈		
	22	用去污粉与棉布擦拭灭弧室瓷瓶和支持瓷瓶，并检查瓷瓶表面状态。缺损面积在 3 cm² 以内的，可涂快干绝缘漆处理；缺损面积大于 3 cm² 的，则须涂漆后做 75 kV 耐电压试验；缺损面积大于 30 cm² 时，应更新。支持瓷瓶内孔涂适量硅油	耐压机试验台	75 kV
	23	用清洗剂清洗各部件		
	24	按解体相反顺序组装灭弧室静触头，组装时应注意：		
		① 更换静触头时，将旧静触头加热取出，将新静触头和杆分别加热，挂锡后装入，检查配合间隙，应为 0.25～0.5 mm，用圆销将触头固定，再灌焊锡，冷却后锉去残锡，用砂布打光。	0～250 mm 游标卡尺	0.25～0.5 mm
		② 更换套筒与主静触头时，用紫铜棒轻敲，从灭弧室瓷瓶后端装入，要求配合面光洁，配合紧密，圆柱销无旷动。		
		③ 装密封圈时，在密封圈周围用凡士林密封，密封圈须高出法兰盘 1 mm	300 mm 钢板尺	>1 mm
	25	将连接件夹在台钳上，拆下弹簧装置。检查弹簧，应无变形、裂损；测量弹簧自由高度，应为（38±2）mm	300 mm 钢板尺	（38±2）mm
	26	用轴承拔出器拔出轴承，检查轴承滚道和滚珠，应无疵纹、麻面和剥离，否则应更新轴承		
	27	检查滚动导电部外观，滚道应无烧痕、斑点，珠子无疵纹、麻面和剥离；用游标卡尺测量珠子圆度，应不大于 0.05 mm；检查导电垫圈与珠子间隙，应不大于 0.7 mm	0～250 mm 游标卡尺	≤0.05 mm ≤0.7 mm
	28	拆下开关刀杆及动触指，检查动触指，应符合限度要求。检查开关刀杆、弹簧盒，应无变形、裂损、锈蚀。弹簧盒弹性良好		
	29	用清洗剂清洗各部件		
	30	按解体相反顺序组装隔离开关，组装时应注意： ① 给滚道、珠子、轴承涂适量凡士林。 ② 将开关操作杆固定螺栓插入刀杆凹槽内，组装开关操作杆。 ③ 组装后检查连接件，应转动灵活，无卡滞现象		
	31	依次拆下防雨罩（外罩）、支架、后盖、密封环、弹簧、干燥剂盒并检查，接触片应无变形、裂损；弹簧弹性良好，用钢板尺测量弹簧自由高度，应为（40±2）mm。更新密封圈及干燥剂	300 mm 钢板尺	（40±2）mm
	32	取出并检查接触片、非线性电阻片，应无烧痕及损坏，片间接触良好。允许用细砂布打磨轻微烧痕。非线性电阻片应在 80 ℃恒温下烘干 24 h	烘干箱	在 80 ℃恒温下烘干 24 h
	33	检修瓷瓶、连接件和支架。瓷瓶检修按本表第 22 项执行；外观检查连接件和支架，要求接触面光洁、无裂损		
	34	按解体相反顺序组装非线性电阻片，检查干燥剂盒，距绝缘子端面距离不大于 15 mm，不足时允许加垫调整	300 mm 钢板尺	≤15 mm
	35	使用 1 000 V 兆欧表测量非线性电阻片绝缘电阻值，参考值为 5～100 MΩ		
	36	依次取下阀块与阀杆并检查，应无变形、裂损		
	37	取下挡圈、垫圈、塔形弹簧、尼龙块、滑块。检查塔形弹簧、滑块及主阀缸壁，应表面光洁、无拉伤，轻微拉伤的可用细砂布打磨处理。用钢板尺测量弹簧自由高度，应为 42.5 mm；检查弹簧端面，应平整、弹性良好。尼龙块应密封良好，无裂损	300 mm 钢板尺	42.5 mm

续表

程序	序号	作业过程	工卡量具	标准
清洗、检修、组装	38	用清洗剂清洗各部件		
	39	按解体相反顺序组装主阀，组装时应注意： ① 各滑动面涂适量轴承润滑脂，密封圈用凡士林密封，要求各部配合良好。 ② 组装后检查阀块与阀杆往复运动，应无卡滞现象；检查阀块行程，应大于10 mm		＞10 mm
	40	松开阀盖螺帽，依次取下阀杆、弹簧、密封圈。检查弹簧，应无变形、弹性良好；检查阀杆与阀体，接触面应光洁。更新密封垫与密封圈	8～10 mm 呆口扳手	
	41	检查阀体外观，各孔应清洁，阀接触部应光洁		
	42	用清洗剂清洗各部件		
	43	按解体相反顺序组装起动阀，组装时应注意： ① 给阀杆各摩擦部位涂适量工业用凡士林。 ② 检查阀杆尾部与阀体配合，各部应配合良好，无卡滞现象。 ③ 阀杆组装后，测量阀杆行程，应不小于 4 mm		≥4 mm
	44	延时阀的检修与组装：拆下并检查阀盖，阀盖应无裂损		
	45	更新石棉垫		
	46	弹簧无裂损，端面应平整；测量弹簧自由高度，应为 39.5 mm（1±10%）	300 mm 钢板尺	39.5 mm（1±10%）
	47	取下阀杆、膜板、阀体。检查阀杆，应无变形、裂损；阀杆与阀体接触面应光洁；膜板表面应光洁、无裂损；阀体表面应光洁，密封良好。密封圈更新		
	48	用清洗剂清洗各部件		
	49	按解体相反顺序组装延时阀，组装时应注意： ① 使阀体与储风室风口相通，阀与主排风口方向一致。 ② 检查阀杆与膜板的间隙，应为 0.2 mm；测量阀杆行程，应不小于 3 mm	300 mm 钢板尺	0.2 mm ≥3 mm
	50	传动风缸的检修与组装：解体连杆，取下风管、支架螺杆及弹簧；检查挡圈、连杆、风管，应无裂损、变形；支架螺杆应螺纹合格，弹簧应弹性良好、无裂纹；用游标卡尺测量连杆销径向尺寸，应不小于 11 mm	0～250 mm 游标卡尺	≥11 mm
	51	检查风缸体及套筒外观，要求套筒表面及风缸内壁光洁、无拉伤。用游标卡尺测量风缸体，其圆度应不大于 0.3 mm，内壁磨耗量不大于 0.5 mm	0～250 mm 游标卡尺	≤0.3 mm ≤0.5 mm ≤0.5 mm
	52	检查活塞环、活塞及活塞杆外观，要求表面光洁、无裂损，活塞环弹性良好，活塞及活塞杆无拉伤，活塞杆无弯曲；测量活塞环合口间隙，应不大于 0.5 mm	0～250 mm 游标卡尺	≤0.5 mm
	53	用清洗剂清洗各部件		
	54	按解体相反顺序组装传动风缸，组装时注意： ① 用游标卡尺检测活塞套筒与壁间隙、套筒与活塞杆间隙，均应不大于 0.3 mm。 ② 主风缸与缓冲风缸通风口须在同一平面。 ③ 给活塞及风缸体内加入适量的润滑油。 ④ 组装风管并加石棉垫密封。 ⑤ 组装后检查活塞往复运动，应无卡滞现象；测量活塞杆行程，应为（126±1）mm	0～250 mm 游标卡尺 300 mm 钢板尺	≤0.3 mm （126±1）mm

续表

程序	序号	作 业 过 程	工卡量具	标准
清洗、检修、组装	55	分合闸电磁铁装置的检修与组装：松下挡块螺母和铁芯螺杆，取下弹簧，并检查外观，弹簧应无损伤、端部平整；测量弹簧自由高度，应为（28±2）mm	300 mm 钢板尺	（28±2）mm
	56	松开夹板，检查中心孔，中心孔应大于磁轭孔，磁轭无裂损		
	57	取下衬套进行外观检查，表面应光洁、无裂损		
	58	更新线圈		
	59	按解体相反顺序组装分合闸电磁铁装置，组装时应注意： ① 装夹板时应与磁轭孔对正。 ② 组装后检查分合闸电磁铁装置，动作应灵活，无卡滞现象，衔铁行程应大于10 mm	0～250 mm 游标卡尺	＞10 mm
	60	控制轴及定位机构的检修与组装：用螺丝刀松下止栓，取下轴套、扇形齿轮及传动风缸拐臂，并做外观检查，应无裂损，齿轮磨耗量不大于原形的1/2，更新鼠尾销		
	61	检查弹簧定位装置外观，应内、外簧无裂损，底座轴销与底座垂直，安装牢固，弹簧腔与轴销配合适量，端部开口距离不大于 12.5 mm；测量弹簧自由高，应为106 mm（1±10%）；用游标卡尺测量轴销直径，应不小于 11.8 mm	300 mm 钢板尺 0～250 mm 游标卡尺	≤12.5 mm ≥11.8 mm
	62	松掉法兰盘固定螺栓，冲出弹簧销；检查法兰盘外观，应无裂损		
	63	更新密封圈		
	64	用轴承拔出器拔出轴承，检查轴承滚道与滚珠外观，应无疵纹、剥离，轴承转动应灵活，轴承外套与轴承支架配合应良好		
	65	更新控制轴		
	66	用清洗剂清洗各部件		
	67	按解体相反顺序组装控制轴及定位机构，组装时应注意： ① 轴承垫圈内、外不得装反，且厚度适当。 ② 涂适量轴承润滑脂于轴承内，与轴承支架配合后再压入控制轴。 ③ 装密封圈，密封圈要高于轴承支架 1 mm。 ④ 装键，与控制轴配合尺寸要符合要求，键的顶部与法兰盘配合间隙为 0.8～1.2 mm。 ⑤ 装拐臂时注意拐臂与轴的配合角度，然后打孔并铰孔，要求拐臂与轴上的孔无偏斜，与鼠尾销配合密贴。 ⑥ 装扇形齿轮时注意，齿轮啮合应良好	300 mm 钢板尺	1 mm 0.8～1.2 mm
	68	清扫、检查辅助开关，要求联锁触点清洁、无烧损，胶木件无裂损，转轴无弯曲，支架无变形，垫圈齐全，扇形齿方孔与转轴配合良好，安装牢固		
	69	解体、清扫、检查插座，各部应无裂损，定位和锁扣作用良好，导线焊接牢固，绝缘套管齐全		
	70	清扫、检查低压导线，要求布线整齐，线号齐全、清晰、正确，断股不大于原形的 5%		5%
	71	用压缩空气将储风缸吹扫干净		
	72	解体并检查通风塞门，更换过滤剂。要求密封垫良好，有一定通风量		
	73	检查各风管外观，应无裂损，弯曲处无折皱		

续表

程序	序号	作 业 过 程	工卡量具	标准
总体组装	74	组装主阀：将主阀主排风口贴好密封石棉垫，对称、均匀地紧固螺栓		
	75	组装传动风缸： ① 组装各连接风管，垫好石棉垫。 ② 组装控制轴装置。 ③ 组装定位弹簧装置，要求涂适量轴承润滑脂于摩擦部位。 ④ 风缸处水平位，装上轴销，用外撑钳将挡圈装上。 ⑤ 连接传动风缸活塞杆，要求活塞杆往复运动无卡滞	外撑钳	
	76	组装传动瓷瓶，两端加石棉垫调整		
	77	组装隔离开关装置，要求定位弹簧压入后再紧固螺栓		
	78	组装静触头装置： ① 套筒齿纹保持水平，隔离开关两动触指应与静触头板同时接触，闸刀处“断开”位，距周围部件距离不小于 200 mm，动触指有间隙时允许少量锉修。 ② 测量动触指压力，应为 80～135 N。 ③ 测量隔离开关在“闭合”位时的动触指间隙，应不小于 2 mm。 ④ 轴线接触偏差不大于 5 mm，接触长度不小于 15 mm	200 N 测力计 塞尺 0～250 mm 游标卡尺	≥200 mm 80～135 N ≥2 mm ≤5 mm ≥15 mm
	79	组装动触头装置，测量超行程，应为 6～10 mm（为中修限度）；安装防雨罩	0～250 mm 游标卡尺	6～10 mm
	80	组装非线性电阻装置，将组装好的非线性电阻装置安装于固定支架上 组装调整电磁铁装置，调整衔铁与起动阀杆开距，开距要求为 5～10 mm。开距调整后，在支架固定螺栓处加红漆封	0～250 mm 游标卡尺	5～10 mm
	81	组装辅助联锁，要求齿轮啮合良好，各触点接触良好		
	82	紧固螺栓，各联轴螺栓和固定螺栓应紧固，防缓垫齐全		
	83	在各瓷瓶底座、法兰盘、储风缸表面涂刷灰漆		
	84	组装风压表：将风压表组装于主断路器上		
	85	绝缘电阻测定：用 500 V 兆欧表测量控制回路对地绝缘电阻，应不小于 10 MΩ	500 V 兆欧表	≥10 MΩ
检查试验	86	接通主断路器与试验台的风源、电源，要求风压 0.4～0.9 MPa，直流可调电压 DC 77～110 V	试验台	
	87	将测试线分别接主静触头、主动触头和隔离开关		
	88	通电试验电磁铁装置		
	89	固有分闸时间测定：在电压 110 V、风压 0.7～0.9 MPa 的条件下，测量从断开信号发出至主触头开始打开的时间，应不大于 0.03 s		≤0.03 s
	90	隔离开关延时时间测定：在电压 110 V、风压 0.7～0.9 MPa 的条件下，测量主触头开始打开至隔离开关打开的时间（延时时间），应为 0.055～0.35 s		0.055～0.35 s
	91	隔离开关闭合时间（合闸时间）测定：在电压 110 V、风压 0.7～0.9 MPa 的条件下，测量合闸时间，应不大于 0.1 s		≤0.1 s
	92	最低动作风压试验：在电压 110 V、风压 0.35 MPa 的条件下，隔离开关应能正常闭合、断开		

续表

程序	序号	作业过程	工卡量具	标准
检查试验	93	最低动作电压试验：在电压 88 V、风压 0.9 MPa 的条件下，重复本表第 89～91 项试验，保证能正常闭合、断开		
	94	泄漏试验：在风压 0.9 MPa 的条件下，经过 5 min 后观察并检查各风缸、管路、阀门接头等处，应无泄漏	秒表	
	95	缓冲作用检查：检查打开和闭合隔离开关时的缓冲情况，要求隔离开关在闭合和打开时，缓冲作用良好，无过位现象		
	96	检查主动、静触头接触线：试验完毕后，拆下主动触头，检查主动、静触头不小于周长的 80%。检查后重新组装好		
	97	记录与标识：填写检修、试验记录，做好合格标识		

【考核评价】

1. 自我评价

① 自我考核：对 TDZ1A–10/25 型空气断路器结构及检修作业程序的描述。

② 自我评价（见表 3–25）。

表 3–25 自我评价（每项满分为 10 分）

序 号	评价内容	得 分	亮 点
1	课前知识查阅、调研完成情况		
2	课前、课中与人协作沟通表现		
3	TDZ1A–10/25 型空气断路器的结构及检修作业程序掌握情况		
4	课前、课中学习态度表现		

2. 小组评价（见表 3–26）

表 3–26 小组评价（每项满分为 10 分）

序 号	评价内容	得 分	亮 点
1	课中学习态度表现		
2	课前、课中与人协作沟通表现		
3	TDZ1A–10/25 型空气断路器的结构及检修作业程序掌握情况		

3. 教师评价（见表 3–27）

表 3–27 教师评价（每项满分为 10 分）

序 号	评价内容	得 分	亮 点
1	课前知识查阅、调研完成情况		
2	课中参与及协作情况		
3	掌握 TDZ1A–10/25 型空气断路器结构及检修作业程序的效果		

【教师建议】

在掌握 TDZ1A–10/25 型空气断路器的结构、作用及检修作业程序的基础上，进一步探究其他类型空气断路器的结构及检修作业程序。

任务 3.7 BVAC.N99 型真空断路器检修技能训练

【任务描述】

先认知 BVAC.N99 型真空断路器的结构及作用，再将学生分成若干小组，以小组为单位对照 BVAC.N99 型真空断路器实物对其各个部分进行观察学习。结合操作过程及小组讨论，使学生进一步掌握 BVAC.N99 型真空断路器的结构及检修工艺。

【学习目标】

知识目标	熟悉 BVAC.N99 型真空断路器的结构及检修工艺
能力目标	能正确分析 BVAC.N99 型真空断路器的结构特点；能说出该真空断路器各组成部分的功用及检修作业程序
素质目标	养成细致、认真的工作作风；养成独立分析问题的良好习惯；能够比较自如地与他人沟通、协作完成工作

活动 3.7.1 BVAC.N99 型真空断路器的结构

【活动要点】：BVAC.N99 型真空断路器的结构特点。

BVAC.N99 型真空断路器主要由高压部分、中间绝缘部分和控制部分组成。高压部分由水平绝缘子、真空包组装和传动轴头组装等组成。中间绝缘部分由垂直绝缘子、底板和安装于车顶与断路器之间的 O 形密封圈组成。底板安装于机车车顶，垂直绝缘子安装在底板上，用来提供 30 kV 的绝缘要求，同时绝缘操纵杆通过垂直绝缘子的轴向中心孔连接电空机械装置和真空包的动触头。在控制部分由储风缸、调压阀、电磁阀、传动风缸、保持线圈、肘节机构和控制单元等操纵控制部件组成。BVAC.N99 型真空断路器的结构如图 3–61 所示，其高压部分如图 3–62 所示。

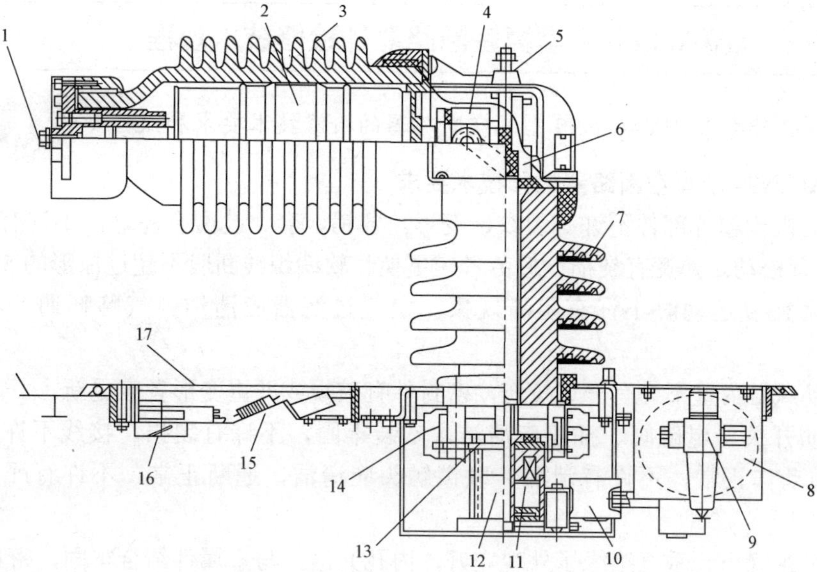

1—高压连接端（HV2）；2—真空包组装；3—水平绝缘子；4—机械压力触头；5—高压连接端（HV1）；6—轴向保持组装；7—垂直绝缘子；8—储风缸；9—调压阀；10—电磁阀；11—保持线圈；12—传动风缸；13—肘节机构；14—辅助触头；15—110 V 控制单元；16—低压连接端；17—底板。

图 3–61　BVAC.N99 型真空主断路器的结构

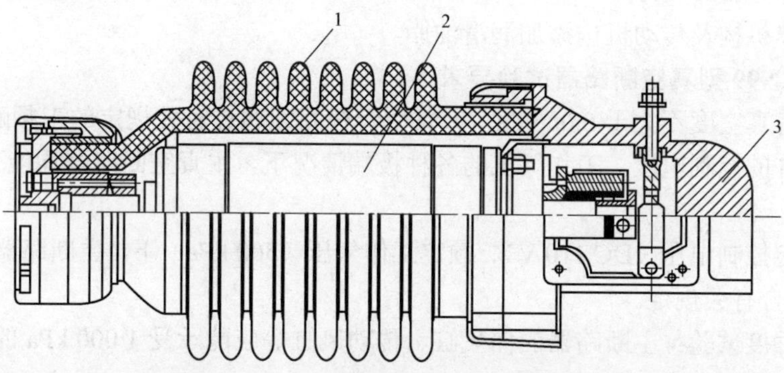

1—水平绝缘子；2—真空包组装；3—传动轴头组装。

图 3–62　BVAC.N99 型真空断路器的高压部分

真空包结构示意图如图 3–63 所示。

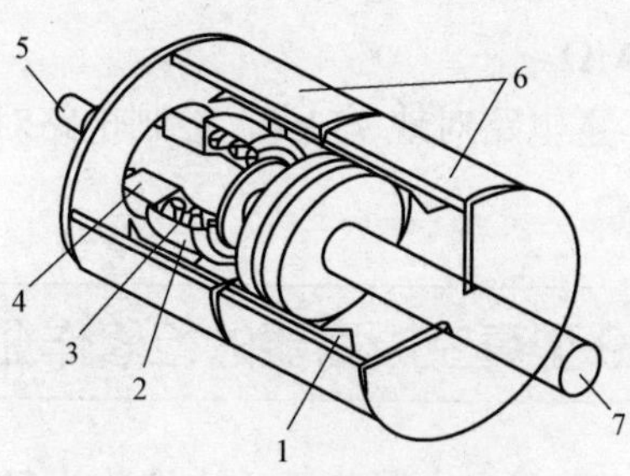

1—金属罩；2—波纹管罩；3—金属波纹管；4—导套；5—动触头；6—瓷质外罩；7—静触头。

图 3–63　真空包结构示意图

活动 3.7.2 BVAC.N99 型真空断路器的检修技术规程

【活动要点】: BVAC.N99 型真空断路器的检修技术要求和试验要求。

1. BVAC.N99 型真空断路器检修技术要求

① 传动机构箱各部件不许有裂纹、变形。各销、套、孔配合完好，不许有严重磨损。紧固件不许有松动。弹簧有裂损、疲劳者应更换。软编织线断股不超过原形的 5%。

② 活塞往复运动时不许有阻滞现象。空气过滤器应清洁。气路畅通，不许有漏风现象。

③ 传动风缸内壁不许有严重拉伤，密封件有破损或严重变形者应更新。

④ 辅助开关、电磁阀、插座应清洁，安装牢固，不许有裂损，接线不许有松动和脱落。电磁阀动作正常，不许有泄漏。联锁触头应清洁，通断正常，不许有严重烧损、裂损、变形。

⑤ 水平绝缘子、垂直绝缘子外观完好，内孔光洁，与金属件结合牢固，密封良好。

⑥ 传动绝缘杆有裂纹、变形者应更新。

⑦ 真空灭弧室动、静触头总磨耗量不大于 3 mm。

⑧ 计数器完好，动作灵活，技术正确。

⑨ 高压部分密封完好。

⑩ 向操作机构及传动机构添加润滑油脂。

2. BVAC.N99 型真空断路器试验要求

① 真空管真空度不大于 0.066 Pa，或真空管极间须通过有关规定的工频耐电压试验。

② 在允许的控制电压、工作气压的各种极端情况下，主真空断路器均能正常可靠地分、合各 10 次。

③ 在额定控制电压（DC 110 V）、额定工作气压（500 kPa）下，主断路器分合闸时间和开断时间须符合有关规定。

④ 气压强度试验：主断路器的储风缸、传动风缸等应能承受 1 000 kPa 的压力，不许有机械损伤。

⑤ 在最大工作气压 1 000 kPa 下，各阀及管路不许有泄漏。

⑥ 动、静触头接触电阻不大于 80 μΩ。

⑦ 真空管极间绝缘电阻（1 000 V 兆欧表）不小于 200 MΩ。主电路对地绝缘电阻（2 500 V 兆欧表）不小于 500 MΩ。

⑧ 进行工频耐电压试验：主电路对地 75 kV，控制电路对地 1.5 kV，不许有击穿、闪络现象。

活动 3.7.3 BVAC.N99 型真空断路器的检修作业程序

【活动要点】: BVAC.N99 型真空断路器的检修作业程序和检测要点。

1. 检修设备及工具

检修小车、主断路器试验台、兆欧表（1 000 V、2 500 V）、接触电阻检测仪、真空度检测仪、万用表、常用钳工工具、风源。

2. 检修材料

棉丝、白布、酒精、汽油、F 级绝缘漆、凡士林等。

3. 检修程序

1）清洁

① 用清水洗过的湿毛巾擦拭绝缘子。

② 用棉丝蘸酒精擦去各部油污。

2）解体检修

① 拆下低压控制箱的盖板，拆下控制板、辅助触头、调压阀、电磁阀、压力开关、空气管路、传动风缸、保持线圈、绝缘杆、恢复弹簧。

② 吹扫电子控制板，检查元件，应焊接牢固、无烧损、无过热变色，接插件紧固。

③ 清扫并检查辅助触头组，应外壳无裂损，触头无烧损、无裂损，弹簧无断裂；测量触头接触电阻，应为 200 mΩ。

④ 解体调压阀，用酒精清洗内部油污，更换橡胶圈。组装后试验，应无空气泄漏；调整压力整定值为 650～700 kPa。

⑤ 解体压力开关，用酒精清洗内部油污，更换橡胶圈，组装后试验，应无空气泄漏，调整压力整定值为 450 kPa（1+5%）。

⑥ 用酒精清洗电磁阀表面，用万用表测量线圈电阻，应为 11 Ω（1±5%）。试验中，无空气泄漏，动作无卡滞，灵活可靠。

⑦ 解体传动风缸，取出活塞，检查风缸内壁及活塞表面，应无裂纹、无破损，风缸内壁无严重拉伤；测量缸体内径，磨耗量应不大于 0.06 mm。更新橡胶密封件，在风缸与缓冲器内壁涂抹润滑脂。

⑧ 解体保持线圈，擦拭表面灰尘，应绝缘无破损，线圈电阻为 41 Ω（1±5%）。

⑨ 拆下轴向垂直绝缘子上部端盖，解体绝缘传动杆及恢复弹簧。检查杆件，应无裂纹、无变形，弹簧无疲劳、无断裂，否则应更新。

⑩ 打开储风缸的快排塞子排水，用压缩空气吹扫内部。

⑪ 检查布线，应绑扎牢固。插头、插座安装牢固，接线紧固、无烧损、无过热，插针、插孔无缩进、无变形、无断损。

⑫ 各部紧固件齐全，箱体及底板无严重变形，软编织线断股不超过原形的 5%。

⑬ 绝缘子表面光洁，无裂纹，无缺损。绝缘子与金属件结合牢固，密封良好。更新绝缘子端盖密封橡胶。

3）组装

按与解体相反的顺序组装。

4）检测试验

① 用 1 000 V 兆欧表测量极间绝缘电阻，应小于 200 MΩ；在主断路器试验台上，测量真空灭弧室动、静触头，总磨耗量应不大于 2 mm，升距为 15～18.5 mm，超程为 2～4.5 mm；

用接触电阻检测仪测量动、静触头接触电阻，应小于 80 μΩ；用真空度检测仪测量真空管真空度，应不大于 0.066 Pa。

② 在允许的控制气压（450～1 000 kPa）、允许的操作电压（DC 77～121 V）的各种极端情况下，主真空断路器均能正常、可靠地分合闸 10 次；在额定控制电压（DC 110 V）及工作气压、操作电压下进行分合闸动作，分闸时间为 25～60 ms，合闸时间应在 60 ms 以下。

③ 在最大工作气压（1 000 kPa）下，在各阀、空气管路接头处涂以肥皂液进行气密性检查，应无泄漏。

④ 用 2 500 V 兆欧表测量主电路对地绝缘电阻，应不小于 500 MΩ；进行主电路对地工频耐电压试验，75 kV 电压持续 1 min 无击穿、无闪络现象。

【考核评价】

1. 自我评价

① 自我考核：对 BVAC.N99 型真空断路器的结构及检修作业程序的描述。

② 自我评价（见表 3–28）。

表 3–28　自我评价（每项满分为 10 分）

序　号	评 价 内 容	得　分	亮　点
1	课前知识查阅、调研完成情况		
2	课前、课中与人协作沟通表现		
3	BVAC.N99 型真空断路器的结构及检修作业程序掌握情况		
4	课前、课中学习态度表现		

2. 小组评价（见表 3–29）

表 3–29　小组评价（每项满分为 10 分）

序　号	评 价 内 容	得　分	亮　点
1	课中学习态度表现		
2	课前、课中与人协作沟通表现		
3	BVAC.N99 型真空断路器的结构及检修作业程序掌握情况		

3. 教师评价（见表 3–30）

表 3–30　教师评价（每项满分为 10 分）

序　号	评 价 内 容	得　分	亮　点
1	课前知识查阅、调研完成情况		
2	课中参与及协作情况		
3	掌握 BVAC.N99 型真空断路器结构及检修作业程序的效果		

【教师建议】

在掌握 BVAC.N99 型真空断路器的结构、作用及检修作业程序的基础上，进一步熟悉其他类型空气断路器的结构及检修作业程序。

任务 3.8 TLG1–400/25 型高压连接器检修技能训练

【任务描述】

先认知 TLG1–400/25 型高压连接器的结构及作用，再将学生分成若干小组，以小组为单位对照 TLG1–400/25 型高压连接器实物对其各个部分进行观察学习。结合操作过程及小组讨论，使学生进一步掌握 TLG1–400/25 型高压连接器的结构及检修工艺。

【学习目标】

知识目标	熟悉 TLG1–400/25 型高压连接器的结构及检修工艺
能力目标	能正确分析 TLG1–400/25 型高压连接器的结构特点，能按检修作业程序对其进行检修
素质目标	养成细致、认真的工作作风；养成独立分析问题的良好习惯；能够比较自如地与他人沟通、协作完成工作

活动 3.8.1 TLG1–400/25 型高压连接器的结构

【活动要点】：TLG1–400/25 型高压连接器的结构特点。

高压连接器安装在机车尾部的车顶上，其作用是在两节机车连挂时，自动连接两节机车车顶的 25 kV 高压电路。机车连挂时，高压连接器依靠车钩的力量与车钩同时对接；机车分离时，高压连接器随车钩脱开而自动分离。

TLG1–400/25 型高压连接器主要由机械传动机构和电气连接机构两部分组成。机械传动机构由伸张弹簧、橡胶波纹管、十字轴支承装置、止动器、球面止挡、支承缸体及支持绝缘子等组成。TLG1–400/25 型高压连接器的结构简图如图 3–64 所示。

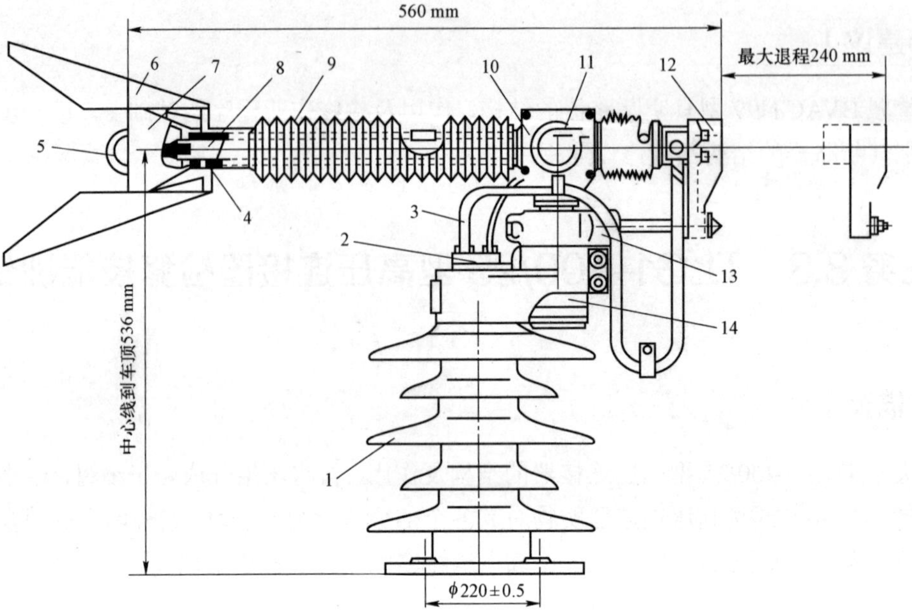

1—支持绝缘子；2—导电板；3—软连接线；4—伸张弹簧；5—半环；6—羊角；7—喇叭形头部；8—导电杆；9—橡胶波纹管；10—挡板；11—十字轴支承装置；12—止动器；13—球面止挡；14—支承缸体。

图 3–64　TLG1–400/25 型高压连接器的结构简图

十字轴支承体包括十字接头安装和十字轴支承装置。十字轴安装由十字接头及轴套组成，如图 3–65 所示。十字接头通过三个沉头螺钉及轴套固定连接，轴套由黄铜管加工而成。

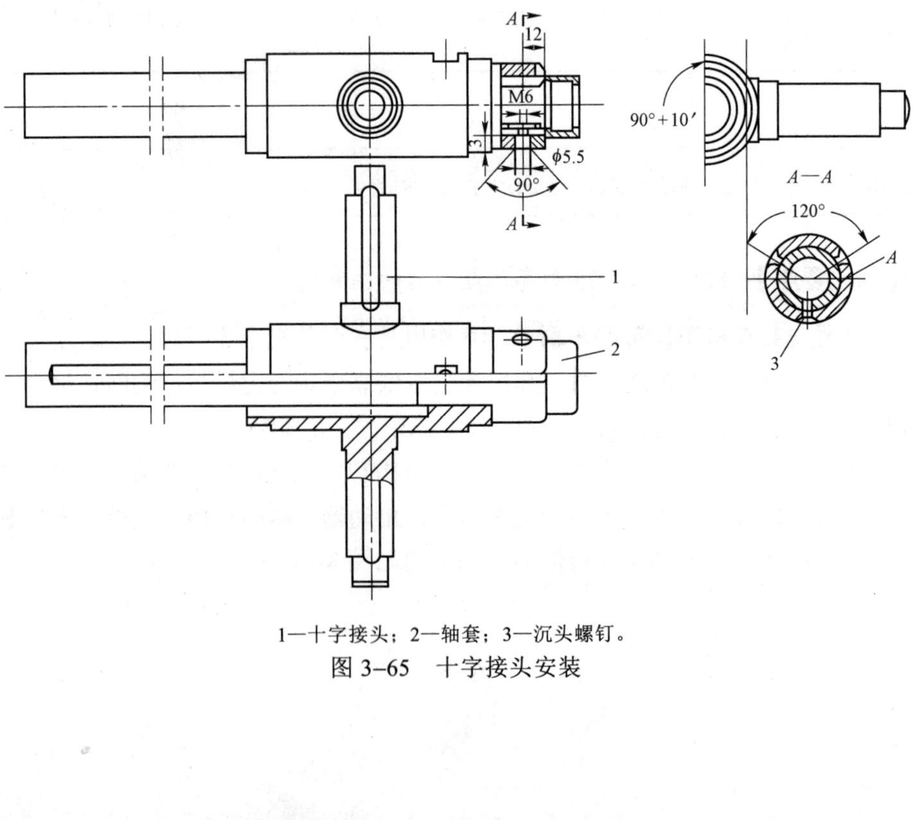

1—十字接头；2—轴套；3—沉头螺钉。

图 3–65　十字接头安装

活动 3.8.2　TLG1–400/25 型高压连接器的检修技术规程

【活动要点】：检修技术要求及限度。

1. 检修技术要求

① 支持绝缘子表面光洁，不许有裂纹，安装牢固。如果表面缺损，应进行绝缘处理，缺损面积大于 3 cm^2 时，必须经 75 kV 耐电压试验；缺损面积大于 30 cm^2 时，应更新。

② 各种弹簧不许有断裂及疲劳现象。

③ 各部清洁，顶杆不许有裂损，各部件完好。软连接线不许有过热现象，其折损面积不得超过原形的 1/10，组装后动作灵活、可靠、接触良好，不许有烧损。

④ 中修时，两台高压连接器对接后的电阻值及高低差须符合限度要求。

2. 限度表

TLG1–400/25 型高压连接器检修限度表如表3–31所示。

表 3–31　TLG1–400/25 型高压连接器检修限度表

名　称	原形	限度	
		中修	禁用
对接后导电杆两端之间的电阻/μΩ	≤650	≤650	
对接后母线接线端之间的电阻/μΩ	≤850	≤850	
两台高压连接器对接后高低差允许值/mm	30	30	

活动 3.8.3　TLG1–400/25 型高压连接器的检修作业程序

【活动要点】：检修作业程序及相应检修要求。

1. 解体

① 用螺丝刀拆下盖板螺钉，再用扳手拆下导电杆与软连接线安装螺栓，取下盖板装配。

② 用扳手拆下羊角安装螺栓，取下羊角。用螺丝刀取下头部顶丝及两端橡胶波纹管的喉箍，取下喇叭形头部、橡胶波纹管和伸张弹簧。

③ 用扳手拆下各软连接线。

④ 用扳手拆下左、右十字轴支承座与转轴安装螺栓，取下左、右十字头支承装置。

⑤ 拆下支承座体装置。

2. 清扫、检修

① 用汽油清洗、检查羊角和喇叭形头部，各部件应表面清洁，不许有裂损。

② 用汽油清洗导电杆和轴套、限位键，各部件不许有变形、裂损。

③ 用汽油清洗盖板装配，检查盖板、叉形件、卡箍，各部件不许有变形、裂损，拉簧不许有疲劳现象。

④ 用汽油清洗左、右十字轴支承座，检查板簧及卷簧，各部件不许有疲劳现象，轴承作用

良好。

⑤ 用汽油清洗、十字头并检查，十字头不许有变形、裂损。

⑥ 用汽油清洗支承座体并检查，支承座体不许有变形、裂损，作用良好。

⑦ 检查锁止器、支架、小顶杆、端盖，各部件不许有变形、裂损。

⑧ 清扫、检查软连接线，不许有过热、氧化现象，其折损面积不得超过原形的 1/10，否则应更新。

⑨ 更新橡胶波纹管和伸张弹簧。

⑩ 支持绝缘子的检修。检查瓷瓶，表面应光洁，当缺损面积小于 3 cm^2 时，涂绝缘漆；当缺损面积大于 3 cm^2 时，涂绝缘漆并做 75 kV 耐电压试验；当缺损面积大于 30 cm^2 时，应更新。

⑪ 检查各外露铁件，如果有脱漆现象，应重新涂刷瓷漆。

3. 组装

① 按解体相反顺序进行组装。

② 摩擦副、导电杆、伸张弹簧组装前应涂轴承脂。

③ 组装后要求各部件动作灵活、接触可靠、作用良好。

4. 检查试验

① 应能够在左右 34°、高低 8°30′的范围内摆动，并能自行复位。

② 最大退程为 240 mm。

【考核评价】

1. 自我评价

① 自我考核：对 TLG1–400/25 型高压连接器的结构及检修作业程序的描述。

② 自我评价（见表 3–32）。

表 3–32　自我评价（每项满分为 10 分）

序　号	评 价 内 容	得　分	亮　点
1	课前知识查阅、调研完成情况		
2	课前、课中与人协作沟通表现		
3	TLG1–400/25 型高压连接器的结构及检修作业程序掌握情况		
4	课前、课中学习态度表现		

2. 小组评价（见表 3–33）

表 3–33　小组评价（每项满分为 10 分）

序　号	评 价 内 容	得　分	亮　点
1	课中学习态度表现		
2	课前、课中与人协作沟通表现		
3	TLG1–400/25 型高压连接器的结构及检修作业程序掌握情况		

3. 教师评价（见表 3–34）

表 3–34 教师评价（每项满分为 10 分）

序 号	评 价 内 容	得 分	亮 点
1	课前知识查阅、调研完成情况		
2	课中参与及协作情况		
3	掌握 TLG1–400/25 型高压连接器结构及检修作业程序的效果		

【教师建议】

在掌握 TLG1–400/25 型高压连接器的结构、作用及检修作业程序的基础上，进一步熟悉其他类型高压连接器的结构及检修作业程序。

任务 3.9 TKH4 型位置转换开关检修技能训练

【任务描述】

先认知 TKH4 型位置转换开关的结构及作用，再将学生分成若干小组，以小组为单位对照位置转换开关实物对其各个部分进行观察学习。结合操作过程及小组讨论，使学生进一步掌握 TKH4 型位置转换开关的结构及检修工艺。

【学习目标】

知识目标	熟悉 TKH4 型位置转换开关的结构及检修工艺
能力目标	能正确分析 TKH4 型位置转换开关的结构特点，能按检修作业程序对 TKH4 位置转换开关进行检修
素质目标	养成细致、认真的工作作风；养成独立分析问题的良好习惯；能够比较自如地与他人沟通、协作完成工作

活动 3.9.1 TKH4 型位置转换开关的结构及作用

【活动要点】：TKH4 型位置转换开关的作用与结构特点。

位置转换开关用来转换接通主电路，一是改变牵引电动机励磁绕组中的电流方向，即改变机车的运行方向；二是实现机车牵引工况与电阻制动工况的转换。TKH4 型位置转换开关主要由两个转鼓组成，即反向鼓和牵引制动鼓，简称转鼓。每个转鼓各有两个工作位，“向前”位和“向后”位或“牵引”位和“制动”位。

THK4 型位置转换开关主要由底板、面板、支柱、环氧玻璃布管、牵引制动鼓、反向鼓、触指杆、电空阀、传动风缸、方轴、联锁触头等组成。THK4 型位置转换开关的结构简图和外形分别见图 3-66、图 3-67。

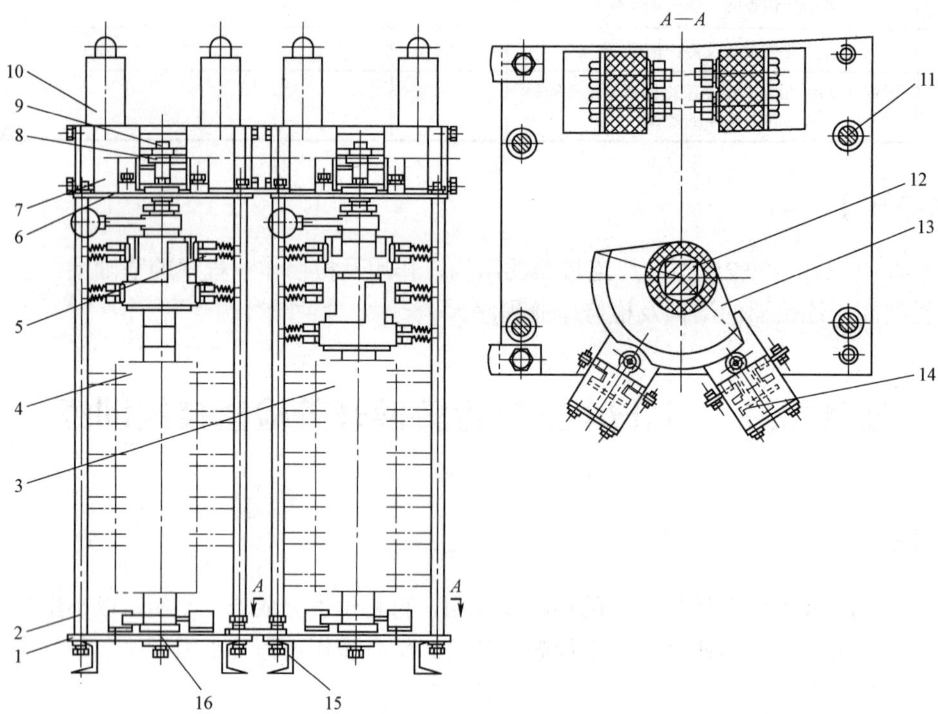

1—底板；2—支柱；3—牵引制动鼓；4—反向鼓；5—触指杆；6—面板；7—传动风缸；8—拨叉；9—销；10—电空阀；11—环氧玻璃布管；12—方轴；13—凸轮；14—联锁触头；15—槽钢；16—尼龙轴套。

图 3-66　TKH4 型位置转换开关结构简图

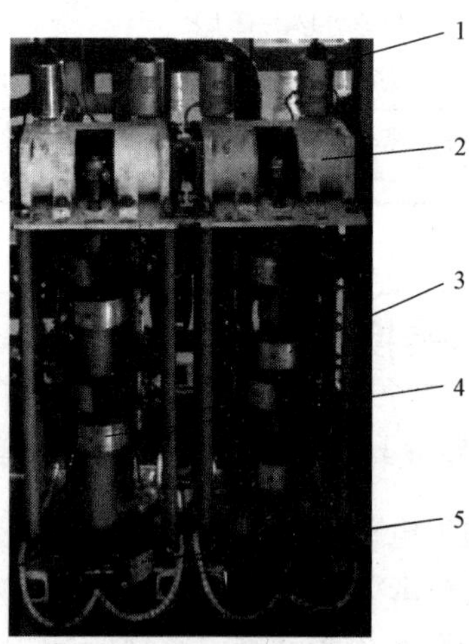

1—电空阀；2—传动风缸；3—牵引制动鼓；4—反向鼓；5—联锁触头。

图 3-67　THK4 型位置转换开关外形

活动 3.9.2　TKH4 型位置转换开关的检修技术规程

【活动要点】：检修要求及检修限度。

1. 检修要求

1）转鼓及方轴的检修要求

① 触头表面状态良好，消除触头烧痕。动、静触头接触位置正确。触头厚度、压力、超程及接触线长度符合限度要求。

② 绝缘板不得有烧痕及过热变色。软连接线折损面积不得超过原形的 1/10。

③ 板后接线正确、牢固，标记清晰。

④ 鼓形转换开关的动触头片及胶木座不得松动，转鼓外径符合限度要求。

2）传动风缸检修要求

风缸、活塞不许有裂损、变形及拉伤。皮碗不许有裂损、老化及永久变形。

3）辅助联锁检修要求

触头应接触良好，不得有烧痕、松动、断裂，超程符合限度要求。

4）位置转换开关试验要求

① 在最小工作气压（400 kPa）下，转换开关动作正常，转动灵活，不得有阻滞现象。在最大工作气压（650 kPa）下，管路及电空阀不得有泄漏。

② 绝缘电阻及耐电压试验符合限度要求。

2. 限度表

TKH4 型位置转换开关检修限度表如表 3–35 所示。

表 3–35　TKH4 型位置转换开关检修限度表

序　号	名　称		原形	限度	
				中修	禁用
1	主触指厚度/mm		7.1	≥6	≤4
2	主触片厚度/mm		6	≥5	≤4
3	转鼓外径/mm		116±0.5	≥111	
4	主触头压力（单个）/kPa		39～49	39～49	
5	触头超程/mm	主触头触指	2～3	2～3	
		辅助联锁	1～2	1～2	
6	主触头（单个）	接触线长度/mm	≥14	≥14	
		接触电阻/μΩ		≤200	
7	主电路绝缘电阻（2 500 V 兆欧表）/MΩ		≥8	≥6	
8	耐电压试验值/V	主电路不同极间及对地	4 500	3 800	
		控制回路各极间及对地	1 500	1 300	

活动 3.9.3 TKH4 型位置转换开关的检修作业程序

【活动要点】：检修作业程序及相应检修标准。

TKH4 位置转换开关的检修作业程序如表 3–36 所示。

表 3–36 TKH4 位置转换开关的检修作业程序

程序	序号	作业过程	工卡量具	标准
作业前	1	了解当日修车计划		
	2	确认将要使用的工艺装备良好		
解体	3	拆除连接母线、电空阀、盖板及底座上连接板的各固定螺栓，使转动部分与反向部分各自独立	14～17 mm 套筒扳手 12～14 mm 扳手 5～7 mm 扳手	
	4	拆除固定螺栓，取下联锁盒及传动风缸，松开拨叉螺钉，用紫铜棒敲出圆锥销，拔出夹叉，拆卸时不得损伤螺扣	紫铜棒	
	5	松开触指组件下的安装螺栓，取出触指组件	8～10 mm 扳手	
	6	检查盖板与底座上尼龙套与转轴的配合情况，旷动量应不大于 1 mm，过大时应更换尼龙轴套	17～19 mm 扳手	≤1 mm
	7	拆除 4 根支柱下端的螺母，将盖板与支柱一起取下，再拆除 4 根支柱、尼龙轴套，拆下转鼓	17～19 mm 扳手	
检修和部件组装	8	传动风缸的检修		
	9	拧下缸盖螺栓，取下两端缸盖	17～19 mm 扳手	更新密封垫
	10	清洗风缸，冲出一端活塞，取下皮碗，从另一端将活塞杆和活塞一起取出，用清洗剂将皮碗清洗干净。检查皮碗，应无破损、裂纹及变形，否则更新。毡圈更新		
	11	拆除风管接头，检查螺扣，应完好	19～22 mm 扳手	
	12	检查风缸，缸壁不许有拉伤，活塞杆、圆柱销不许有裂损		
	13	组装时风缸内壁涂适量轴承润滑脂；缸盖密封圈和风管接头密封圈换新；活塞毛毡圈装上后，用机油湿润		
	14	通过调密封圈厚度来调整风缸行程，应为（44±0.8）mm		（44±0.8）mm
	15	装上电空阀，在 0.65 MPa 风压下试验，要求活塞动作灵活，无卡滞现象，不漏风	12～14 mm 扳手 5～7 mm 扳手	
	16	触指组件的检修		
	17	清洗干净触头组件，并用压缩空气吹干；检查软连接线，应接触良好，无烧损、过热变色，断股截面应小于原形的 10%，否则应更新	清洗剂 毛刷	<10%
	18	检查压力弹簧；检查弹簧螺杆及止钉，压力弹簧应无变形、疲劳、裂损，否则更新；弹簧螺杆及止钉无开焊、弯曲、变形；止钉铆接牢固，不许有松动		

续表

程序	序号	作 业 过 程	工卡量具	标准
	19	锉修打磨触指烧痕，更换烧损严重及到限的触指；各螺栓紧固，防缓垫齐全，触指厚度不小于≥6 mm	锉刀 8～10 mm 扳手	≥6 mm
	20	各连接处接触良好，触指组件与方轴安装互为90°		
	21	转鼓的检修与组装		
	22	取下手柄后清洗干净各部，并用压缩空气吹干；检查挡圈、圆锥销及其配合，挡圈、圆锥销应无弯曲、裂纹、损伤，并与挡圈配合良好		
	23	检查各胶木座、辅助凸轮、环氧玻璃布管、垫圈，应完好无损		
检修和部件组装	24	触片检修：锉修打磨触头烧痕，更换烧损严重及到限的触片，用钢片塞紧胶木座与转轴之间的间隙，要求各胶木座与转轴间不得松动 转鼓组装：辅助凸轮、触片组件、手柄座的“0”位标记应在同一个方向，并均应向上或在上方；轴向尺寸应符合要求，镟削外圆并倒角。要求如下： ① 触片厚度不小于5 mm，触片接触面应光洁。 ② 沉头螺钉埋入触片量不小于1 mm。 ③ 转鼓外径尺寸不小于113 mm。 ④ 允许用电工钢纸板或青壳纸调整轴向尺寸及外圆跳动量，表面跳动量不大于0.5 mm	锉刀 游标卡尺	≥5 mm ≥1 mm ≥113 mm ≤0.5 mm
	25	盖板的检修		
	26	清洗干净盖板底座及支柱，根据解体前的检查，更新磨耗过量的尼龙轴套；检查支柱绝缘套管，不许有裂损、烧痕		
	27	低压控制部分的检修		
	28	用汽油或清洗剂清洗干净各部，并用压缩空气吹干		
	29	检查并打磨触头烧痕，更换烧损严重的触点，测量其接触电阻，应约等于0 Ω	锉刀 万用表	
	30	检查联锁开距，应大于3 mm。联锁装置应动作灵活、无卡滞，更换有裂损和作用不良的联锁装置		
	31	按解体时的逆序组装		
	32	在转鼓轴与轴套配合处涂适量润滑油，保证转鼓转动灵活，无卡滞现象		
整体组装	33	保持触指与触片相对高度一致，并涂适量凡士林		
	34	各接线按接线图进行连接		
	35	主轴转动位置正确（可通过调整风缸行程达到）		
	36	各安装螺丝及接线螺丝紧固，防缓垫齐全		
	37	检查并调整触头、触指		
试验	38	测量并调整单个主触头压力	测力计	39～49 N
	39	检查并调整主触头触指超程（可通过调整触指的螺栓来达到）	塞尺	2～3 mm
	40	检查并调整主触头接线长度（单个）		≥14 mm

续表

<table>
<tr><th>程序</th><th>序号</th><th>作 业 过 程</th><th>工卡量具</th><th>标准</th></tr>
<tr><td rowspan="11">试验</td><td>41</td><td>必要时进行单个触头接触电阻测量</td><td></td><td>≥200 μΩ</td></tr>
<tr><td rowspan="2">42</td><td>动作性能试验</td><td></td><td></td></tr>
<tr><td>在 88 V 电压、0.375 MPa 风压和 110 V 电压、0.65 MPa 风压下进行试验，转鼓应转动灵活、无卡滞，主轴转动位置正确</td><td></td><td></td></tr>
<tr><td rowspan="2">43</td><td>泄漏试验</td><td></td><td></td></tr>
<tr><td>在 0.65 MPa 风压下测试，检查风缸、电空阀、风管路，均不得有泄漏</td><td></td><td></td></tr>
<tr><td rowspan="2">44</td><td>绝缘电阻测定</td><td></td><td></td></tr>
<tr><td>测量各导体间及对地绝缘电阻</td><td>2 500 V 兆欧表</td><td>≥6 MΩ</td></tr>
<tr><td rowspan="2">45</td><td>工频耐电压试验</td><td></td><td></td></tr>
<tr><td>必要时，进行主电路不同极间及对地 3 800 V 持续 1 min 的耐电压试验，不许有击穿或闪络现象</td><td></td><td></td></tr>
<tr><td>46</td><td>填写检修记录，并做好检修标示</td><td></td><td></td></tr>
</table>

【考核评价】

1. 自我评价

① 自我考核：TKH4 型位置转换开关的结构及检修程序描述。

② 自我评价（见表 3–37）。

表 3–37 自我评价（每项满分为 10 分）

序 号	评 价 内 容	得 分	亮 点
1	课前知识查阅、调研完成情况		
2	课前、课中与人协作沟通表现		
3	TKH4 型位置转换开关的结构及检修作业程序掌握情况		
4	课前、课中学习态度表现		

2. 小组评价（见表 3–38）

表 3–38 小组评价（每项满分为 10 分）

序 号	评 价 内 容	得 分	亮 点
1	课中学习态度表现		
2	课前、课中与人协作沟通表现		
3	TKH4 型位置转换开关的结构及检修作业程序掌握情况		

3. 教师评价（见表 3–39）

表 3–39　教师评价（每项满分为 10 分）

序　　号	评 价 内 容	得　　分	亮　　点
1	课前知识查阅、调研完成情况		
2	TKH4 型课中参与及协作情况		
3	掌握 TKH4 型位置转换开关结构及检修作业程序的效果		

【教师建议】

在掌握 TKH4 型位置转换开关的结构、作用及检修作业程序的基础上，进一步熟悉其他类型位置转换开关的结构及检修作业程序。

项目 4

电力机车机械部分检修技能训练

任务 4.1　SS_4改型电力机车车钩及缓冲装置检修技能训练

【任务描述】

先认知车钩及缓冲装置的结构及作用，然后将学生分成若干小组，以小组为单位对照SS_4改型电力机车车钩及缓冲装置实物对其各部分进行观察学习。结合小组讨论，使学生进一步认知SS_4改型电力机车车钩及缓冲装置的结构、检修工艺。

【学习目标】

知识目标	掌握SS_4改型电力机车车钩及缓冲装置的结构及检修作业程序
能力目标	能正确分析SS_4改型电力机车车钩及缓冲装置的结构特点，能按检修作业程序对其进行检修
素质目标	养成细致、认真的工作作风；养成独立分析问题的良好习惯；能够比较自如地与他人沟通、协作完成工作

活动 4.1.1　SS_4改型电力机车车钩及缓冲装置的结构

【活动要点】：SS_4改型电力机车车钩及缓冲装置的结构特点。

车钩及缓冲装置的作用是实现机车与车辆（或机车）之间的连挂，同时传递并缓和列车在运行、制动或在调车作业时所产生的牵引力和冲击力。

SS_4改型电力机车的车钩及缓冲装置主要由车钩、钩尾销、前从板、缓冲器、钩尾框、钩尾框托板等组成，其结构简图如图 4–1 所示。

1. SS_4改型电力机车车钩

SS_4改型电力机车采用下作用式 13 号自动车钩，该车钩主要由钩舌、钩体、钩舌销、钩锁铁、钩舌推铁及下锁销装配等组成，如图 4–2 所示。

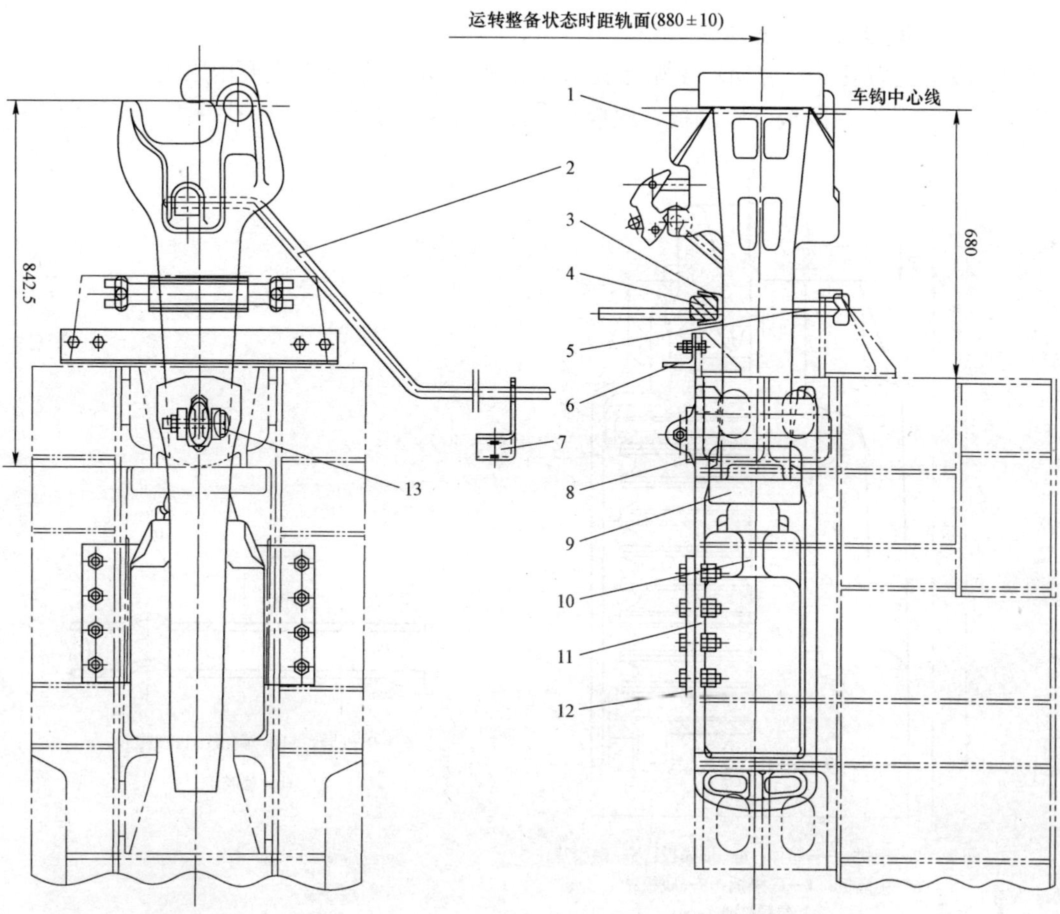

1—车钩（下作用式）；2—提杆；3—磨耗板；4—均衡梁；5—吊杆；6—托板；7—提杆座；8—钩尾销；9—前从板；10—缓冲器；11—钩尾框；12—钩尾框托板；13—钩尾销螺栓。

图 4-1　SS_4 改型电力机车的车钩及缓冲装置结构简图（单位：mm）

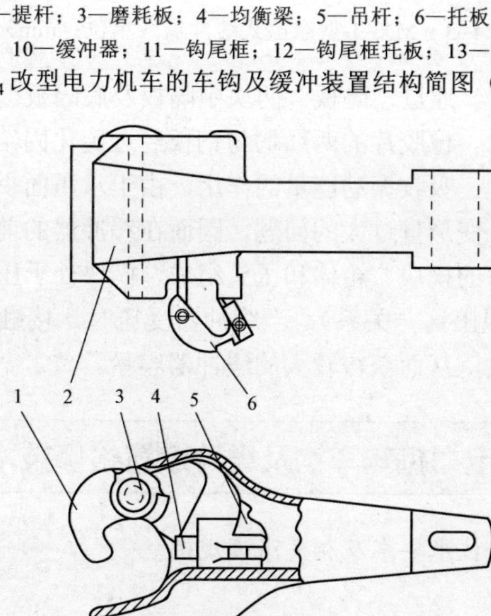

1—钩舌；2—钩体；3—钩舌销；4—钩锁铁；5—钩舌推铁；6—下锁销装配。

图 4-2　13 号车钩（下作用式）

2. SS_4 改型电力机车缓冲器

SS_4 改型电力机车采用 MX–1 型橡胶摩擦式缓冲器，该缓冲器主要由压头、楔块、箱体、顶隔板、橡胶片、中隔板、底隔板、底板等组成，如图 4–3 所示。

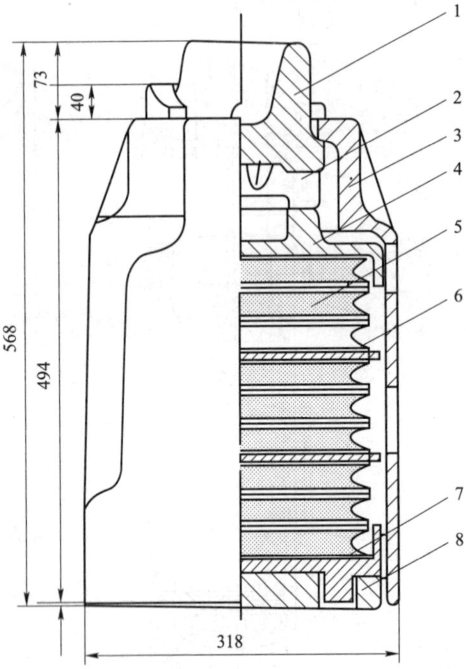

1—压头；2—楔块；3—箱体；4—顶隔板；5—橡胶片；
6—中隔板；7—底隔板；8—底板；
(a) 结构简图

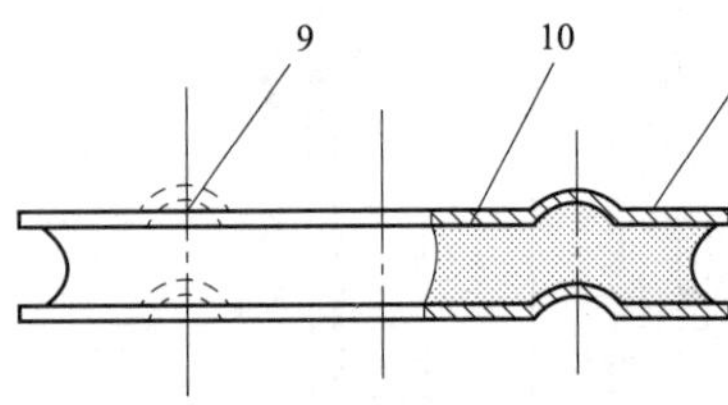

9—凸台；10—钢板；11—橡胶。
(b) 橡胶片

图 4–3　MX–1 型摩擦式缓冲器（单位：mm）

9 片形状相同的橡胶片，通过顶隔板、两块中隔板及底隔板，在缓冲器箱体内将其分隔为三层，每层有三个橡胶片。橡胶片的两面均与钢板经过硫化固结在一起，构成减振元件。橡胶片能够很好地起到缓冲、吸收振动能量的作用，由于承压面积的限制，单独依靠橡胶片的作用仍会出现容量不足、变形量过大的问题，因而在缓冲器的前部设置摩擦部分，摩擦部分由 3 个形状相同带有倾角的楔块、箱体和压头组成，楔块处于压头与箱体之间（图 4–3 中因为观察方向问题未能体现出这一关系），当缓冲器受压时，接触面间产生摩擦，与橡胶片共同吸收、缓和冲击性能量，从而获得较大的缓冲器容量。

活动 4.1.2　SS_4 改型电力机车车钩及缓冲装置检修技术规程

【活动要点】：检修技术要求及相关限度规定。

1. 检修技术要求

① 车钩“三态”（闭锁状态、全开状态、开锁状态）应作用良好。

② 侧钩在闭锁状态时，钩舌尾部与钩锁铁垂直的接触高度、钩舌尾部与钩锁铁之间的

横向间隙、钩舌与钩锁铁之间的贯通间隙、钩锁铁向上活动量，均须符合限度规定。

③ 钩体防跳凸台的作用面须平直，钩舌与钩体的上下承力面接触良好。

④ 钩耳销孔及销孔的直径、钩舌销与销孔的间隙、钩舌与钩耳上下面的间隙、车钩的开度、车钩的中心高度、钩舌厚度、钩尾销尺寸及钩尾销与销孔的间隙等应符合限度规定。

⑤ 车钩复原装置作用良好，吊杆不许有裂损，提杆装置完好，组装后机车中间车钩的提杆应锁闭可靠。

⑥ 车钩前从板与从板座、缓冲器与后从板座不许有 1 mm 以上的贯通间隙，车钩尾部与从板间隙符合限度规定。

⑦ 车钩各零件不许有裂纹，钩体上的横裂纹、销孔向尾端发展的裂纹、耳销孔处超过断面 40%的裂纹、钩舌上的裂纹、车钩尾框上的横裂纹及销孔向前发展的裂纹禁止焊修。

2. 限度表

SS_4 改型电力机车车钩及缓冲装置检修限度表如表 4–1 所示。

表 4–1　SS_4 改型电力机车车钩及缓冲装置检修限度表

序号	名称		原形	限度	
				中修	禁用
1	锁闭后钩舌尾部与锁铁垂直面的接触高度/mm			≥40	
2	钩舌尾部与锁铁横向间隙/mm		6.5	≤7	
3	钩舌与钩锁铁之间的贯通间隙/mm		18	≤18	
4	锁闭后钩锁铁向上活动量/mm			5～22	
5	钩耳销孔及钩舌锁孔的直径/mm		42.2^{+1}_{0}	≤46	≥50
6	钩舌销与锁孔的间隙（以短轴计）/mm			≤3	≤5
7	钩舌与钩耳上下面的间隙/mm		3～6	≤8	≥12
8	车钩的开度/mm	锁闭状态	112～122	110～127	<110 或>130
		全开状态	220～235	220～245	<220 或>250
9	车钩的中心高度/mm		880±10	840～890	<815 或>890
10	钩尾销尺寸/mm		（100±1）×（44±1）	≥96×36	≤95×35
11	钩尾扁销孔/mm		$110^{+3}_{0}\times44^{+4}_{0}$	≤115 × 49	
12	尾框扁销孔长度/mm		106^{+3}_{0}	≤111	
13	钩尾销与销孔的间隙/mm	前后之和	9～14	≤20	
		两侧之和	3～7	≤8	
14	钩尾部与从板间隙/mm		0.5～4	0.5～4	≥8
15	尾框厚度/mm		28	≥22	
16	钩舌厚度/mm		72	68	
17	缓冲器、从板及尾框组装后中心偏差/mm			≤5	
18	MX–1 型缓冲器组装高度/mm		568^{+3}_{-2}	566～571	
19	从板座磨耗量/mm			≤7	

活动 4.1.3　SS_4 改型电力机车车钩及缓冲装置检修作业程序

【活动要点】：检修作业程序及相应检修标准。

SS_4 改型电力机车车钩及缓冲装置的检修作业程序如表 4–2 所示。

表 4–2　SS_4 改型电力机车车钩及缓冲装置的检修作业程序

程序	序号	作业过程	工卡量具	标准
解体前	1	了解当日修车计划		
	2	确认所使用的工艺装备良好		
解体	3	车钩解体前进行“三态”试验及全面检查，确定检修重点并记录	小撬棍 150 mm 内外卡钳 300 mm 钢板尺	
	4	取下钩提杆，并用天车轻吊车钩钩身，然后取下均衡梁和吊杆，拆掉牵引销安全螺栓，取出牵引销，用天车将钩体吊出，放于指定地点 注意：在两节车的车体连接车钩处，拆下锁紧压板后方可取下钩提杆	24 mm 扳手 30 mm 扳手 小撬棍 钢丝绳	
	5	将专用升降小车推至下方后升起，并顶住钩尾托板，拆下托板螺栓，卡住拆装扁销及液压油缸，加压使缓冲器压缩后缓慢升降小车，推出小车并吊走组件至指定处，缓解油缸后分开钩尾框、缓冲器、从板	30 mm 扳手 专用升降小车 液压油泵 专用扁销 小撬棍	
	6	对车钩表面除垢并用清洗液清洗后，将其吊上检查台，然后依次拆下钩舌销、钩舌、下锁销、钩锁铁、钩舌推铁	小撬棍 手锤 钢丝绳 钢丝刷	
	7	将缓冲器头朝下置于 O 形垫圈的压力机工作台上，上端板置“Π”形压具，压于缓冲器底隔板两扁锁上，启动压力机压缩橡胶片	钢丝绳 压力机 小撬棍	
	8	取出底板，再将压力机缓缓松开，取出“Π”形压具，从箱体后端面上拿下底板	小撬棍	
	9	将缓冲器从工作台上吊下来，再用扁铲铲除箱口毛刺，依次取出底隔板、橡胶片、楔块及压头	扁铲	
清洗检修	10	钩体的检修		
	11	探伤检查钩体：在尾部 300 mm 内、钩耳销孔周围及其后部圆弧处，若钩体上出现横向裂纹、耳销孔处出现超过断面的 40% 的裂纹及出现销孔向尾部发展的裂纹，禁止焊修并应报废。检查钩体其他部位，重点为钩身的交界处、下锁销孔筋部、钩腔内的上下牵引台，有裂纹者应报废	探伤设备	
	12	用游标卡尺检查钩尾端面与扁销孔边缘的距离，不足 40 mm 或上下偏差超过 2 mm 时，或扁销孔磨耗大于 115 mm×49 mm 时，均应更新	250 mm 游标卡尺	钩尾端面与扁销孔边缘的距离不小于 40 mm；上下偏差超过 2 mm；扁销孔尺寸大于 115 mm×49 mm

续表

程序	序号	作 业 过 程	工卡量具	标准
清洗检修	13	检查镶套，有松脱、破损时应换套	300 mm 钢板尺 150 mm 内卡钳	
	14	用卡钳检查钩体的防跳凸台，当尺寸小于 16 mm×18 mm 时可补焊修复；腔宽大于 66 mm 时应更新	300 mm 钢板尺 150 mm 外卡钳	钩体的防跳凸台小于 16 mm×18 mm；腔宽不大于 66 mm
	15	检查钩身状态，当磨耗量超过 5 mm 时应更新	250 mm 游标卡尺	钩身下面磨耗量不大于 5 mm
	16	钩舌的检修		
	17	探伤检查钩舌，重点为牵引面的弯角部和上下弯角、钩舌销孔周围、牵引台、冲击台，当钩舌有裂纹时更新	探伤设备	
	18	外观目测钩舌牵引面，应略呈弧形，若已磨耗成平面，用内卡钳测中部 200 mm 内的厚度平均值，超限时更新	150 mm 内卡钳 300 mm 钢板尺	钩舌厚度不小于 68 mm
	19	检查钩舌尾部：当其因与钩锁铁接触造成的磨耗大于 3 mm 时，应堆焊并加工平整，保证堆焊部位至上部的距离不小于 40 mm	250 mm 游标卡尺 电气焊设备	钩舌尾部磨耗量不大于 3 mm 钩舌尾部与锁铁接触面的距离不小于 40 mm
	20	检查钩舌销孔的磨耗，由凸台顶部向内深入 30 mm 处用内卡钳进行测量，当销孔直径大于 46 mm 时应更新	150 mm 内卡钳 300 mm 钢板尺	钩舌销孔直径不大于 46 mm
	21	检查钩锁铁、钩舌推铁、钩锁销，有裂纹时更换，磨耗大于 2 mm 时焊修，弯曲、变形时更换；钩锁销的下锁销、下锁销体及下锁销钩之间应连接可靠，转动灵活	电气焊设备	
	22	探伤检查钩舌销、牵引扁销，有裂纹时更换；当钩舌销弯曲时，应加热调修并探伤复查；检测牵引扁销尺寸，小于 96 mm×36 mm 时更换；目视检查牵引扁销穿销螺栓，有弯曲、裂纹或直径小于 18 mm、螺纹不良时，应更换	探伤设备 电气焊设备	扁销尺寸不应小于 96 mm×36 mm
	23	缓冲器的检修		
	24	外观检查箱体，当箱体内距大于 189 mm 时应更新，当前端口有裂纹时应更新，其他部位的裂纹需铲坡口焊修；当裂纹超过 100 mm 时，焊后须正火处理；底部磨耗处，应焊修至恢复原形	300 mm 钢板尺 电气焊设备 电动砂轮	箱体内距不大于 189 mm
	25	检查底板四角挂耳磨耗，当磨耗量大于 2 mm 时应焊修，当底板耳部及长孔周围有裂纹时应更新；检查楔块及压头，有裂纹时更新，磨耗量大于 3 mm 时更新	电气焊设备	底板四角挂耳，磨耗量不大于 2 mm；楔块及压头磨耗量不大于 3 mm
	26	橡胶片厚度在 32～35 mm 范围内，若有断裂、掉块、老化、错位或严重变形，应更换新品	250 mm 游标卡尺	橡胶片厚度为 32～35 mm
	27	检查底板、底隔板扁销、楔铁板部件的磨耗，有凸台时，不得超过 0.3 mm	250 mm 游标卡尺	磨耗不超过 0.3 mm
	28	钩尾框的检修		
	29	探伤检查钩尾框，后部圆弧处裂纹及销孔向前发展的裂纹不得焊修，其他部位裂纹焊修时须有增强焊波	探伤设备	
	30	测量钩尾框宽度和厚度的磨耗，当厚度磨耗量大于 3 mm 时，宽度及其他部位磨耗量大于 4 mm 时，应纵向分层堆焊并磨平；当尾框厚度小于 22 mm 时，应更换	250 mm 游标卡尺	尾框厚度不小于 22 mm
	31	外观检查扁销孔下方的穿销螺栓止挡，两外侧面销孔周围不平整时应修整，有裂纹时应焊修，当销孔直径大于 26 mm 时更新	150 mm 内卡钳 300 mm 钢板尺	穿销螺栓销孔直径不大于 26 mm

续表

程序	序号	作业过程	工卡量具	标准
清洗检修	32	当从板有裂纹、磨耗量大于 3 mm 时更新	250 mm 游标卡尺	从板磨耗量不大于 3 mm
	33	检修钩提杆和提杆座		
	34	消除不正常的弯曲、变形，可用氧气热调恢复原形；对于钩提杆上的防跳凸块，可焊补修复；其他的磨耗面均可焊修	电气焊设备	
	35	整修提杆座，更换已损坏的螺栓（穿销）	电气焊设备	
	36	外观检查车体牵引梁及复原装置，当牵引梁焊缝开裂时焊修，当冲击座处母材开裂时报技术部门处理，当从板座磨耗量大于 7 mm 时焊修；钩体复原活动托架应摆动灵活，应消除开焊与变形	电气焊设备	
组装	37	将钩体卡在工作台上，在各部件配合磨耗面上涂少许润滑脂后，依次装入钩舌推铁、下锁铁，托起钩锁铁，装入钩舌，穿上钩舌销及垫、开口销，然后对车钩进行全面检查，应状态良好；当状态不良或部件配件超限时，应修配；部件焊修时,禁止以点代面；局部堆焊后用砂轮修磨光滑	小撬棍 钢丝绳 手锤 电气焊设备 电动砂轮	
	38	将缓冲器箱体倒置在压力机工作台的专用底座上，依次装入压头、楔块、顶隔板、橡胶片及中隔板、底隔板、底板，各部件定位凸台应与凹槽吻合；然后将压具立柱插入底板孔，顶在隔板上，使压力机缓慢加压并用小撬棍拨动底板，使之倾斜进入箱内，拨正位置后缓慢减压、加压三次，行程为 60 mm 左右，确认箱内各板件无偏斜、卡死现象后，拨正底板位置，缓慢撤去压力并去掉压具，再次检查底板挂耳与箱体台肩，配合良好后方可吊下缓冲器；检查缓冲器组高度，应符合技术要求	钢丝绳 压具 压力机 小撬棍	缓冲器组高度为 566～571 mm
	39	将缓冲器、从板、钩尾框套装在一起后，装入专用扁销及油缸，按动液压油泵使油缸伸出，压缩缓冲器，当从板及缓冲器总长度小于 625 mm 时，整体吊至预先放有尾框托板的专用升降小车上，推到牵引梁下方，对准位置后缓慢升起小车，直至缓冲装置进入安装座内，缓解油缸，检查缓冲器、从板及钩尾框，组装后中心偏差应不大于 5 mm，从板贯通间隙应不大于 1 mm，然后紧固全部托板螺栓，撤去油缸、专用扁销及升降小车	专用扁销 液压油泵 专用升降小车 300 mm 扳手 100 mm 塞尺	缓冲器、从板及钩尾框组装后，中心偏差应不大于 5 mm，从板贯通间隙应不大于 1 mm
	40	用天车吊装钩体，到位后装上牵引扁销，穿上扁销，穿销螺栓、弹簧垫圈、螺母后适度紧固，打上开口销；组装吊杆及均衡梁，调整复原装置托架垫片，使车钩处于水平位置。检测车钩尾部与从板之间的间隙，应为 0.5～4 mm。间隙过小时，压缩缓冲器后在从板座处加垫；间隙过大时，吊出车钩，在钩尾部加焊垫。调整结束后，应将从板座处的磨耗板及垫焊死	钢丝绳 30 mm 扳手 电气焊设备 100 mm 塞尺	车钩尾部与从板间隙为 0.5～4 mm
	41	组装钩提杆，应确认其灵活可靠。对于两节车体中间的钩提杆，须装锁紧压板	24 mm 扳手	
	42	车钩和缓冲器涂刷黑漆，并由钩舌水平中心线沿钩头左右两侧喷涂 5 mm 宽白色漆线作为车钩中心线；用专用高度尺检测车钩中心高度，应为 840～890 mm	专用高度尺	车钩中心高度应为 840～890 mm
检查试验	43	全面检查，各部件应组装到位，连接可靠，防缓件完好		
	44	“三态”试验良好		① 开锁状态：轻轻提起钩提杆，使锁铁支在锁铁座上，放下钩提杆，锁铁仍未落下，钩舌也未移动。此时，将钩舌向外拉，能立即伸开，即为开锁状态良好； ② 全开状态：将钩提杆用力提起，钩舌完全伸开，即为全开状态良好； ③ 闭锁状态：见第 43 项
	45	机车试运行后，应再次检查车钩中心高度，超限时调整	钢丝绳 电气焊设备 专用高度尺	车钩中心高度为 840～890 mm

【考核评价】

1. 自我评价

① 自我考核：对车钩及缓冲装置的结构、检修作业程序的描述。

② 自我评价（见表 4–3）。

表 4–3 自我评价（每项满分为 10 分）

序 号	评价内容	得 分	亮 点
1	课前知识查阅、调研完成情况		
2	课前、课中与人协作沟通表现		
3	SS_4 改型电力机车车钩及缓冲装置的结构及检修作业程序掌握情况		
4	课前、课中学习态度表现		

2. 小组评价（见表 4–4）

表 4–4 小组评价（每项满分为 10 分）

序 号	评价内容	得 分	亮 点
1	课中学习态度表现		
2	课前、课中与人协作沟通表现		
3	SS_4 改型电力机车车钩及缓冲装置结构及检修作业程序掌握情况		

3. 教师评价（见表 4–5）

表 4–5 教师评价（每项满分为 10 分）

序 号	评价内容	得 分	亮 点
1	课前知识查阅、调研完成情况		
2	课中参与及协作情况		
3	掌握 SS_4 改型电力机车车钩及缓冲装置的结构及检修作业程序的效果		

【教师建议】

熟练掌握 SS_4 改型电力机车车钩及缓冲装置的结构及检修作业程序，进而能够开展对其他类型机车车钩及缓冲装置的检修工作。

任务 4.2 SS_4 改型电力机车油压减振器检修技能训练

【任务描述】

先认知油压减振器的结构及作用，再将学生分成若干小组，以小组为单位对照 SS_4 改型电子机车油压减振器实物对其各个零部件进行观察学习。结合小组讨论，使学生进一步掌握

SS_4改型电力机车油压减振器的结构及检修作业程序。

【学习目标】

知识目标	掌握 SKF_1 型油压减振器的结构及检修作业程序
能力目标	能正确分析 SKF_1 型油压减振器的结构特点，能根据检修作业程序对其进行检修
素质目标	养成细致、认真的工作作风；养成独立分析问题的良好习惯；能够比较自如地与他人沟通、协作完成工作

活动 4.2.1　SFK_1型油压减振器的结构

【活动要点】：SFK_1 型油压减振器的结构特点。

油压减振器的主要作用是衰减机车的振动，将振动冲击性能量通过各种阻尼形式转变为热量而逸散于大气，从而使机车的振动衰减，达到平稳运行的目的。

SS_4改型电力机车采用 SFK_1 型油压减振器，它主要由储油缸、活塞杆、活塞、芯阀、缸底、进油阀、缸筒、缸端、下端头、密封圈、油封圈等组成。其结构简图如图 4–4 所示。

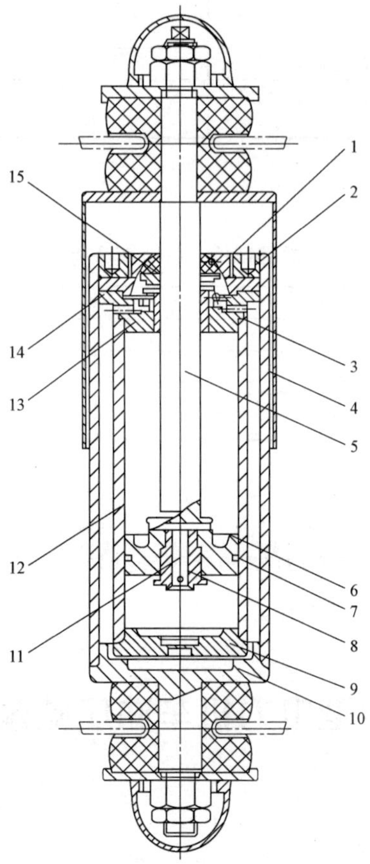

1—托架；2—螺盖；3—密封弹簧；4—储油缸；5—活塞杆；6—活塞；7—密封胀圈；8—套阀；9—缸底和进油阀；10—下端头；11—芯阀；12—缸筒；13—缸端；14—油封圈；15—密封圈。

图 4–4　SFK_1 型油压减振器结构简图

活动 4.2.2　SFK_1 型油压减振器检修技术规程

【活动要点】：检修技术要求及相应标准。

油压减振器段修时，须更换工作油并做性能试验，阻力曲线应重叠，不许有畸形，阻尼系数为 1 000 N•s/cm，允许误差为–10%～+20%。试验合格后，平放 24 h 应不得有泄漏。安装用的减振橡胶件应完好。

活动 4.2.3　SFK_1 型油压减振器的检修作业程序

【活动要点】：检修作业程序及相应检修标准。

SFK_1 型油压减振器的检修作业程序如表 4–6 所示。

表 4–6　SFK_1 型油压减振器的检修作业程序

程序	序号	作业过程	工卡量具	标准
作业前	1	了解当日修车计划		
	2	确认所使用的工艺装备良好		
解体	3	垂向油压减振器从转向架上拆下时，可先用管钳卡住储油缸下部，再拆卸下部安装螺栓，用扳手卡住活塞杆顶部 12×12 方头以拆卸上部安装螺母，禁用撬棍扳撬，以防内活塞杆损坏；安装螺母锈蚀严重时，应预先喷螺栓松动剂 横向油压减振器拆下时，取下开口销、拧下螺母后，取出两端连接螺栓，抽出减振器	12～14 mm、30～32 mm 呆口扳手 管钳	
	4	分解前应在试验台上进行测试，分析示功图并记录应检修的重点和处所		
	5	拆外罩		
	6	对于垂向油压减振器，用手锤轻击套筒和外罩，使其松动；或将减振器倒置，夹持内活塞杆顶部方头，再用管钳卡住套筒或外罩顶部来回转动，即可卸下，应避免把内活塞杆弄弯或损伤杆表面粗糙度	手锤 管钳	禁用扁铲、手锤在罩顶部猛击
	7	对于横向油压减振器，松开罩端螺钉，取下外罩筒，打出活塞杆端穿销后夹住活塞杆，拧下连接头	8～10 mm 呆口扳手	注意夹持时避免损伤活塞杆
	8	分解密封装置，用专用扳手卸下螺盖，依次拆下密封盖、密封圈、托垫，取下密封弹簧和油封圈。注意，分解时应做外观检查，用细砂纸除去活塞杆外伸部分的表面锈蚀，用细锉除去毛刺	专用扳手 细锉 砂纸	
	9	分解活塞杆，依次取出缸端、导向套、阀座、套阀、芯阀弹簧、芯阀、调整垫等		
	10	分解缸筒和下阀体，依次取出阀体内各附件		
清洗检修	11	被分解的各减振器部件应成套摆放		原拆原装，不得混置
	12	当铭牌丢失或编号不清时，应更新并重新编号		

续表

程序	序号	作业过程	工卡量具	标准
清洗检修	13	用清洗剂清洗外体及上下连接部的螺母、销轴等，用汽油清洗内筒及内部各件，用白布擦拭干净	清洗剂 汽油 白布	禁用棉丝擦拭，宜用白布擦拭，清洁度符合有关标准。应注意作业场地与工具的整洁
	14	检修上下连接部及防尘外罩，更新防锈胶帽及连接部胶垫、胶套		防尘外罩开焊、变形时应进行修整；销轴裂损时应更新
	15	活塞部分的检修		
	16	活塞及杆各处有裂纹时更新	细砂布	当活塞及杆有拉伤时，允许用细砂布打磨清除；杆弯曲及磨耗后，若直径小于24.5 mm，应更新
	17	用毛刷、汽油清洗密封胀圈槽内的油污；当密封胀圈卡死失去弹性或磨损过大时应更新；当密封胀圈开口在自由状态下小于 4 mm 时应更新	汽油 毛刷	密封胀圈开口不小于 4 mm
	18	芯阀弹簧不得有裂纹及永久性变形，否则应更新；当自由高度小于20 mm 时须更新		芯阀弹簧自由高度不小于 20 mm
	19	芯阀、阀套、阀座均不得有裂纹，有锈斑时用细砂布打磨，当芯阀与阀套间隙或芯阀与阀座间隙大于 0.1 mm 时应更新	30～32 mm 呆口扳手 砂布	芯阀与阀座间隙不大于 0.1 mm
	20	检修进油阀部。各零件不得有裂纹；当阀瓣与阀体座接触不良时，用细研磨膏进行手工研磨；阀口、阀瓣孔应畅通，进油阀弹簧上下圈应平行	内卡钳	进油阀弹簧自由高度不小于 13 mm，否则应更新
	21	检修缸筒、储油缸。当缸筒破裂时，应更新；当缸筒表面有锈蚀及拉伤时，用细砂布打磨除去；当储油缸下部开裂时，可焊修 注意：焊前应清除缸内残存油垢等；当储油缸局部变形较大时，应更新	细砂布	
	22	检修缸端密封部。当导向套内孔直径大于 25.2 mm、密封圈内径大于24.4 mm 时，应更新；当油封圈和密封圈有破损时，应更新；密封盖不许有裂损，螺盖螺纹应完好		导向套内孔直径不大于 25.2 mm
组装	23	所有内部零件在组装前用汽油清洗，禁用棉纱擦拭	汽油	
	24	活塞组装：将活塞杆夹在虎钳上，依次将芯阀、弹簧及套阀放进活塞上槽孔内，然后拧上阀座 注意：应根据各件磨损加垫调节节流孔大小	虎钳	
	25	进油阀体组装：将进油阀体平放，放进阀瓣（光面向下）、弹簧，将锁环套入槽内，完毕后检查阀瓣动作是否灵活		
	26	进油阀体与缸筒的组装：将缸筒置于垫木上，放上进油阀体，用手锤轻击，使阀体进入缸筒内	手锤 垫木	禁用手锤直接敲击组件
	27	将已组装好的活塞装入组装好的缸筒内，并撬动密封胀圈进入筒内，然后连同缸体及进油阀部分整体套入储油缸内		
	28	将滤清的油液注入缸筒，使活塞贴于底部，先将缸筒内注满油，再将缸筒外部注油到离端面 20～30 mm 处，然后提动活塞杆上下移动数次		缸筒油距端面 20～30 mm
	29	依次用专用套筒压入缸端（含导向套），套入油封圈、密封弹簧、托垫、垫圈，拧上密封盖 注意：套密封圈时，应在内面涂润滑脂，用锥套套入活塞杆	专用套筒	

续表

程序	序号	作 业 过 程	工卡量具	标准
组装	30	总组装		完毕后，应检测密封盖与储油缸端是否平齐，不平齐时应重新调整组件
检查试验		垂向减振器检查试验		
	31	装夹：将组装好的减振器下端螺杆旋入试验机下座后，使之保持倾斜状态，拨动开关至适当位置，套上安装垫和胶垫后，将上端推上固定座并紧固		调整记录纸、笔
	32	测试：装好减振器后，点动开关使试验机运转，试验机会自行做好示功图。此时拿去上固定座上的安装垫和胶垫，拉出活塞杆并倒向滑块侧，用手扶持并点动开关，即在示功图上划出垂向基准中线，画出中线后测试完毕		
	33	填写记录图表，计算试验参数，并附示功图；其阻尼系数应为 900～1 200 N•s/cm，超限或示功图畸变时应返修		阻尼系数应为 900～1 200 N • s/cm
	34	试验合格后，平放 24 h，不许有泄漏		
	35	对于横向减振器，用安装销将减振器两连接端装于试验机安装座上		
	36	选定慢转速开关，接通电源开关，按“启动”按钮和“微机”按钮，当减速器运行几个周期后，打印机开始打印，此时试验数据已采样、处理完毕，应按下“停止”按钮		
	37	分析打印结果，当阻尼系数不在 900～1 200 N • s/cm 范围内或示功图畸变时返修		阻尼系数为 900～1 200 N • s/cm
	38	试验合格后，平放 24 h，不许有泄漏		

【考核评价】

1. 自我评价

① 自我考核：对 SFK_1 型油压减振器的结构、检修作业程序的描述。

② 自我评价（见表 4–7）。

表 4–7　自我评价（每项满分为 10 分）

序　号	评 价 内 容	得　分	亮　点
1	课前知识查阅、调研完成情况		
2	课前、课中与人协作沟通表现		
3	SFK_1 型油压减振器的结构及检修作业程序掌握情况		
4	课前、课中学习态度表现		

2. 小组评价（见表 4–8）

表 4–8　小组评价（每项满分为 10 分）

序　号	评 价 内 容	得　分	亮　点
1	课中学习态度表现		
2	课前、课中与人协作沟通表现		
3	SFK_1 型油压减振器的结构及检修作业程序掌握情况		

3. 教师评价（见表 4–9）

表 4–9　教师评价（每项满分为 10 分）

序　号	评 价 内 容	得　分	亮　点
1	课前知识查阅、调研完成情况		
2	课中参与及协作情况		
3	掌握 SFK_1 型油压减振器的结构及检修作业程序的效果		

【教师建议】

熟练掌握 SFK_1 型油压减振器的结构及检修作业程序，为今后开展其他类型油压减振器检修工作做好准备。

任务 4.3　SS_4 改型电力机车轴箱检修技能训练

【任务描述】

先认知 SS_4 改型电力机车轴箱的结构及作用，再将学生分成若干小组，以小组为单位对照 SS_4 改型电力机车轴箱实物对其各个部分进行观察学习。结合小组讨论，使学生进一步认知 SS_4 改型电力机车轴箱的结构及检修作业程序。

【学习目标】

知识目标	掌握 SS_4 改型电力机车轴箱的结构及检修作业程序
能力目标	能正确分析 SS_4 改型电力机车轴箱的结构特点，能按检修作业程序对其进行检修
素质目标	养成细致、认真的工作作风；养成独立分析问题的良好习惯；能够比较自如地与他人沟通、协作完成工作

活动 4.3.1　SS_4 改型电力机车轴箱的结构

【活动要点】：SS_4 改型电力机车轴箱的结构特点。

轴箱主要用来安装轴承，承受全部簧上质量，将垂直方向的动载荷传递至车轴，把来自轮对的牵引力或制动力传递至转向架。另外，轴箱还传递轮对与构架间的横向作用力及纵向作用力。

SS_4 改型电力机车的轴箱主要由轴箱体、内外端盖、单列向心圆柱滚子轴承、挡板和吊座等组成，其结构如图 4–5 所示。

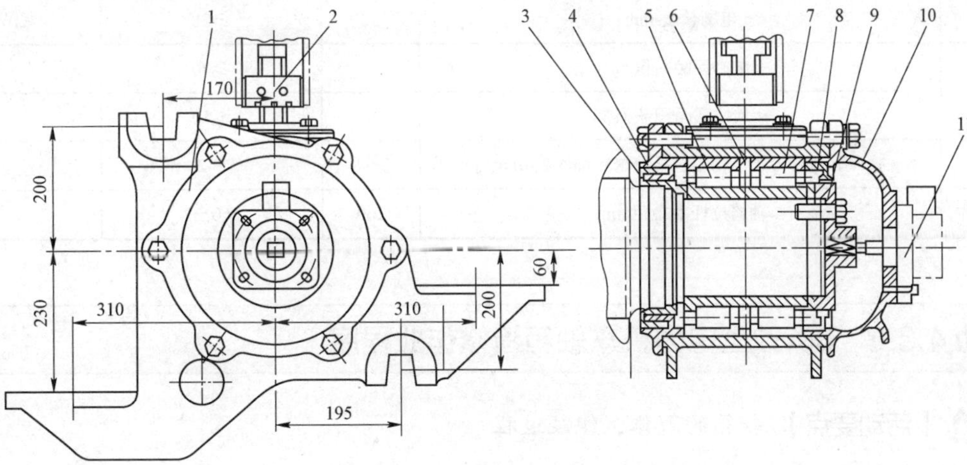

1—轴箱体；2—吊座；3—轴圈；4—内端盖；5，7—轴承；6—隔环；8—挡油环；9—挡板；10—外端盖；11—速度传感器。

图 4–5　SS_4 改型电力机车的轴箱结构（单位：mm）

活动 4.3.2　SS_4 改型电力机车轴箱检修技术规程

【活动要点】：检修技术要求与限度规定。

1. 检修技术要求

① 轴箱体及前后盖不得有裂损，轴端挡板良好，油脂状态正常，轴箱盖不得漏油，轴箱吊环不得有裂损。

② 轴箱接地装置完好。电刷不许有裂损，工作压力正常，接地线固定螺栓与端盖绝缘良好，接地铜轴不许与刷架端盖内孔面相磨。电刷长度、接触面积及接地线截面积均须符合限度规定。

③ 轴承组装间隙及同一轴箱两轴承组装间隙差须符合限度规定。轴承内、外圈不许有裂损，滚道与滚动体不许有剥离、麻点、严重拉伤及过热变色，保持架及铆钉不许折损。

④ 轴箱横动量须符合限度规定。

⑤ 轴箱拉杆金属橡胶件完好。两芯棒对水平中心线的扭转角度不应有明显变化。组装

时，轴箱拉杆方轴与轴箱拉杆座槽底部间隙符合限度规定。

2. 限度表

SS_4改型电力机车轴箱检修限度表如表 4–10 所示。

表 4–10　SS_4改型电力机车轴箱检修限度表

序号	名　称	原形	限度	
			中修	禁用
1	轴承组装间隙/mm		0.070～0.300	
2	同一轴箱两轴承间隙差/mm		≤0.03	
3	轴箱横动量（两边之和）/mm	3	2～4.5	
4	电刷长度/mm	32	≥28	≤16
5	电刷接触面积/%		≥70	
6	接地线截面积缺损/%	0	≤10	
7	轴箱拉杆方轴与轴箱拉杆座槽底部间隙/mm	3～8	≥2	
8	轴箱拉杆中心距/mm	260	260±2	

活动 4.3.3　SS_4改型电力机车轴箱检修作业程序

【活动要点】：轴箱的解体、组装过程。

SS_4改型电力机车轴箱检修作业程序如表 4–11 所示。

表 4–11　SS_4改型电力机车轴箱检修作业程序

程序	序号	作业过程	工卡量具	标准
作业前	1	了解当日修车计划		
	2	确认所使用的工艺装备良好		
解体	3	将等待解体的轮对及轴箱装配吊至工作台上，打好止轮器，并在轴箱上做好对应标记		
	4	用 30 mm 套筒风动扳手拆下外端盖及接地端盖紧固螺栓，拆下前盖及挡油环，再用 36 mm 套筒风动扳手拆下轴端挡板螺栓，拆下轴头挡板（方孔挡板及带接地铜轴的挡板）及轴承外挡圈	30 mm、36 mm 套筒风动扳手	
	5	用天车吊住轴箱，并轻轻从轴端拆下，置于相应的检修台位		
	6	用 30 mm 套筒风动扳手拆下轴箱后盖紧固螺栓，取下后端盖挡圈及挡环	30 mm 套筒风动扳手	
	7	将轴箱体连同轴承（轴承外圈及滚柱）吊至轴承专用压力机上，退出轴承之后将轴箱体吊至原检修台位，将轴承整齐地摆放在煮洗台位上	轴承专用压力机	

续表

程序	序号	作业过程	工卡量具	标准
解体	8	用 12～14 mm、8～10 mm 扳手拆下接地端盖上的外端盖、接地线柱及刷握架	12～14 mm 扳手 8～10 mm 扳手	
	9	用豆包布清除轴承油污，戴上绝缘手套，将专用加热器套于轴颈上加热，温度不超过 120 ℃，轴圈加热温度不超过 150 ℃，分别取下内、外轴承内套及轴圈，放到工作台上	加热器	
清洗检修	10	将轴承滚柱上的旧润滑脂刮净，将轴承及隔环、挡圈等配件放入加热至 70 ℃左右的清洗机中进行煮洗，再放入油清洗机中进行清洗，清洗完毕后用 0.2～0.3 MPa 的压缩空气吹干，并用绸布擦净；轴承及轴挡圈清洁度应符合要求，即用 3～5 倍放大镜观察无油污	专用清洗机 压缩空气	3～5 倍放大镜观察无油污
	11	将轴箱体外表面、前后盖外表面等的拐角处的油垢用钢丝刷及清洗剂擦拭，清洁度应符合要求，即目视外观无油污	钢丝刷 清洗剂	目视外观无油污
	12	将轴端挡板及螺栓、轴箱前后端盖表面、接地铜轴、接地刷握用专用清洗剂清洗干净，清洁度应符合有关标准，即用手擦拭无污染；轴箱体内表面上的锈蚀，允许用 0#砂布打磨处理	专用清洗剂 0#砂布	用手擦拭无污染
	13	用专用检测设备检测轴承	专用检测设备	二次中修更新
	14	检查油封外观，不许有老化、磨耗；前后盖及轴箱体不得有裂纹及变形；挡油环、挡板、隔环及挡圈不许有磨耗、变形及裂损		
	15	检查接地铜轴与挡板，不许有松动；用游标卡尺测量铜轴磨耗深度；刷握与电刷间隙，应符合要求；压指压力正常，电刷滑动灵活	游标卡尺	磨耗槽深大于 0.2 mm 时应镟修；铜轴直径应不小于 48 mm（中修）；电刷长度中修时不能小于 28 mm
	16	检查接地线缺损及绝缘情况，接地线断股不能超过截面 10%，接地线固定螺栓应和前盖绝缘良好、坚固牢靠		
	17	检查轴箱体外观，不得有裂损及变形；主要检查上、下拉杆座、簧座有无裂纹、变形		
组装	18	选配轴承内套与轴颈的过盈量、轴圈与防尘座的过盈量符合要求	150～175 mm、175～200 mm 外径千分尺	轴承内套与轴颈过盈量为 0.027～0.077 mm；轴圈与防尘座过盈量为 0.023～0.165 mm
	19	将轴承内圈擦净，将轴承（指外圈、保持架、滚动体）套在内圈上，然后用塞尺测量轴承的组装间隙，各数据应符合要求，并予以记录	塞尺	轴承组装间隙为 0.070～0.30 mm；同一轴箱内外轴承组装间隙差不得大于 0.03 mm
	20	将轴圈和轴承内套装入部擦拭干净，将轴圈及轴承内圈放在加热器上加热，轴圈加热温度不超过 150 ℃，轴承内套加热温度不超过 120 ℃，并迅速取出	加热器	
	21	将后端盖装入油封及挡圈后用螺栓固定在轴箱体上，并向油封、挡圈及端盖接触处涂适量的机车滚动轴承脂		

续表

程序	序号	作业过程	工卡量具	标准
组装	22	将选配好的轴承及隔环装入相应的轴箱体内，并在轴承内加装 800～1 000 g 机车滚动轴承脂	轴承脂 专用量具	800～1 000 g
	23	将轴箱装入专用引套，用天车吊起轴箱体至合适高度，将轴箱后盖孔对准轴端，然后轻轻转动，将其推入轴颈相应部位	专用引套	
	24	装入轴承外挡圈、挡油环及轴端挡板（包括带接地铜轴的挡板），并用螺栓紧固，加好防缓片	手锤 撬棍	
	25	将电刷、刷握架固定在接地外盖相应部位并连接好接地线后，连同接地侧端盖（或空转检测装置的外端盖、速度表传感器的外端盖），用螺栓固定在相应的轴箱体上	12～14 mm 扳手 8～10 mm 扳手 30 mm 套筒扳手	
	26	检查电刷压力及电刷与铜轴的接触面积，应符合限度要求，否则用砂布打磨；检查接地线，接地线柱应与端盖可靠绝缘，经验收合格后，将接地端外端盖用螺栓紧固在相应的部位	30 mm 套筒扳手	
	27	用手转动轴箱，轴箱应转动灵活，不许有卡滞现象。测量轴箱横动量，应符合限度要求		轴箱横动量（两边之和）为 2～4.5 mm
试验	28	对轴箱进行正反各 45 min 磨合试验，温升不超过 30 ℃		

【考核评价】

1. 自我评价

① 自我考核：对轴箱的结构及检修作业程序的描述。

② 自我评价（见表 4–12）。

表 4–12　自我评价（每项满分为 10 分）

序　　号	评价内容	得　　分	亮　　点
1	课前知识查阅、调研完成情况		
2	课前、课中与人协作沟通表现		
3	SS_4 改型电力机车轴箱的结构及检修作业程序掌握情况		
4	课前、课中学习态度表现		

2. 小组评价（见表 4–13）

表 4–13　小组评价（每项满分为 10 分）

序　　号	评价内容	得　　分	亮　　点
1	课中学习态度表现		
2	课前、课中与人协作沟通表现		
3	SS_4 改型电力机车轴箱的结构及检修作业程序掌握情况		

3. 教师评价（见表 4–14）

表 4–14　教师评价（每项满分为 10 分）

序　号	评价内容	得　分	亮　点
1	课前知识查阅、调研完成情况		
2	课中参与及协作情况		
3	掌握 SS_4 改型电力机车轴箱的结构及检修作业程序的效果		

【教师建议】

熟练掌握 SS_4 改型电力机车轴箱的结构及检修作业程序，进而能够开展对其他类型轴箱的检修工作。

任务 4.4　SS_4 改型电力机车车体检修技能训练

【任务描述】

先认知 SS_4 改型电力机车的车体作用及结构特点，再将学生分成若干小组，以小组为单位对照车体实物对其各个部分进行观察学习。结合小组讨论，使学生进一步认知车体的结构及检修作业程序。

【学习目标】

知识目标	掌握 SS_4 改型电力机车的车体组成及检修作业程序
能力目标	能正确分析 SS_4 改型电力机车的车体结构特点，能按检修作业程序对其进行检修
素质目标	养成细致、认真的工作作风；养成独立分析问题的良好习惯；能够比较自如地与他人沟通、协作完成工作

活动 4.4.1　SS_4 改型电力机车车体的结构

【活动要点】：SS_4 改型电力机车车体的结构特点。

车体不仅为乘务人员提供良好的操作、保养及维修机车的工作条件，而且还是各种电气、机械设备的安装基础，具有保护车内设备不受外界风沙、雨雪侵袭的作用。此外，从受力分析的角度看，车体还具有传递垂向力、纵向力和横向力的作用。

SS_4 改型电力机车的车体主要由底架、司机室、侧墙、车顶盖、连挂装置、后端墙、牵引缓冲装置、台架、排障器等组成，如图 4–6 所示。

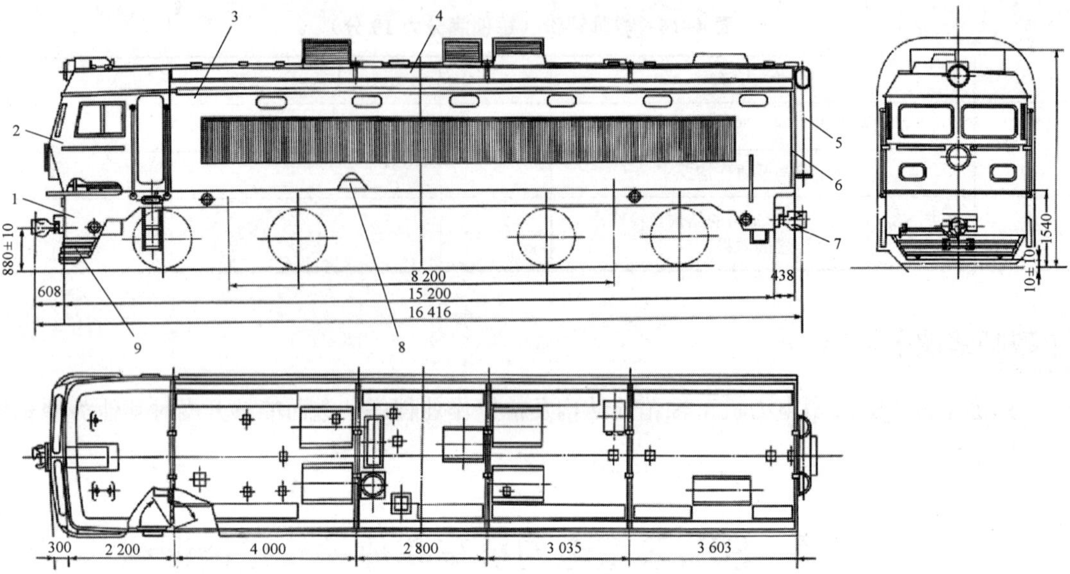

1–底架；2—司机室；3—侧墙；4—车顶盖；5—连挂装置；6—后端墙；7—牵引缓冲装置；8—台架；9—排障器。

图 4–6　SS_4 改型电力机车车体总图

活动 4.4.2　SS_4 改型电力机车车体检修技术规程

【活动要点】：检修技术要求及相关限度规定。

1. 检修技术要求

① 百叶窗、滤尘网、座椅、遮阳板、扶手、门窗及锁、地板、司机台、头灯、标志灯、标识件等车体附件，均须清洁、完好，安装正确，作用可靠。

② 车顶盖螺栓齐全、紧固，密封良好，不得有漏雨现象。机车连挂风挡装置完好，橡胶板不得破损。排水管畅通。制动风机百叶窗、风缸作用良好，开闭灵活。

③ 车体底架各梁及牵引支座不得有裂损、开焊。排障器不得有裂损，安装牢固，距轨面高度符合限度规定。

④ 车体与转向架的横向间隙应符合限度规定。

2. 限度表

SS_4 改型电力机车车体检修限度表如表 4–15 所示。

表 4–15　SS_4 改型电力机车车体检修限度表

序号	名称	原形	限度	
			中修	禁用
1	排障器距轨面高度/mm	$110^{\ 0}_{-10}$	75～120	
2	排石器距轨面高度/mm	70～80	70～80	

续表

序号	名称	原形	限度	
			中修	禁用
3	扫石器距轨面高度/mm		20	
4	车体与转向架的横向间隙/mm	20～25	20～25	

活动 4.4.3　SS_4改型电力机车车体的检修作业程序

【活动要点】：检修作业程序及相关标准。

SS_4改型电力机车车体检修作业程序如表 4–16 所示。

表 4–16　SS_4改型电力机车车体检修作业程序

程序	序号	作 业 过 程	工卡量具	标准
作业前	1	了解当日修车计划		
	2	确认所使用的工艺装备良好		
清洗	3	对车体内、外进行全面清扫；铲除较厚的污垢，对杂物台、台架、底架、司机室地板、壁板、顶盖等用棉丝或拖布进行擦拭；侧墙百叶窗等处用压缩空气进行局部清洗	铲污工具、棉丝、拖布、库内风源	清洁度符合有关标准
	4	车体外表面、司机室清扫、除锈，应符合机车喷漆工艺的有关要求		喷漆工艺有关要求
检修	5	检查车内各门、窗、窗玻璃、座椅、遮阳卷帘布、扶手、门窗锁等附件，应完好，作用可靠。窗胶条更新，其他部件可进行局部修复，司机室壁板有较大变形或脱落时，应进行矫正，并铆接。司机室地板胶皮更新	3 m 钢卷尺 抽芯铆枪	
	6	对侧墙滤尘网进行更新		
	7	检查车顶盖，应完好，不许有锈蚀，各焊缝不得开裂，各紧固件应完好，密封胶条更新		
	8	检查各排水管道，应畅通；走台板、雨檐不许有严重锈蚀、破损，否则应更新；机车各标志铭牌应完好；头灯、标志灯玻璃破损者应更新；车梯、扶手不许有破损、变形	电气焊设备 电动砂轮 30 mm 扳手 千斤顶 撬棍	排障器距轨面高度 75～120 mm
	9	目视检查车体外表，平面度在 1 cm² 内为 3 mm，超限者可用火焰矫正，或用局部挖补办法修复		
	10	目视检查底架、枕梁、焊缝。开裂处用气刨切出 V 形坡口，深度以能焊透为原则，并进行电焊补焊；母材有裂纹处应在裂纹前端钻 ϕ6 mm 的止裂孔，开 V 形坡口施焊，并用砂轮修平，然后在枕梁前后立板及顶板上均加焊补强板	电气焊设备 13 mm 电钻 电动砂轮	
	11	目视检查机车连接风挡、过渡板，不许有变形。机车连接后作用良好	14 mm 扳手 17 mm 扳手	
	12	目视检查牵引梁，焊缝开裂时进行补焊，母材开裂时应通知技术部门确定修补方案	电气焊设备	

续表

程序	序号	作业过程	工卡量具	标准
检修	13	解体检修手制动机，检查各转轴、链条、滑动轴承、螺杆螺母、齿轮和杠杆，均应完好。组装时，链条、齿轮等润滑装置涂润滑油，作用良好	30 mm 扳手 19 mm 扳手 24 mm 扳手	
	14	目视检查牵引梁，焊缝开裂时进行补焊，母材开裂时通知技术部门确定修补方案		
	15	调整排障器、排石器、扫石器距轨面的高度。落车后，检查排障器、排石器、扫石器距轨面的高度，应符合限度规定；车体与转向架的横向间隙应符合限度规定		排障器距轨面高度为 75～120 mm； 扫石器距轨面高度为 20 mm； 排石器距轨面高度为 70～80 mm； 车体与转向架横向间隙为 20～25 mm

【考核评价】

1. 自我评价

① 自我考核：对 SS_4 改型电力机车车体的结构特点及检修作业程序的描述。

② 自我评价（见表 4–17）。

表 4–17　自我评价（每项满分为 10 分）

序　号	评价内容	得　分	亮　点
1	课前知识查阅、调研完成情况		
2	课前、课中与人协作沟通表现		
3	SS_4 改型电力机车车体的结构特点及检修作业程序掌握情况		
4	课前、课中学习态度表现		

2. 小组评价（见表 4–18）

表 4–18 小组评价（每项满分为 10 分）

序　号	评价内容	得　分	亮　点
1	课中学习态度表现		
2	课前、课中与人协作沟通表现		
3	SS_4 改型电力机车车体结构特点及检修作业程序掌握情况		

3. 教师评价（见表 4–19）

表 4–19 教师评价（每项满分为 10 分）

序　号	评价内容	得　分	亮　点
1	课前知识查阅、调研完成情况		
2	课中参与及协作情况		
3	掌握 SS_4 改型电力机车车体结构特点及检修作业程序的效果		

【教师建议】

熟练掌握 SS_4 改型电力机车的车体结构及检修作业程序，进而能够开展对其他类型机车车体的检修工作。

任务 4.5　SS_4 改型电力机车转向架检修技能训练

【任务描述】

先认知 SS_4 改型电力机车转向架的结构及作用，再将学生分成若干小组，以小组为单位对照 SS_4 改型电力机车转向架实物对其各个组成部分进行观察学习。通过小组讨论，使学生进一步认知 SS_4 改型电力机车转向架的结构，并熟悉其检修作业程序。

【学习目标】

知识目标	掌握 SS_4 改型电力机车转向架的结构、作用及检修作业程序
能力目标	能正确分析 SS_4 改型电力机车转向架的结构特点，能按检修作业程序对其进行检修
素质目标	养成细致、认真的工作作风；养成独立分析问题的良好习惯；能够比较自如地与他人沟通、协作完成工作

活动 4.5.1　SS_4 改型电力机车转向架的作用和结构

【活动要点】：转向架的作用和 SS_4 改型电力机车转向架的结构特点。

1. 转向架的作用

① 承受机车上部电气设备、机械设备的垂向载荷，并将垂向载荷均匀地分配给每个轮对。

② 传递各方向载荷，利用轮轨黏着性保证轮周牵引力的产生，并将其传递给车体底架、车钩，牵引列车前进；产生必要的制动力，并将其传递给车体底架、车钩，实现机车及列车速度的控制，以及在规定的制动距离内停车。

③ 引导机车在直线和曲线上的平稳运行，减少机车对轨道的横向作用力，保证机车在曲线上运行的安全可靠性。

④ 尽可能缓和线路不平顺对机车的冲击，确保机车运行的平稳性，减小机车运行中的动态作用力及其危害。

2. SS_4 改型电力机车转向架的结构特点

一台 SS_4 改型电力机车有两台完全相同的转向架，轴式为 2（B_0—B_0）。该转向架主要由轮对驱动装置、构架、一系弹簧悬挂装置、二系弹簧支承装置、牵引装置、电机悬挂装置、基础制动装置、停车制动装置、砂箱装置、附属装置、轮轨润滑装置等部件组成，如图 4–7 所示。

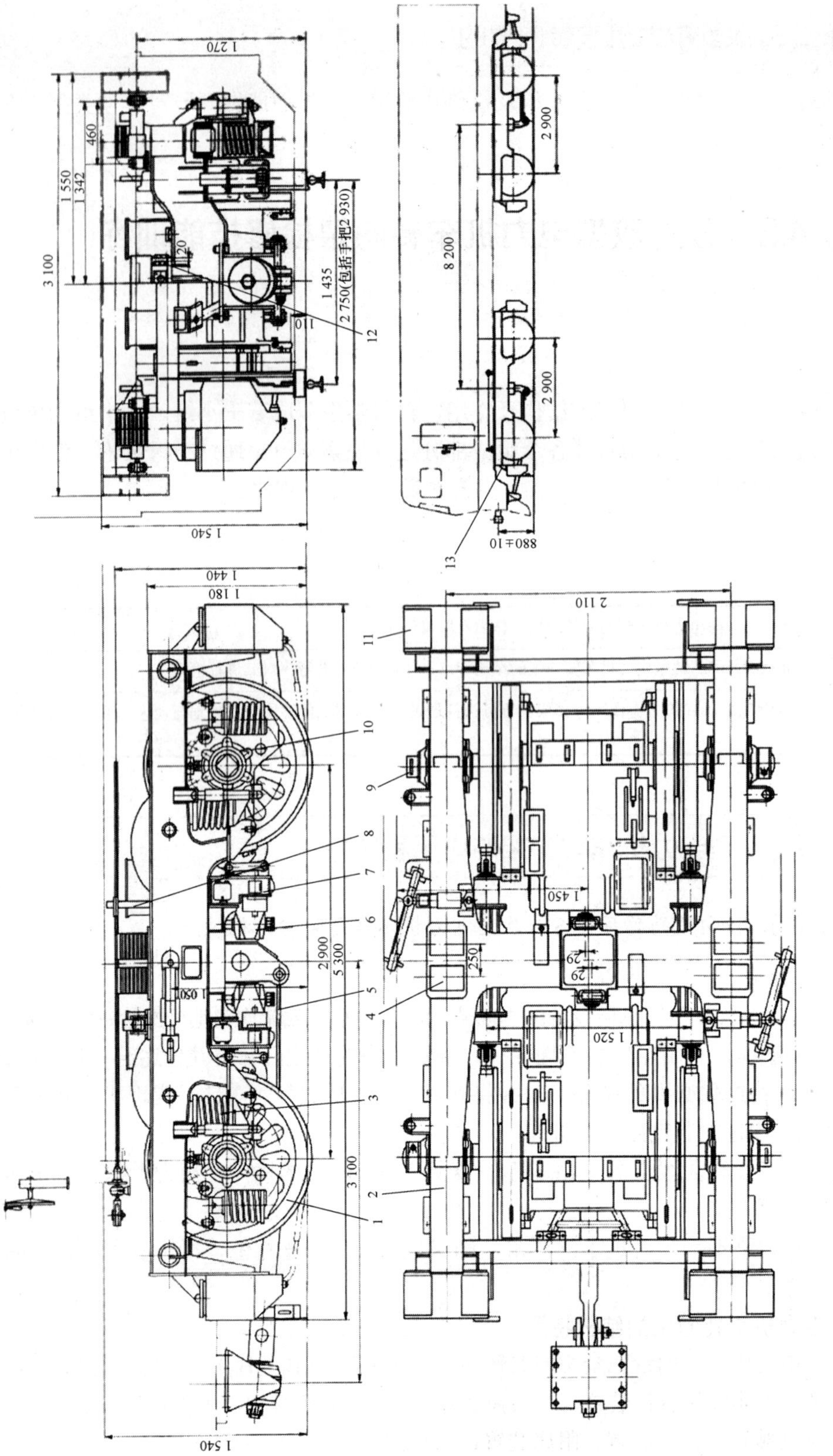

1—轮对驱动装置；2—构架；3—一系弹簧悬挂装置；4—二系弹簧支承装置；5—牵引装置；6—电机悬挂装置；7—基础制动装置；8—停车制动装置；9—砂箱装置；10—附属装置；11—轮轨润滑装置；12—空气管路；13—整体起吊连接装置。

图 4-7　SS_4改型电力机车转向架总图（单位：mm）

活动 4.5.2　SS_4 改型电力机车转向架的检修技术规程

【活动要点】: 检修技术要求及相关限度规定。

1. 检修技术要求

1）构架的检修技术要求

① 当构架有裂纹或开焊时，允许焊修；构架的硬伤及局部变形无法消除者，应做好记录；必要时做局部探伤，并按照图纸检查各部尺寸。

② 排石器、扫石器安装牢固；胶皮挡板完好，不得有裂纹、开焊；扫石器距轨面高度符合限度规定。

③ 铭牌完好、齐全。

2）牵引装置的检修技术要求

① 车体构架牵引座不得有裂纹，牵引座及安装座、三角撑杆座不得有开焊、变形，局部缺损时允许焊修。安装螺栓及防缓件应完好。

② 牵引杆、牵引销、拐臂销、连接杆销、牵引叉头及各销不得有裂纹；连接杆、拐臂、三脚撑杆、三脚架不得有裂损、变形；球轴承及各类套、压盖、防尘圈应完好，不得有破损；各销与套间隙及牵引杆方销与牵引座槽底面间隙应符合限度规定。组装后，各圆销及关节轴承各叉头摩擦面应润滑良好，各关节部位应转动灵活，无卡滞，牵引橡胶垫不得老化、破损，压盖与牵引座间隙符合限度规定。

3）悬挂装置的检修技术要求

① 一系圆弹簧不许有裂损、压死，自由高度、组装压缩高度及同一转向架压缩高度之差符合限度规定。弹簧组装后，中心垂直偏差不得超过弹簧自由高度的 3%。

② 构架旁承橡胶不得裂损，橡胶与钢板间不得开裂，橡胶堆自由高度及整节车橡胶堆压缩高度之差均须符合限度规定。

③ 构架与轴箱吊环处的垂直距离及距离差值符合限度规定。

④ 牵引电动机吊杆、吊杆销不得有变形，吊杆支座与电动机体应密贴，橡胶件不得有裂损、老化，关节轴承应完好，吊杆销直径、销与套间隙不许超过限度规定。牵引电动机安全托铁不许有松动，与电动机吊耳横向须完全搭接，其垂向间隙、纵向搭接量及与机壳的间隙均须符合限度规定。

4）砂箱装置的检修技术要求

砂箱严密，不得有破损，安装座不得有裂损。砂箱盖及卡子齐全，作用应良好。砂管畅通，砂管距轨面及踏面距离应符合限度规定。

2. 限度表

SS_4 改型电力机车转向架检修限度表如表 4–20 所示。

表 4–20　SS_4 改型电力机车转向架检修限度表

序号	名称	原形	限度	
			中修	禁用
1	接地线截面积缺损/%		≤10	
2	轴箱拉杆方轴与轴箱拉杆座槽底间隙/mm	3～8	≥2	

续表

序号	名称		原形	限度	
				中修	禁用
3	轴箱拉杆中心距/mm		260	260±2	
4	一系圆弹簧自由高度/mm		401±6	≥389	
5	一系圆弹簧组装压缩高度（包括压盖、垫）/mm		295^{+6}_{-3}	285～305	
6	同一转向架一系圆弹簧组装压缩高度差/mm		≤2	≤2	
7	橡胶堆自由高度/mm		260^{+6}_{-4}	254～258	
8	整节车橡胶堆压缩高度差/mm		≤1	≤2	
9	电机吊耳与安全托铁位置	垂向间距/mm	45	≥20	
		纵向搭接量/mm	53	≥20	
10	安全托铁与电机机壳水平间距/mm		10	≥10	
11	电机吊杆销直径/mm		$60^{-0.19}_{-0.38}$	≥58.5	≤57
12	电机吊杆销与套的间隙/mm			≤2	≥3
13	构架与轴箱吊环处垂直距离/mm		43	30～75	
14	构架与轴箱吊环处垂直距离差	同轴/mm		≤10	
		同一转向架同一侧/mm		≤20	
15	牵引装置各销与套间隙/mm			≤1.0	
16	牵引杆方销（二）与牵引座槽底底面间隙/mm		2～5	≥1.8	
17	单缸制动闸瓦间隙/mm		6～9	6～9	
18	砂管距轨面高度/mm		50±5	30～55	
19	砂管与踏面距离/mm		20±5	15～30	
20	排石器距轨面高度/mm		70～80	70～80	
21	扫石器距轨面高度/mm			20	
22	车体与转向架的横向间隙/mm		20～25	20～25	

活动 4.5.3 SS_4改型电力机车转向架检修作业程序

【活动要点】：转向架检修作业程序及相关标准。

SS_4改型电力机车转向架检修作业程序如表 4–21 所示。

表 4–21 SS_4改型电力机车转向架检修作业程序

程序	序号	作业过程	工卡量具	标准
作业前	1	了解当日修车计划和进度		
	2	确认所使用的工艺装备良好		

续表

程序	序号	作业过程	工卡量具	标准
解体	3	机车引入拖车地点后，卸掉牵引杆、牵引插头销，使构架与牵引杆、车体牵引底座脱开，拆除接地线、横向减振器及摩擦减振器车体端接头，放置一系圆簧专用卡子	17～19 mm 一系圆簧卡子，风动扳手	
	4	确认抬车前准备工作无误后，专人指挥天车吊车体，车体完全吊起后放置于托架上，然后逐个缓慢引出转向架至指定地点，打好止轮器，放净齿轮箱抱轴承的润滑油，在垂向油压减振器连接螺母、电机吊杆螺母等部位预喷螺栓松动剂，在电机下方预置电机托架	风动扳手 止轮器	
	5	分别拆除各减振器、砂管支架、砂管、电机安全托铁，在天车配合下拆去电机吊杆下方的螺母，拆开构架与轮对之间的轴箱拉杆、接地线，手动退回制动闸瓦，用专用吊具将构架轻缓吊出，放至专用支座上，将一系圆簧成组拆下，拆开齿轮箱与抱轴承，分离电机与轮对	专用吊具	
	6	对构架及其他部件表面进行人工除污，对污垢严重处及各拐角处重点处理		
	7	按相关工艺从构架上解体拆下构架牵引装置、基础制动器、电机吊杆及销、轮缘润滑装置等部件，按探伤范围规定，需探伤部件按类摆放		
清洗检修	8	外观检查构架、各梁、安装座及连接焊缝是否有裂损、变形、开焊；探伤工探伤检查油压减振器、摩擦减振器安装座及周围母材焊缝表面	探伤工具	不许有裂损、变形、开焊
	9	检查构架、铭牌，有缺损、松动或编号不清时应恢复或更新		
	10	检查排石器、扫石器，消除开焊、裂损部位，扫石器胶皮裂损时应更新		
	11	探伤工探伤检查电机吊杆、吊杆销，检测吊杆销直径；用汽油清洗吊杆球面轴承后填加轴承润滑脂；检查各安全托铁及定位销，应状态良好	探伤工具	有裂纹时更新，销与套的间隙超限时更新，更新不良的挡圈、橡胶防尘圈
	12	一系圆簧由配件组检查修复		
	13	外观检查二系橡胶堆，表面有老化、龟裂、橡胶与钢板间开裂、钢板有较大变形时应更新；检测橡胶堆自由高度，不应小于 254 mm，整节车橡胶堆压缩高度之差应不大于 2 mm，超限时更新；外观检查橡胶堆紧固压块，更新破损件		
	14	检查手制动拉杆、销轴、链条状态，销套间隙大于 2 mm 时应更新销或套		
	15	检查砂箱装置外观，箱体变形、开焊，砂箱体与安装座不密贴，砂箱盖不严密，密封毛毡缺损，卷簧及手把断裂失效时，修复或更新；放砂堵应完好，撒砂器不得有缺损，出砂通道及风道应畅通，调整螺钉作用良好		
	16	检查接地线及接地线座外观，接地线折损面积超过原形的 10%时或接地端子松脱时应更新；接地线座螺纹应完好，表面平整，不得有污垢、残漆		
	17	检查各轴箱拉杆梯形槽外观，有硬伤时锉修恢复，缺损时焊修并用样块检查，应符合要求		
	18	检查转向架上所有紧固、防缓件，检查各销轴上油嘴状态，清理轴上注油道使其畅通		
组装	19	组装前应清除工作场地所有报废的零部件，检查、清点应探伤部件数量，确认构架牵引装置、基础制动装置、基础制动器、各类减振器、轮缘喷油装置、轮对总成等专修部件均已修竣交验；检查组装用设备、吊具的状态，均应良好		

续表

程序	序号	作业过程	工卡量具	标准
组装	20	按《牵引装置检修工艺》组装牵引装置于构架上		
	21	吊装基础制动器，连接风管路，组装手制动杠杆；检查制动器、闸瓦，方向应正确，制动器安装面与座应密贴，手制动杆与制动器调节手轮之间在自由状态下应有间隙，不良时应调整或更新		
	22	组装二系橡胶堆、电机吊杆等		
	23	检查组装完毕的电机、轮对的摆位，轴距为 2 900 mm，车轴线与钢轨垂直，止轮器安放可靠。将圆簧组吊装于轴箱圆簧下座上，用专用吊具将构架吊至对应的轴位上方，专人指挥天车，使吊杆与电机后支座孔、圆簧上盖定位销与上座销孔对正后，轻缓落下构架，下落过程中注意及时调整部件，防止部件与构架相碰撞		
	24	吊起电机后端，组装下橡胶垫、压盖及螺母组装轴箱拉杆、垂向油压减振器、摩擦减振器构架端、水平油压减振器构架端、电机安全托铁接地线；组装轮轨润滑装置、排石器、扫石器、砂管等并进行初调；检查轴箱拉杆方轴与座的组装间隙，应不小于 2 mm，承力面应密贴		
	25	对转向架进行总体检查，各部件应到位；接通压缩空气，检测撒砂器工作性能，不许有偏斜、卡碰、螺栓螺母紧固，防缓件齐全		
	26	由喷漆工对转向架喷漆		
检查试验	27	落车后取下圆簧专用卡子，对转向架进行调整，使闸瓦与踏面间隙，排石器、扫石器、砂管距轨面高度符合限度要求；检查电机吊耳与安全托铁位置，其垂向间距、纵向搭接量、安全托铁与电机机壳水平间距应符合限度要求；检查各部件，应组装到位，紧固可靠，动车时不得有异响		压盖与牵引底座间隙为 8～12 mm； 单缸制动闸瓦间隙为 6～9 mm； 砂管距轨面高度为 30～55 mm； 砂管距踏面距离为 15～30 mm； 排石器距轨面高度为 70～80 mm； 扫石器距轨面高度为 20～30 mm
	28	机车试运行后在水平直道上进行整体检查，复查内容同本表第 25 条，超限或不良时调整，并复查一系圆簧组装压缩高度，复查构架与轴箱吊环的垂直距离		一系圆簧组装压缩高度为 285～305 mm； 构架与轴箱吊环的垂直距离为 30～75 mm，且同轴距离差不大于 10 mm； 同一转向架同一侧高度差不大于 20 mm，超限时调整

【考核评价】

1. 自我评价

① 自我考核：对 SS_4 改型电力机车转向架的结构及检修作业程序的描述。

② 自我评价（见表 4–22）

表 4–22　自我评价（每项满分为 10 分）

序　　号	评 价 内 容	得　　分	亮　　点
1	课前知识查阅、调研完成情况		
2	课前、课中与人协作沟通表现		
3	SS_4 改型电力机车转向架的结构及检修作业程序掌握情况		
4	课前、课中学习态度表现		

2. 小组评价（见表 4–23）

表 4–23 小组评价（每项满分为 10 分）

序　　号	评 价 内 容	得　　分	亮　　点
1	课中学习态度表现		
2	课前、课中与人协作沟通表现		
3	SS_4 改型电力机车转向架的结构及检修作业程序掌握情况		

3. 教师评价（见表 4–24）

表 4–24 教师评价（每项满分为 10 分）

序　　号	评 价 内 容	得　　分	亮　　点
1	课前知识查阅、调研完成情况		
2	课中参与及协作情况		
3	掌握 SS_4 改型电力机车转向架的结构及检修作业程序的效果		

【教师建议】

熟练掌握 SS_4 改型电力机车转向架的结构及检修作业程序，进而开展对其他类型转向架的检修工作。

项目 5

电力机车电气试验技能训练

任务 5.1 SS_4改型电力机车低压电气试验

【任务描述】

通过学习 SS_4 改型电力机车低压电气试验程序和试验方法，使学生熟练掌握试验步骤，熟悉各电器位置、逻辑控制关系、电气线路布置，能分辨电路正常和故障时的状态显示，逐步具备发现故障、分析故障的能力。

【学习目标】

知识目标	了解 SS_4 改型电力机车低压电气试验程序；熟悉电器位置、电气线路布置、联锁布置；巩固机车电路控制逻辑知识和基本控制原理
能力目标	会进行 SS_4 改型电力机车低压电气试验；会观察机车电路正常工作状态，具备发现故障、分析故障的能力
素质目标	养成细致、认真的工作作风；养成独立分析问题的良好习惯；能够比较自如地与他人沟通、协作完成工作

活动 5.1.1 准备工作

【活动要点】：试验前的 6 项准备工作。

① 确认车顶无人后锁闭车顶门。

② 确认各管路塞门在正常工作位置，总风缸风压不小于 700 kPa，制动缸风压不小于 300 kPa。

③ 确认各闸刀开关和自动开关均处于正常工作位，控制电压不低于 92.5 V。

④ 将零压保护故障隔离开关（236QS）、牵引风速故障隔离开关（573QS、574QS）及制动风速故障隔离开关（589QS、590QS）置“故障”位，其他各故障隔离开关置“正常”位。

⑤ 电子柜转换开关置“A”位。

⑥ 自动劈相机隔离开关置“手动”位，司机控制器主手柄置“0”位，辅助司机控制器置“取出”位。

活动 5.1.2　试验内容

【活动要点】：电源钥匙试验、按键试验、电阻制动试验、换向试验、牵引试验、辅助司机控制器操纵试验、保护试验。

1. 电源钥匙试验

① 闭合 570QS。

听：287YV、558KA、568KA、569KA 及 528KT、539KT 吸合声。

看："零位"灯亮。

② 断开 570QS。

听：287YV、558KA、568KA、569KA 及 528KT、539KT 释放声。

③ 反复断合 570QS 两三次后，再闭合 570QS。

听：287YV、558KA、568KA、569KA 及 528KT、539KT 吸合声。

看："零位"灯亮。

2. 按键试验

1）主断路器试验

① 闭合 401SK。

听：主断路器闭合声。

看："主断"灯灭，"零压"灯灭后又亮。

② 闭合 400SK。

听：主断路器断开声。

看："主断"灯亮。

③ 反复断合主断路器两三次后，再闭合 401SK。

听：主断路器闭合声。

看："主断"灯灭，"零压"灯灭后又亮。

2）劈相机试验

① 闭合 404SK。

听：567KA、213KM、201KM、523KT、526KT、527KT、533KT、535KT、536KT 和 247YV 吸合声。

看："劈相机"灯亮。

② 人为闭合 283AK。

听：566KA 吸合声，213KM 释放声。延时 3 s 后听 533KT 释放声。

看："劈相机"灯灭。

3）空气压缩机试验

闭合 405SK［总风缸压力小于 750 kPa 时按"压缩机"键（405SK），总风缸压力大于 750 kPa 时按"强泵"键（408SK）］。

听：203KM 吸合声。延时 3 s 后听 523KT、247YV 电空阀释放声。

4）牵引风机试验

① 闭合 406SK。

听：205KM 吸合声。

看：主台“辅助回路”灯亮，副台“牵引风机 1”灯亮。

3 s 后：

听：535KT 释放声，206KM 吸合声。

看：副台“牵引风机 2”灯亮。

又 3 s 后：

听：536KT 释放声，211KM、212KM 吸合声。

看：副台“油泵”灯亮。

② 闭合 407SK。

听：209KM 吸合声。

看：主台“辅助回路”灯亮，副台“制动风机 1”灯亮。

3 s 后：

听：526KT 释放声，210KM 吸合声。

看：副台“制动风机 2”灯亮。

3. 电阻制动试验

① 换向手柄置“制”位。

听：107YVF、108YVF 吸合声。

② 方向转换开关置“向前”位。

听：107YVB、108YVB 吸合声。

③ 工况转换开关置“制动”位。

听：560KA、561KA、530KT 吸合声。

④ 调速手轮离开“0”位至“制动区”。

听：532KT、12KM、22KM、32KM、42KM 吸合声，558KA、568KA 释放声。

看：“零位”灯灭。

⑤ 空气制动阀置“运转”位，制动缸压力缓解到 150 kPa 以下。

听：91KM、92KM、556KA 吸合声。

看：“电制动”灯亮，“预备”灯灭。

⑥ 空气制动阀置“制动”位，制动缸压力达 300 kPa。

听：91KM、92KM 释放声，556KA 释放声。

看：“电制动”灯灭，“预备”灯亮。

⑦ 将调速手轮拉回“0”位。

听：678KA 释放声。

532KT 延时 1 s 失电：

听：12KM、22KM、32KM、42KM 释放声，558KA、568KA 吸合声。

看：“零位”灯亮。

⑧ 依次断开 405SK、406SK、407SK。

听：有关接触器断开声。

看：相应灯灭。

4. 换向试验

① 换向手柄置“前”位。

听：两位置转换开关转换声（牵–制鼓转“牵引”位）。

看：“预备”灯灭。

听：560KA、561KA 释放声，530KT、556KA 吸合声。

② 换向手柄置“0”位。

听：两位置转换开关排风声。

看：“预备”灯亮。

③ 换向手柄置“后”位。

听：两位置转换开关转换声（前节车转“后”位，后节车转“前”位）。

看：“预备”灯灭。

换向试验结果正常后，将 573QS、574QS、589QS、590QS 置“正常”位。

5. 牵引试验

1）*初始试验*

① 换向手柄置“前”位。

听：两位置转换开关转换声。

看：“预备”灯灭。

② 调速手轮离开“0”位后置“牵引区”1 级。

听：532KT、12KM、22KM、32KM、42KM 吸合声，558KA、568KA 释放声。

看：“零位”灯灭。

2）*牵引风机自起试验*

操作：调速手轮置“3”级。

听：205KM 吸合声。

看：主台“辅助回路”灯亮，副台“牵引风机 1”灯亮。

3 s 后：

听：206KM 吸合声。

看：副台“牵引风机 2”灯亮。

又 3 s 后：

听：211KM、212KM 吸合声。

看：副台“油泵”灯亮。

再 25 s 后：

听：525KT 动作声，556KA 动作声。

看：“预备”灯亮。

3）*磁场削弱试验（调速手轮置 6 级以上）*

① 换向手柄置“Ⅰ”级（磁削），17YV、47YV 得电。

听：17KM、27KM、37KM、47KM 吸合声。

② 换向手柄置“Ⅱ”级（磁削），18YV、48YV 得电。

听：17YV、47YV 排风声，17KM、27KM、37KM、47KM 释放声；18KM、28KM、38KM、

48KM 吸合声。

③ 换向手柄置“Ⅲ”级（磁削），17YV、47YV 得电。

听：17KM、27KM、37KM、47KM 吸合声。

④ 换向手柄由“Ⅲ”“Ⅱ”“Ⅰ”级依次退回前位。

听：各磁削接触器释放声。

⑤ 调速手轮回“0”位。

听：各线路接触器释放声。

看：“零位”灯亮。

⑥ 闭合 406SK，断开 406SK。

听：205KM、206KM、211KM、212KM 释放声。

看：主台“预备”灯、“辅助回路”灯、副台“牵引风机 1”灯、“牵引风机 2”灯，以及“油泵”灯灭。

⑦ 换向手柄回“0”位。

听：两位置转换开关排风声，556KA 释放声。

看：主台“预备”灯亮。

试验结束后，取出换向手柄。

6. 辅助司机控制器操纵试验

① 将换向手柄放入辅助司机控制器“前”位，推向调速区。

听：两位置转换开关电空阀得电声，12KM、22KM、32KM、42KM 吸合声。

看：“预备”灯、“零位”灯灭。

② 取出换向手柄，放入“后”位，推向调速区。

听：两位置转换开关转换声，12KM、22KM、32KM、42KM 吸合声。

看：“预备”“零位”灯灭。

③ 辅台试验完成后，将手柄取出，放入司机控制器，置“前”位。

听：两位置转换开关转换声，556KA 吸合声。

看：“预备”灯灭。

④ 断开 404SK。

听：567KA、566KA、201KM 释放声。3 s 后听 523KT、526KT、535KT、536KT、247YV 释放声。

7. 保护试验

1）接地保护

（1）主接地

① 人为使主电路接地，主电路接地继电器 97KE 或 98KE 动作。

听：主断路器断开声。

看：主台“主断”灯、“主接地”灯亮，副台“主接地 1”灯或“主接地 2”灯亮。

② 重新闭合主断路器。

听：主断路器闭合声，97KER、98KER 动作声，97KE 或 98KE 解锁声。

看：主台“主断”灯、“主接地”灯灭，副台“主接地 1”灯或“主接地 2”灯灭。

（2）辅接地

① 人为使辅助回路接地，285KE 动作。

听：主断路器断开声。

看：主台“主断”灯、“辅助回路”灯亮；副台“辅接地”灯亮。

② 取消辅助回路接地，285KE 自锁。重新闭合主断路器。

听：主断路器闭合声，562KA 动作声，285KE 释放声。

看：主台“主断”灯、“辅助回路”灯及副台“辅接地”灯灭。

（3）控制电路接地

① 闭合主断路器，人为使控制电路接地。

听：616QA 跳开声，554KA 吸合声。

看：主台“控制回路接地”灯亮。

② 取消控制回路接地。

听：554KA 释放声。

看：主台“控制回路接地”灯灭。

试验完成后，恢复 616QA。

2）过载保护

（1）牵引过载

① 人为闭合 557KA。

听：主断路器断开声。

看：主台“牵引电机”“主断”灯亮。

② 重新闭合主断路器。

听：主断路器闭合声，562KA 动作声，557KA 释放声。

看：主台“牵引电机”灯、“主断”灯灭。

（2）原边过流

① 人为闭合 101KC，565KA 吸合。

听：主断路器断开声。

看：主台“原边过流”灯、“主断”灯亮。

② 重新闭合主断路器。

听：主断路器闭合声，562KA 动作声，565KA 释放声。

看：主台“原边过流”灯、“主断”灯灭。

（3）辅过载

① 人为闭合 282KC，564KA 吸合。

听：主断路器断开声。

看：主台“辅助回路”灯、“主断”灯、副台“辅过流”灯亮。

② 重新闭合主断路器。

听：主断路器闭合声，562KA 动作声，564KA 释放声。

看：主台“辅助回路”灯、“主断”灯、副台“辅过流”灯灭。

（4）制动励磁过流

① 换向手柄置“制”位，调速手轮离开“0”位后置制动区，空气制动阀手柄置“运转”位，制动缸压力缓解至 150 kPa 以下。

听：91KM、92KM 吸合声。

看：主台“电制动”灯亮。

② 人为闭合 559KA 励磁过流中间继电器。

听：91KM 释放声。

看：主台“励磁过流”灯亮。

③ 空气制动阀手柄置“制动”位，手轮回“0”位，重新闭合主断路器。

听：562KA 动作声，559KA 释放声。

看：主台“励磁过流”灯灭。

活动 5.1.3　收尾工作

【活动要点】：试验结束后的 4 项收尾工作。

① 闭合 400SK。

听：主断路器断开声。

看：“主断”灯亮。

② 换向手柄回“0”位。

听：两位置转换开关排风声。

③ 断开 570QS。

听：287YV 释放声。

看：“零位”灯灭。

④ 将 236QS 置“正常”位，低压电气试验完毕。

【考核评价】

1. 自我评价

① 自我考核：能否按程序完成 SS_4 改型电力机车低压电气试验。

② 自我评价（见表 5–1）。

表 5–1　自我评价（每项满分为 10 分）

序　号	评价内容	得　分	亮　点
1	课前知识查阅、调研完成情况		
2	课前、课中与人协作沟通表现		
3	SS_4 改型电力机车低压电气试验程序掌握情况		
4	课前、课中学习态度表现		

2. 小组评价（见表5–2）

表5–2　小组评价（每项满分为10分）

序　号	评价内容	得　分	亮　点
1	课中学习态度表现		
2	课前、课中与人协作沟通表现		
3	SS_4改型电力机车低压电气试验程序掌握情况		

3. 教师评价（见表5–3）

表5–3　教师评价（每项满分为10分）

序　号	评价内容	得　分	亮　点
1	课前知识查阅、调研完成情况		
2	课中参与及协作情况		
3	掌握SS_4改型电力机车低压电气试验程序的效果		

【教师建议】

熟练掌握SS_4改型电力机车低压电气试验程序，具备分辨机车电路正常工作状态与故障的能力。

任务5.2　HX_D3C型电力机车低压电气试验

【任务描述】

通过学习HX_D3C型电力机车低压电气试验程序和试验方法，使学生熟练掌握试验步骤，熟悉各电器位置、逻辑控制关系、电气线路布置，能分辨电路正常和故障时的状态显示，逐步具备发现故障、分析故障的能力。

【学习目标】

知识目标	了解HX_D3C型电力机车低压电气试验程序；熟悉电器位置、电气线路布置、联锁布置；巩固机车电路控制逻辑知识和基本控制原理
能力目标	掌握HX_D3C型电力机车低压电气试验程序，试验方法；学会观察机车电路正常工作状态，具备发现故障、分析故障的能力
素质目标	养成细致、认真的工作作风；养成独立分析问题的良好习惯；能够比较自如地与他人沟通、协作完成工作

活动 5.2.1 准备工作

【活动要点】：试验前的 6 项准备工作。

① 确认车顶门、控制电器柜柜门锁闭良好，高压接地开关在“运行”位（两把黄色钥匙插入）；蓝色钥匙插入制动控制柜锁孔，开通受电弓风路（蓝色钥匙呈垂直状态）。

② 确认各风路塞门在正常工作位置：

（a）空气制动柜中总风塞门（A24）、踏面清扫塞门（B50.02）、弹停塞门（B40.06）、撒砂塞门（F41.02）、制动缸塞门（Z10.22）在“开放”位；

（b）干燥器下控制风缸塞门（U77）在“开放”位，总风缸排水塞门（A12）在“关闭”位；

（c）空气压缩机与Ⅰ端变流柜间侧墙上的Ⅱ端受电弓塞门（U98）在“开放”位；

（d）空气压缩机与Ⅰ端变流柜间小地板下的弹停风缸排水塞门（A14）、控制风缸排水塞门（U88）均在“关闭”位；

（e）控制电器柜与Ⅱ端变流柜间侧墙上的主断路器塞门（U94）、Ⅰ端与Ⅱ端受电弓高压隔离开关塞门（U95）、Ⅰ端受电弓塞门（U98）均在“开放”位。

③ 确认总风缸风压不低于 750 kPa；机车控制电路电压不低于 96 V。

④ 确认控制电器柜上的自动开关位置正确（除直流加热及自动过分相时自动开关在“断开”位外，其余时间自动开关均在“闭合”位）。

⑤ 实施弹停制动。

⑥ 司机室各控制器在“0”位，打开机械室门。

活动 5.2.2 试验内容

【活动要点】：机车照明试验、辅机系统试验、机车电钥匙试验、微机显示屏试验、弹停装置试验、主变流器试验、撒砂试验、警惕装置试验。

1. 机车照明试验

依次闭合仪表、司机室、走廊、车底、前（副）照灯、标志等的照明灯开关，检查各照明灯，应照明良好、逻辑控制关系正确。

2. 辅机系统试验

检查遮阳帘、风扇、刮雨器，应工作状态良好，功能与控制开关指示位置相符合。

3. 机车电钥匙试验

① 机车电钥匙置“合”位，观察制动显示屏，应启动正常；检查制动显示屏各数据、参数，应设置正确。

② 将自动制动手柄置“抑制”位 1 s 后回“运转”位，单独制动手柄置“全制”位，观察制动显示屏：“动力切除”提示信息消失，均衡风缸、制动主管风压显示为 600（500）kPa，制动缸风压显示为 300 kPa。

4. 微机显示屏试验

① 状态指示屏“微机正常”“主断分”“零压”“欠压”“辅变流器”“水泵”“停车制动”

灯亮。

② 按下状态指示屏“自检”按钮，所有状态指示灯亮。

③ 确认微机显示屏显示正常，其网压、控制电路电压显示与相应仪表模块显示一致。

④ 进行主、辅变流器切除试验：利用微机显示屏触摸开关分别将主变流器、辅变流器切除、恢复一次。

5. 弹停装置试验

① 将弹停转换开关置“缓解”位，确认弹停制动缓解，状态指示屏“停车制动”红灯灭。

② 将弹停转换开关置“制动”位，确认弹停装置制动，状态指示屏“停车制动”红灯亮。

6. 主变流器试验

将主变流器试验开关（SA75）置“试验”位，进行以下试验。

1）断路器试验

① 将主断路器扳键开关（SB43 或 SB44）置“主断合”位。

听：主断路器闭合声。

看：状态指示屏“主断分”灯灭，微机显示屏显示“主断合”位。

② 将主断路器扳键开关（SB43 或 SB44）置“主断分”位。

听：主断路器断开声；

看：状态指示屏“主断分”灯亮，微机显示屏显示“主断分”位。

2）牵引试验

（1）“前”位牵引试验

① 换向手柄置“前”位。

听：充电、工作接触器动作声。

看：微机显示屏方向指示与手柄位置一致。

② 缓慢将调速手柄由“0”位推向“牵引”区最大位。

看：状态指示屏“零位”灯灭，微机显示屏级位从 0.0 上升至 13.0，各轴扭矩输出显示由 0 上升至约 95。

③ 缓慢将调速手柄退至“0”位。

看：微机显示屏级位和牵引力显示逐步回“0”位，状态指示屏“零位”灯亮。

④ 将换向手柄置“0”位。

听：工作接触器断开声。

（2）“后”位牵引试验

试验内容同“前”位牵引试验。

3）电制动试验

① 先将换向手柄置“前”位，再将调速手柄拉向“制动区”并逐渐推至最大位。

看：状态指示屏“零位”灯灭，“电制动”灯亮。

听：制动系统短暂排风声（机车制动缸有风时）。

看：微机显示屏手柄级位由 11.9 级向 1 级变化。

②调速手柄退回“0”位。

看：状态指示屏“电制动”灯灭、“零位”灯亮。

③缓解机车制动，大闸置“初制动”位，将调速手柄置“制动区”。

看：状态指示屏“零位”灯灭、“电制动”灯亮。

观察：机车制动缸缓解。

④调速、换向手柄回“0”位。

试验完毕，主变流器试验开关（SA75）恢复至“0”位。

7. 撒砂试验

分别将换向手柄置“前”“后”位，脚踩撒砂开关（SA83 或 SA84），确认撒砂装置作用良好。

8. 警惕装置试验

在微机显示屏“牵引/制动”界面按“检修状态”，输入密码“000”，依次按“确认”|“状态”|“信号信息”，进入“信号信息”界面，按“DI2”，进入 DI2 界面第一页，手按“警惕”按钮或脚踩“警惕”开关。

看：521 线底色变绿；松开开关后 521 线底色恢复黑色。

活动 5.2.3　收尾工作

【活动要点】：试验结束后的 5 项收尾工作。

① 试验完成后，换向手柄、调速手柄全部置“0”位。

② 单独制动阀手柄置“制动”位，自动制动阀手柄置“重联”位。

③ 断开主断路器，各主台按钮回到“断开”位。

④ 断开机车电钥匙，机车产生惩罚制动，均衡风缸、制动管减压 100 kPa。制动显示屏上方显示“动力切除”，左下方显示“司机室转换惩罚制动”字样。

⑤ 断开蓄电池电源，均衡风缸压力下降至 0 kPa，制动管压力下降至 77 kPa，全车失电，司机室各显示屏无显示。

【考核评价】

1. 自我评价

① 自我考核：能否按程序完成 HX_D3C 型电力机车低压电气试验。

② 自我评价（见表 5–4）。

表 5–4 自我评价（每项满分为 10 分）

序　号	评价内容	得　分	亮　点
1	课前知识查阅、调研完成情况		
2	课前、课中与人协作沟通表现		
3	HX_D3C 型电力机车低压电气试验程序掌握情况		
4	课前、课中学习态度表现		

2. 小组评价（见表 5–5）

表 5–5　小组评价（每项满分为 10 分）

序　　号	评 价 内 容	得　　分	亮　　点
1	课中学习态度表现		
2	课前、课中与人协作沟通表现		
3	HX_D3C 型电力机车低压电气试验程序掌握情况		

3. 教师评价（见表 5–6）

表 5–6　教师评价（每项满分为 10 分）

序　　号	评 价 内 容	得　　分	亮　　点
1	课前知识查阅、调研完成情况		
2	课中参与及协作情况		
3	掌握 HX_D3C 型电力机车低压电气试验程序的效果		

【教师建议】

熟练掌握 HX_D3C 型电力机车低压电气试验程序，具备分辨机车电路正常工作状态与故障的能力。

任务 5.3　SS_4 改型电力机车高压电气试验

【任务描述】

通过学习 SS_4 改型电力机车高压电气试验程序和试验方法，使学生熟练掌握试验步骤，熟悉各电器位置、逻辑控制关系、电气线路布置，能分辨电路正常和故障时的状态显示，逐步具备发现故障、分析故障的能力。

【学习目标】

知识目标	了解 SS_4 改型电力机车高压电气试验程序；熟悉电器位置、电气线路布置、联锁布置；巩固机车电路控制逻辑知识和基本控制原理
能力目标	掌握 SS_4 改型电力机车高压电气试验程序、试验方法；学会观察机车电路正常工作状态，具备发现故障、分析故障的能力
素质目标	养成细致、认真的工作作风；养成独立分析问题的良好习惯；能够比较自如地与他人沟通、协作完成工作

活动 5.3.1 准备工作

【活动要点】：高压电气试验前的 3 项准备工作。

① 将所有隔离开关置“运行”位。

② 确认总风缸风压不低于 700 kPa。

③ 小闸上闸 300 kPa。

活动 5.3.2 试验内容

【活动要点】：按程序完成 17 项试验活动。

① 闭合钥匙开关（570QS），听门联锁动作声。

② 逐一闭合“前”“后”受电弓键，然后断开，看受电弓升降是否正常，网压表指示是否正常，网压一般应为 22～29 kV。

③ 闭合主断路器。“零压”及“主断”显示灯灭，控制电压表电压从 90～92.5 V 渐升至 110 V。

④ 将劈相机自启开关（591QS）置“0”位，启动劈相机。

听：劈相机启动声。

看：“劈相机”及“辅助回路”信号灯显示后复灭。

⑤ 启动空气压缩机，空气压缩机启动应正常，压力调节范围为 700～900 kPa，偏差不超过 20 kPa。

⑥ 自启劈相机试验：先断开主断路器，将 591Q5 开关置“1”位，闭合“劈相机”键，闭合主断路器，约 1 s 后劈相机自动启动。检查劈相机转向，应正确。

⑦ 按“强泵风”键，空气压缩机启动，风压大于 1 000 kPa 时高压安全阀排风。

⑧ 闭合“通风机”键，“牵引风机 1”启动，信号灯显示后复灭；3 s 后，“牵引风机 2”启动，信号灯显示后复灭；3 s 后，“油泵”与变压器风机启动，“油泵”信号灯显示后复灭。闭合“制动风机”键，“制动风机 1”启动，信号灯显示后复灭；3 s 后，“制动风机 2”启动，信号灯显示后复灭。检查各辅机转向，应正确。

⑨ 自启牵引风机试验：断开“通风机”键，分别操纵司机控制器和辅助司机控制器，先牵引后制动，调速手轮置牵引 1.5 级或制动 8～1 级，牵引风机 1、牵引风机 2、油泵、变压器风机逐一启动。调速手轮回“0”位，风机不停转。闭合“通风机”键后再断开，通风机停止运转。

⑩ 小闸制动 300 kPa，电子柜选择开关置“A”组，司机控制器或辅助司机控制器手轮分别置牵引 2 级，牵引电流表显示的电流为 300 A。电子柜选择开关置“B”组，司机控制器或辅助司机控制器手轮分别徐徐置牵引 1～2 级，牵引电流表显示的电流为 100～350 A。

⑪ 气阀柜空电联合开关置“0”位，大、小闸置“运行”位（注意，机车可能后退）：

（a）电子柜选择开关置“A”组，启动牵引风机与制动风机，司机控制器手柄置“制”位，调速手轮置极限位（1 位），励磁电流徐徐上升至 930 A，电机电流上升至约 50 A，制动缸压力自动上升至约 110 kPa，25 s 后自动缓解。断开通风机或上闸 150 kPa 以上，励磁电流表显示的电流退回“0”。

（b）电子柜选择开关置“B”组，启动牵引风机与制动风机，司机控制器手柄置“制”位，调速手轮级位徐徐上升，励磁电流徐徐上升至 930 A，然后使调速手轮回“0”位。

⑫ 空载试验。空载试验闸刀（10QP、60QP）置“试验”位，主调速手轮置牵引 1～10 级徐徐上升，本节车的 1M 及后节车的 4M 牵引电动机电压由约 500 V 徐徐上升至约 1 000 V。

⑬ 牵引电动机转向试验（在 A 组试验并注意单阀上闸）。将一个牵引电动机的隔离开关置“运行”位，其余牵引电动机隔离开关均置“中立”位，逐个做低压加流动车试验，要求电动机前后转向正确。8 台牵引电动机分别试验完毕后将牵引电动机隔离开关置“运行”位。

⑭ 大、小闸置“运行”位，按“紧急制动”按钮，主断路器跳闸并自动撒砂。

⑮ “零压”保护试验：启动劈相机，落弓，自网压开始跌落时起约 2 s 后主断路器跳闸。

⑯ 闭合热风机、电暖器及窗加热开关，这些装置应作用良好。

⑰ 试验完毕后，将各开关恢复到试验前状态。

【考核评价】

1. 自我评价

① 自我考核：能否按程序完成 SS_4 改型电力机车高压电气试验。

② 自我评价（见表 5–7）。

表 5–7　自我评价（每项满分为 10 分）

序　号	评价内容	得　分	亮　点
1	课前知识查阅、调研完成情况		
2	课前、课中与人协作沟通表现		
3	SS_4 改型电力机车高压电气试验程序掌握情况		
4	课前、课中学习态度表现		

2. 小组评价（见表 5–8）

表 5–8 小组评价（每项满分为 10 分）

序　号	评价内容	得　分	亮　点
1	课中学习态度表现		
2	课前、课中与人协作沟通表现		
3	SS_4 改型电力机车高压电气试验程序掌握情况		

3. 教师评价（见表 5-9）

表 5-9　教师评价（每项满分为 10 分）

序　号	评 价 内 容	得　分	亮　点
1	课前知识查阅、调研完成情况		
2	课中参与及协作情况		
3	掌握 SS_4 改型电力机车高压电气试验程序的效果		

【教师建议】

熟练掌握 SS_4 改型电力机车高压电气试验程序，具备分辨机车电路正常工作状态与故障的能力。

任务 5.4　HX_D3C 型电力机车高压电气试验

【任务描述】

通过学习 HX_D3C 型电力机车高压电气试验程序和试验方法，使学生熟练掌握试验步骤，熟悉各电器位置、逻辑控制关系、电气线路布置，能分辨电路正常和故障时的状态显示，逐步具备发现故障、分析故障的能力。

【学习目标】

知识目标	了解 HX_D3C 型电力机车高压电气试验程序；熟悉电器位置、电气线路布置、联锁布置；巩固机车电路控制逻辑知识和基本控制原理
能力目标	掌握 HX_D3C 型电力机车电气试验程序、试验方法；学会观察机车电路正常工作状态，具备发现故障、分析故障的能力
素质目标	养成细致、认真的工作作风；养成独立分析问题的良好习惯；能够比较自如地与他人沟通、协作完成工作

活动 5.4.1　准备工作

【活动要点】：试验前的 7 项准备工作。

① 确认机车各闸刀、试验开关、故障转换开关、风路塞门、车顶门、各屏柜门均在“正常”位。

② 确认总风缸风压不低于 700 kPa，制动缸风压不低于 300 kPa。

③ 检查控制电路电压，应不低于 96 V。

④ 通过微机显示屏将主变流器 CI1～CI6 全部切除。

⑤ 将非操纵端自动制动手柄锁定在“重联”位，单独制动手柄置“全制”位，锁闭非操纵端司机室门窗。

⑥ 确认操纵端司机控制器手柄在“0”位，机车电钥匙在“0”位。

⑦ 确认机车停留在有电区且接地线已撤除、隔离开关已闭合，机车两端地面防护牌、信号旗（信号灯）已撤除，机车周围无闲杂人员且所有人员均处于安全区域，高压试验人员均在司机室。

活动 5.4.2　试验内容

【活动要点】：按顺序完成 9 项试验工作。

1. 机车电钥匙置“合”位

① 确认制动显示屏启动正常；检查制动显示屏，各数据、参数应设置正确。

② 将大闸置“抑制”位，1 s 后回“运转”位，将小闸置“全制”位，确认制动显示屏“动力切除”信息已消除，均衡风缸、制动主管风压显示为 600（500）kPa，制动缸风压显示为 300 kPa。

2. 升降弓试验

1）后弓试验

① 将受电弓扳键开关 SB41（SB42）置“后”受电弓位，完成以下工作。

听：升弓电磁阀得电充风声。

观察：受电弓上升正常，无冲网现象，升弓时间不得大于 5.4 s（从弓头动作时起）。

确认：网压表及微机显示屏网压显示正常，状态指示屏“欠压”灯灭。

② 将受电弓扳键开关 SB41（SB42）置“0”位，完成以下工作。

观察：受电弓下降正常，无砸车顶现象，降弓时间不得大于 4 s（从弓头动作时起）。

确认：网压表及微机显示屏显示网压低于 5 kV，状态指示屏“欠压”灯亮。

2）前弓试验

试验内容同后弓试验，试验完成后升起后弓。

3. 主断路器试验

将主断路器扳键开关 SB43（SB44）置“主断合”位，完成以下工作。

听：主断路器闭合声，以及辅变流器 2（APU2）启动后水泵、辅变流器风机、油泵投入工作声。

看：机车状态指示屏“主断分”灯、“辅变流器”灯、“水泵”灯灭。

确认：

① 进入微机显示屏“风机状态”界面，确认变压器油泵（MA21、MA22）及水泵（MA27、MA28）投入工作；

② 进入微机显示屏“辅助电源”界面，确认辅变流器 2（APU2）输出频率显示为

（50±1）Hz；

③ 观察控制电路电压表及微机显示屏，确认控制电路电压显示为 110 V；

④ 进入机械室，确认冷却系统水流量计显示流量正常（黑色指针在 200 左右）。

4. 空气压缩机试验

① 总风缸风压低于 750 kPa（0001～0640 号机车）或 680 kPa（0641 号机车之后）时，将空气压缩机扳键开关 SB45（SB46）置“压缩机”位，完成以下工作：

听：空气压缩机 1、空气压缩机 2 间隔 3 s 依次启动声。

确认：

（a）进入微机显示屏“空制状态”界面，确认空气压缩机 CMP1、CMP2 正常投入工作。

（b）当总风缸风压升至 900 kPa 时，空气压缩机 1、空气压缩机 2 同时停止工作。

② 当总风缸风压高于 750 kPa 但又低于 825 kPa 时（0001～0640 号机车），或当总风缸风压高于 680 kPa 但又低于 750 kPa 时（0641 号机车之后），将空气压缩机扳键开关 SB45（SB46）置“压缩机”位，此时仅操纵端空气压缩机投入工作；当总风缸风压达到 900 kPa 时操纵端空气压缩机自动停止工作。

③ 将空气压缩机扳键开关 SB45（SB46）置“强泵风”位不松手，完成以下工作：

看：操纵端空气压缩机投入工作。

听：总风缸风压升至 950 kPa 时高压安全阀发出喷气声。

确认：松开空气压缩机扳键开关 SB45（SB46），操纵端空气压缩机停止工作。

5. 换向手柄“前”位试验

① 将换向手柄置“前”位，完成以下工作：

听：辅变流器 1（APU1）启动后牵引及复合冷却风机启动声。

确认：

（a）进入微机显示屏“风机状态”界面，确认牵引风机 MAI1～MAI6 启动正常。

（b）进入微机显示屏“辅助电源”界面，确认辅变流器 1（APU1）输出频率升至 33 Hz。

② 换向手柄回“0”位，1 min 之后，各牵引、复合冷却风机停止工作。

6. 电制动试验

① 换向手柄置“前”位、调速手柄离开“0”位至“制”区最大位置，完成以下工作。

看：机车状态指示屏“零位”灯灭。

确认：进入微机显示屏“辅助电源”界面，确认辅变流器 1（APU1）输出频率升至（50±1）Hz。

看：微机显示屏显示级位由 11.9 级向 1 级变化。

② 调速手柄回“0”位，机车状态指示屏“零位”灯亮。

7. 牵引试验

① 将弹停转换开关置“缓解”位。

看：机车状态指示屏“停车制动”红灯灭。

② 通过微机显示屏触摸开关恢复主变流器 CI1～CI3。

看：状态指示屏“预备”灯亮。

③ 将调速手柄置牵引“＊”位。

看：机车状态指示屏“零位”灯、“预备”灯灭。

确认：微机显示屏显示“1.0”级、牵引电动机M1～M3输出牵引力为13 kN左右。

④ 调速手柄退回“0”位。

看：机车状态指示屏“零位”灯、“预备”灯亮。

确认：微机显示屏牵引电动机M1～M3输出扭矩变为0，手柄级位显示“0”级。

⑤ 通过微机显示屏触摸开关切除主变流器CI1～CI3、恢复主变流器CI4～CI6，将调速手柄置牵引“＊”位。

看：机车状态指示屏“零位”灯、“预备”灯灭。

确认：微机显示屏显示“1.0”级，牵引电动机M4～M6输出牵引力为13 kN左右。

⑥ 调速手柄退回“0”位。

看：机车状态指示屏“零位”灯、“预备”灯亮。

确认：微机显示屏牵引电动机M4～M6输出牵引力变为0，手柄级位显示“0”级。

⑦ 换向手柄置“0”位，通过微机显示屏触摸开关切除主变流器CI4～CI6。

8. 辅变流器故障切换试验

① 断开主断路器，通过TCMS显示屏“开放状态”栏手动切除APU1，看APU1栏变红；重新闭合主断路器，听APU2启动声，各风机启动运行，通过TCMS显示屏“机器状态”栏“风机状态”界面确认WP1～WP2水泵、MA21～MA22油泵工作正常，MAI1～MAI6牵引风机、MAI7～MAI8复合冷却风机启动正常。

② 通过TCMS显示屏“机器状态”栏“辅助电源”界面观察：APU2输出电源频率应为50 Hz，PSU2装置投入工作，控制电压表及TCMS显示屏“控制电压”显示应为110 V。

③ 断开主断路器，恢复APU1，切除APU2进行试验，试验内容及步骤同上。

9. PSU装置转换试验

① 断电降弓，拉回机车电钥匙开关，通过TCMS显示屏确认试验时正常工作的PSU单元，并通过TCMS显示屏检修模式修改系统日期，修改完毕后关闭蓄电池开关，30 s后恢复蓄电池开关。

② 重新升弓，闭合主断路器，确认控制电压表及TCMS显示屏显示的控制电压为110 V，通过TCMS显示屏“辅助电源”界面确认另一组PSU投入工作。

③ 断开主断路器，手动转换PSU单元，将PSU装置柜侧面转换开关转至另一组PSU单元；重新闭合主断路器，确认控制电压表及TCMS显示屏显示的控制电压为110 V，通过TCMS显示屏“辅助电源”界面确认另一组PSU投入工作。

注意：试验完毕后，将各开关恢复至试验前的状态。

【考核评价】

1. 自我评价

① 自我考核：能否按程序完成HX_D3C型电力机车高压电气试验。

② 自我评价（见表 5–10）。

表 5–10 自我评价（每项满分为 10 分）

序 号	评价内容	得 分	亮 点
1	课前知识查阅、调研完成情况		
2	课前、课中与人协作沟通表现		
3	HX_D3C 型电力机车高压电气试验程序掌握情况		
4	课前、课中学习态度表现		

2. 小组评价（见表 5–11）

表 5–11 小组评价（每项满分为 10 分）

序 号	评价内容	得 分	亮 点
1	课中学习态度表现		
2	课前、课中与人协作沟通表现		
3	HX_D3C 型电力机车高压电气试验程序掌握情况		

3. 教师评价（见表 5–12）

表 5–12 教师评价（每项满分为 10 分）

序 号	评价内容	得 分	亮 点
1	课前知识查阅、调研完成情况		
2	课中参与及协作情况		
3	掌握 HX_D3C 型电力机车高压电气试验程序的效果		

【教师建议】

熟练掌握 HX_D3C 型电力机车高压电气试验程序，具备分辨机车电路正常工作状态与故障的能力。

任务 5.5 SS_4 改型电力机车电气线路常见故障及其处理

【任务描述】

在实训教学中，先学习 SS_4 改型电力机车常见的故障，使学生掌握故障分析、判断、处理方法；再通过人为设置故障，要求学生发现故障，并根据故障现象判断故障原因，进行故障查找，确定故障位置，在保证人身及设备安全的前提下做出正确的处理，培养学生对机车故障的分析能力，增强学生对机车控制逻辑的理解；最后将学生分成若干小组，针对故障现象展开讨论。

【学习目标】

知识目标	了解 SS_4 改型电力机车常见故障；掌握故障分析、判断、处理方法及注意事项
能力目标	具备 SS_4 改型电力机车常见故障判断、分析能力；掌握故障处理方法，具备安全作业能力
素质目标	养成细致、认真的工作作风；养成独立分析问题的良好习惯；能够比较自如地与他人沟通、协作完成工作

1. 蓄电池无输出电压或电源屏输出电压不正常

① 检查并恢复故障车节控制电源屏内“蓄电池”自动开关（601QA）。

② 检查并恢复故障车节控制电源屏内“交流电源”自动开关（600QA）。若不能解决问题，将该车节电源屏上方 110 V 稳压触发插件 A、B 组转换开关置另一组。

③ 仍不能解决问题的话，按顺序将故障车节重联闸刀（668QS）置“重联”位、电空制动电源钮子开关（675SB）置“运行”位，并断开蓄电池闸刀（666QS）、负载闸刀（667QS）、交流电源自动开关（600QA）。

④ 加强走廊巡视。

注：“电源屏输出电压不正常”是指合闸后控制电压偏离 110 V。

2. 电子柜、LCU 逻辑控制单元的故障转换及自动开关的恢复

1）电子柜（A、B 组转换）

① 两车节电子柜转换开关必须置同一组（A 或 B 组）。

② 进行 A、B 组电子柜转换时，调速手轮（手柄）、换向手柄均回“0”位，转换过程中必须在中间位停留 3 s 以上。

2）LCU 逻辑控制单元（A、B 组转换）

① 每辆车Ⅰ号低压柜内装有 LCU1 控制箱，Ⅱ号低压柜内装有 LCU2 控制箱，在控制箱面板上各装有 A、B 组转换开关。LCU1 与 LCU2 插件不能互换。

② 当 LCU1 或 LCU2 出现故障时，可以通过各自的转换开关进行 A、B 组手动切换。

③ 手动切换 LCU 的 A、B 组前，必须断开主断路器，关闭所有辅机扳键开关，并断开该车节控制电源屏内“LCU 装置”自动开关（603QA）[无“LCU 装置”标牌的段改机车为“辅机控制”自动开关（605QA）]；切换完成后及时恢复该自动开关。

④ 当切换非操纵车节 LCU 的 A、B 组后，若原故障依然存在，可按上述办法切换操纵车节 LCU 的 A、B 组转换开关。

3）自动开关跳开后的恢复

① 检查并恢复自动开关时，应当先将其扳到底再往上合。不能确认其是否跳开时，可以先断开再闭合。

② 辅机三相过流保护自动开关的操作，必须在主断路器断开后进行，谨防触电。

③ 若合闸后某辅机三相过流保护自动开关又跳开，则须检查该辅机三相接触器是否焊接到了一起。若有焊接现象，应在断开主断路器后将其撬开，撬不开时可断开该三相过流保护自动开关，并参照相应的辅机故障处理办法。

3. 不升弓

① 后弓不升时，改升前弓。

② 两弓均不升时，检查并恢复操纵车节“受电弓”自动开关（602QA），关闭两车节各室门，使门联锁杆锁闭到位。

③ 仍不能升弓时，切除升弓车节司机室墙后主断控制器。

④ 如果还不能升弓，检查两车节制动柜下方的保护电空阀（287YV），如果该阀不吸合，应人工强迫其吸合。

⑤ 当某车节控制风压偏低时，检查并确认制动柜下方97塞门已开放，断开非故障车节控制电源屏内“电扇”自动开关（610QA），用故障车节辅助空气压缩机按钮（596SB）打风维持运行，并注意保持风压不低于500 kPa。

⑥ 当非操纵车节控制风压偏低或气动部件故障时，先确认该车节的主断路器在“断开”位，再将该车节的零压保护故障隔离开关（236QS）置“故障”位，并将操纵车节的本节升弓合闸故障隔离开关（588QS）置“故障”位，升前弓，以一节车维持运行。

⑦ 当操纵车节控制风压偏低或气动部件故障时，先确认该车节主断路器在“断开”位，将该车节主断路器故障隔离开关（586QS）置“故障”位，将零压保护故障隔离开关（236QS）置“故障”位，先闭合“主断合”扳键开关，待后车主断路器闭合后，将非操纵车节本节升弓合闸故障隔离开关（588QS）置“故障”位。对于非“1”字头机车，应参照“21. 切除故障车节，单节车维持运行”的办法切除操纵车节，升后弓以一节车维持运行。过分相前，调速手轮（手柄）提前回零，关闭所有辅机扳键开关，不再断主断路器，降弓过分相。遇非操纵车节主断路器自动跳闸时，待跳闸原因消除后，先恢复后车故障隔离开关（588QS），闭合“主断合”扳键开关后将该车节故障隔离开关（588QS）重新置“故障”位，再升后弓。

注：① 关闭门联锁锁闭杆、检查287YV时，应在合上机车电钥匙后进行。

② 部分机车未设主断控制器。

③ 部分段改机车无须将236QS置“故障”位。

4. 主断路器不闭合

① 检查并确认两节车的“劈相机”扳键开关均处于“断开”位，调速手轮（手柄）及辅助司机控制器回零，“零”位灯亮，重新合闸。

② 若不能解决问题，对于装有LCU的机车，将故障车节两低压柜内的LCU均转至另一组。若仍不能解决问题，切除故障车节，以单节车维持运行。

③ 对于非真空断路器能够人工合闸的机车，断电降弓[（非LCU的机车断开“劈相机”扳键开关后，确认中间继电器（567KA）释放]，确认受电弓降下后断开受电弓自动开关（602QA），进入变压器室，使用主断路器合闸阀杆人工合闸。如果不能解决问题，用大螺丝刀以仰视角度顺时针方向扳动瓷瓶转轴至“合闸”位。人工合闸后关好变压器室门，并恢复受电弓自动开关（602QA）。

注：人工合闸后，过分相前调速手轮（手柄）提前回零，关闭所有辅机扳键开关，降弓过分相。

5. 劈相机不启动

① 反复活动几次“劈相机”扳键开关，检查并恢复故障车节的控制电源屏内“辅机控制”自动开关（605QA）和劈相机三相过流保护自动开关（215QA）。

② 若不能解决问题，对于装有LCU的机车，将故障车节的两低压柜内的LCU转至另

一组。对于未装LCU的机车，如果检查确认故障车节中间继电器（567KA）不吸合，则闭合“劈相机”扳键开关后人工使其固定在“吸合”位。

③ 若仍不能解决问题，则检查故障车节。若故障车节的213KM吸合，劈相机不启动，则按下述“8. 切除故障劈相机，用通风机1代替劈相机”的办法用通风机1代替劈相机；若故障车节的213KM不吸合，则按“21. 切除故障车节，单节车维持运行”的办法切除故障车节，以一节车维持运行。

注：强迫567KA吸合启动劈相机时，断电后须先使567KA释放，待闭合“劈相机”扳键开关后再强迫其吸合。

6. 劈相机启动电阻甩不开

① 闭合“劈相机”扳键开关后，若3～11 s内劈相机灯不灭、劈相机启动声音异常，则应立即断开主断路器，再断开“劈相机”扳键开关。对于装有LCU的机车，将故障车节的两低压柜内的LCU均转至另一组，然后重新启动劈相机。

② 若不能解决问题，待劈相机启动3 s后，人工闭合故障车节的566KA按钮。对于装有LCU的机车，人工闭合故障车节的283AK按钮。

③ 若仍不能解决问题，对于未装LCU的机车，检查并确认故障车节的527KT是否释放。若未释放，则应设法使其释放。当213KM有焊接现象时，先断开主断路器，再人工将213 km撬开，焊接严重时可切除故障车节，以一节车维持运行。

7. 启动劈相机时某车节零压灯先亮，而后主断路器跳闸

① 将故障车节零压保护故障隔离开关（236QS）置“故障”位，维持运行。

② 运行中注意网压表显示，若电网失压则应及时人工断开主断路器。

8. 切除故障劈相机，用通风机1代替劈相机

① 断开主断路器，检查并确认故障车节的201KM是否有焊接现象。若焊接，则断开劈相机三相自动开关（215QA）。

② 将劈相机故障隔离开关（242QS）置“1FD”位，并将该柜内劈相机启动电阻、电容转换闸刀（296QS）置下合位［个别“6”字头机车在296QS旁装有两组启动电阻转换闸刀（298QS），注意不要将二者搞错］，合闸后重新启动。

③ 加强走廊巡视。

9. 空气压缩机系统故障

① 若空气压缩机不泵风，可使用“强泵风”键打风，但总风缸压力不得高于1 000 kPa。

② 若某节车的空气压缩机不泵风，故障车节“辅助回路”灯常亮不灭，或“辅助回路”和“压缩机”灯常亮不灭，应检查并恢复该节车的空气压缩机三相过流保护自动开关（217QA）。

③ 对于装有LCU的机车，若某节车的空气压缩机不泵风，“辅助回路”灯（段改机车包括“压缩机”灯）不亮，应检查并确认该车节的203KM是否吸合。若不吸合，则将故障车节两低压柜内的LCU均转至另一组。

④ 若某节车的空气压缩机三相过流保护自动开关（217QA）合不上，空气压缩机不能正常工作，应确认该空气压缩机接触器（203KM）是否有焊接现象。若有焊接现象，则将空气压缩机故障隔离开关（279QS）置“故障”位，以一台空气压缩机维持运行。运行中应注

意严格控制速度，确保列车充风时间。

⑤ 当空气压缩机空载启动电空阀（247YV）排风不止时，应拆开一根接线，并将其包扎固定好。

⑥ 当螺杆泵热保护动作时，待空气压缩机冷却后会自动投入工作。

⑦ 当干燥器故障、排泄阀排风不止时，对于 DJKG–A 型干燥器，关闭 G1 塞门，开放 G2 塞门；对于 JKGL 型干燥器，开放 110 塞门，关闭筒下 3 个塞门，并断开干燥器旁电源控制盒开关。

10.“辅接地”灯亮，主断路器跳闸

① 重新合闸一次，主断路器仍跳闸的话，拔下故障车节的热饭电炉，切除热水器、取暖电炉、热风机、窗加热器及空气调节器后，再重新合闸。

② 确认辅助回路无过流故障后，将辅接地故障隔离开关（237QS）置“故障”位；若合闸后仍跳闸，则须将故障车节的两低压柜内的 LCU 均转至另一组。

③ 加强走廊巡视。

11.“辅过流”灯亮，主断路器跳闸

① 重新合闸一次。

② 仍跳闸的话，检查并确认故障车节的辅过流继电器（282KC）是否有异状。若无异状，对于装有 LCU 的机车，将两低压柜内的 LCU 转至另一组。

③ 若在启动辅机过程中跳闸，应检查并确认故障车节相应的辅机接触器是否有焊接现象。若无焊接现象，则利用相应的三相过流保护自动开关切除故障辅机，或切除故障车节，以一节车维持运行。

④ 加强走廊巡视。

12. 辅机不启动或切除故障的辅机

① 根据“辅助回路”灯确认故障车节，依据跳开的三相过流保护自动开关确定故障辅机。

② 辅机不启动时，反复活动几次相应的扳键开关，检查并恢复跳开的三相过流保护自动开关。若不起作用，对于装有 LCU 的机车，须将故障车节的两低压柜内的 LCU 转至另一组。

③ 若辅机仍不启动，则利用相应的隔离开关切除故障辅机。

④ 切除牵引风机后使用电制动时，须将该风机所冷却的牵引电动机的隔离闸刀置下合位（Ⅰ号高压柜内的 19QS、29QS 为由牵引风机 1 冷却的 1、2 牵引电动机隔离闸刀，Ⅱ号高压柜内的 39QS、49QS 为由牵引风机 2 冷却的 3、4 牵引电动机隔离闸刀）。

⑤ 切除变压器风机或油泵后，注意观察变压器油温，高于 75 ℃时应在前方站停车降温。

13.“预备”灯不灭

① 检查并确认故障车节的主断路器闭合、劈相机工作正常、两位置转换开关转换到位，且与手柄位置相符。两位置转换开关不转换或转换不到位时，按“14. 两位置转换开关不转换或转换不到位”的办法处理。

② 当调速手柄 1.5 级（大部分车的调速手轮 2 级）以上“预备”灯亮时，先确认故障车节的牵引风机 1、2 运转正常，再试着将相应“牵引风速故障Ⅰ”或“牵引风速故障Ⅱ”隔离开关置“故障”位（对于有辅显示屏的机车，可根据“牵引风机 1”“牵引风机 2”的灯显

进行判定）。

③ 若不能解决问题，则将故障车节的预备中间继电器（556KA）用筷子顶死在吸合位。对于装有 LCU 的机车，须将故障车节的两低压柜内的 LCU 转至另一组。

④ 加强走廊巡视。进行工况转换时，必须将 556KA 释放。

14. 两位置转换开关不转换或转换不到位

① 确认两车节主换向手柄、调速手轮及辅助司机控制器回到“0”位，“零位”灯亮。

② 检查并恢复操纵车节的控制电源屏内的控制器自动开关（604QA）。

③ 检查故障车节的中间继电器（558KA），不吸合时人工闭合一下。对于装有 LCU 的机车，将故障车节的两低压柜内的 LCU 转至另一组。

④ 如果不能解决问题，断电降弓，断开操纵车节的控制电源屏内的受电弓自动开关（602QA），人工转换Ⅰ、Ⅱ号高压柜内未转换到位的两位置转换开关。

（a）扳动换向开关时，必须在停车状态下进行。两车节的所有换向开关必须与运行方向一致，即前进时，操纵车节的两换向开关向前，非操纵车节的两换向开关向后，后退时反之。注意，人工扳动换向开关必须到位。

（b）扳动牵制开关时，牵引转制动时，可直接扳动牵制开关；制动转牵引时，必须确认Ⅱ号高压柜内励磁电空接触器（92KM）已释放。若未释放，须打开灭弧罩将其撬开。注意，人工扳动牵制开关必须到位。

⑤ 关闭高压室门，拉下门联锁杆，恢复受电弓自动开关（602QA）。

15.“电子柜预备”灯不灭

① 检查并恢复故障车节的控制电源屏内的电子控制自动开关（609QA），两车节的电子柜须置同一组。

② 若故障车节控制电压高于 130 V 或低于 77 V，按“1. 蓄电池无输出电压或电源屏输出电压不正常”办法②或办法③引入另一车节的控制电源。

③ 若不能解决问题，将两车节的电子柜转换开关转至 B 组。

④ 若仍不能解决问题，则可判定本故障属于非操纵车节故障，应以一节车维持运行。

⑤ 若为操纵车节故障，对于段改增设电子柜预备隔离装置的机车，先将换向手柄回“0”位，断开主断路器，用“切节车”转换开关切除操纵车节后，将司机台原重联转换开关（592QS）置“故障”位，将司机室后的横走廊处的 1 号端子柜上部的电子柜预备隔离装置控制盒上的钮子开关置“合”位，以一节车维持运行。

16. 牵引无流

① 当段改机车“功补过流”灯亮时，先确认两车节的 93 阀转换正确，再将两车节尾部 2 号端子柜内左侧重联阀检测装置控制盒上的开关断开。

② 检查并确认非操纵车节电钥匙在“开”位，主、辅司机控制器在“0”位，操纵车节司机控制器下方的电位器接线良好。无异状时确认两车节“电子柜预备”“功补过流”灯灭，用辅助司机控制器维持运行。

③ 若不能解决问题，对于装有 LCU 的机车，将故障车节的两低压柜内的 LCU 转至另一组。其他机车在调速手轮（手柄）离“0”位后，检查“0”位延时继电器（532KT）是否吸合，不吸合时人工强迫其吸合，但一定要注意不得错打反相器。对于Ⅱ号低压柜内装有“0”位失电中间

继电器（678KA）的机车，若检查并确认678KA不吸合，则须人工强迫其吸合。

④ 若仍不能解决问题，则将两车节的电子柜转换开关转至B组。

17.“空转”灯常亮，自动撒砂减载

① 当牵引电流较大、轮轨黏着不良时，可适当降级运行。当某车节牵引电动机电压上窜，而电流不变或下降时，须立即将调速手轮（手柄）退回“0”位后再重新提手轮（手柄）。

② 若不能解决问题，则将空转车节的电子柜左上角的钮子开关（部分机车的该开关在电子柜内防空转插件上）置“切除”位，并将该车节司机室自动撒砂开关置“故障”位。注意，人工撒砂时，应防止空转。

③ 若仍不能解决问题，须将两车节的电子柜转换开关转至B组。

④ 利用停车机会，检查故障车节的各轴速传感器及其接线端子是否松脱。

18.“牵引电机”灯亮，主断路器跳闸

① 立即将调速手轮（手柄）退回“0”位，确认该车节无主接地故障后可重新合闸一次，正常则继续运行。

② 若主断路器仍跳闸，根据辅显示屏“牵引电机1”～“牵引电机4”灯显情况（“1”字头、“7”字头机车的故障车节的电子柜A组为左起第一块“输出输入”插件，B组为左起第三块“输出输入”插件，根据相应插件上的信号灯确定故障牵引电动机，1B～4B灯亮依次表示第1～4牵引电动机故障），将高压柜内相应的牵引电动机隔离闸刀置下合位，以7台牵引电动机维持运行。

③ 辅显示屏“牵引电机1”～“牵引电机4”灯或“1”字头、“7”字头机车电子柜无上述异常显示时，按下述“19.‘原边过流’灯亮，主断路器跳闸”的办法③处理。

④ 当同一车节的“牵引电机”“主接地”灯都亮时，按第②项办法确定故障电动机，将相应的牵引电动机隔离闸刀置中间位，并停用电制动。必须使用电制动时，则切除故障车节，以一节车维持运行。

19.“原边过流”灯亮，主断路器跳闸

① 检查并确认故障车节无烧损现象或焦糊气味、Ⅱ号低压柜内101KC无异状、车顶无明显放电迹象后，重新合闸一次。

② 若不能解决问题，对于装有LCU的机车，将故障节车Ⅰ、Ⅱ号低压柜内的LCU转至另一组。

③ 若仍不能解决问题，试拔掉故障车节Ⅰ、Ⅱ号整流柜顶部75或76号插头，并将冷却该整流柜的牵引风机1或牵引风机2的隔离开关（575QS或576QS）置“故障”位，确认Ⅰ号高压柜内励磁电空接触器（91KM）释放后，以6台牵引电动机维持运行，并停用电制动。

④ 若还不能解决问题，则切除故障车节，以一节车维持运行。

20.“主接地”灯亮，主断路器跳闸

① 立即将调速手轮（手柄）退回“0”位，重新合闸后继续运行。若仅在高级位接地，可适当降低级位维持运行。

② 如果主断路器又跳闸，对于有辅显示屏的机车，根据“主接地1”“主接地2”灯的显示（对于无辅显示屏的机车，根据Ⅰ、Ⅱ号高压柜内主接地继电器（97KE、98KE）指示件的指示），将故障车节的Ⅰ、Ⅱ号高压柜内相应的主接地故障隔离闸刀（95QS或96QS）

置“故障”位，维持运行。

③ 使用电制动时，将该车节的95QS、96QS均置“故障”位，维持运行。

④ 隔离主接地保护后，应加强走廊巡视。

21. 切除故障车节，单节车维持运行

① 切除故障车节前，务必确认故障车节的主断路器已断开、两位置转换开关位置正确，然后按“1. 蓄电池无输出电压或电源屏输出电压不正常”办法③引入另一车节的控制电源。

② 切除非操纵车节：

(a) 对于装有车节切除装置开关的段改机车，将操纵台原劈相机自启控制开关（591QS）置“切后节”位。

(b) 对于“1”字头机车、找不到车节切除装置开关的机车或车节切除装置故障时，将非操纵车节的Ⅱ号低压柜门外的主断路器故障隔离开关（586QS）置“故障”位，并将零压保护故障隔离开关（236QS）置“故障”位。

③ 切除操纵车节：

(a) 对于装有车节切除装置的段改机车，将操纵台上的劈相机自启开关（591QS）置“切本节”位。

(b) 对于“1”字头机车，将操纵车节主断路器故障隔离开关（586QS）置“故障”位，并将零压保护故障隔离开关（236QS）置“故障”位。

(c) 对于个别“7”字头机车，除将车节切除装置开关置“切本节”位外，还须将操纵车节的Ⅰ号低压柜门外的备用隔离开关置“故障”位。

(d) 对于找不到车节切除装置开关的机车，或车节切除装置故障时，将操纵车节的主断路器故障隔离开关（586QS）置“故障”位、劈相机故障隔离开关（242QS）置中间位（试验位），将236QS置“故障”位，并将556KA强迫吸合到位。对于“7”字头机车，还须将Ⅰ号低压柜门外的备用隔离开关置“故障”位，当该备用隔离开关上无接线时，用短接线短接司机室墙后1号端子柜第3列680号线与1558号线。

④ 切除故障车节后，必须严格掌握运行速度，确保运行安全。

注：段改机车无须切除零压保护装置。

22. DK-1型制动机电空位故障，转“空气”位程序

运行中发生列车管不减压、不充风、不保压故障，影响列车正常操纵时，可按下述程序转“空气”位操纵：

① 将小闸上的“电空转换”扳键开关扳至“空气”位。

② 将制动柜上的153转换阀置“空气”位。

③ 将小闸置“缓解”位，将操纵台下方的53调压阀调至列车管定压。

④ 当153排风不止时，关闭制动柜下方的157塞门。

⑤ 当列车管不充风时，将控制电源屏内的电空制动自动开关（615QA）断开。

⑥ 当非操纵车节的中继阀排风不止时，关闭该车节制动柜背后的中继阀列车管塞门（115）。当非操纵车节的制动柜有严重漏风声音时，关闭153、157塞门，换端后应及时将其开放。

⑦ 转“空气”位操纵时，大闸手柄置“运转”位，小闸操纵尽量采用短波浪制动法，以防止因列车管自动补风造成列车自然缓解。需要紧急制动时，开放放风阀塞门（121）或

使用“紧急停车”按钮，并将小闸手柄移至“制动”位。当运行中发现列车管压力下降时，应将小闸置“制动”位。

⑧ 列车停运摘机前，及时将小闸上的“电空转换”扳钮恢复到“电空”位。换端时应及时关闭原操纵车节的制动柜背后的中继阀列车管塞门（115）。

【考核评价】

1. 自我评价

① 自我考核：是否具备 SS_4 改型电力机车常见故障的判断、分析、处理能力。

② 自我评价（见表 5–13）。

表 5–13　自我评价（每项满分为 10 分）

序　　号	评 价 内 容	得　　分	亮　　点
1	课前知识查阅、调研完成情况		
2	课前、课中与人协作沟通表现		
3	SS_4 改型电力机车常见故障的分析、判断、处理情况		
4	课前、课中学习态度表现		

2. 小组评价（见表 5–14）

表 5–14　小组评价（每项满分为 10 分）

序　　号	评 价 内 容	得　　分	亮　　点
1	课中学习态度表现		
2	课前、课中与人协作沟通表现		
3	SS_4 改型电力机车常见故障的分析、判断、处理情况		

3. 教师评价（见表 5–15）

表 5–15　教师评价（每项满分为 10 分）

序　　号	评 价 内 容	得　　分	亮　　点
1	课前知识查阅、调研完成情况		
2	课中参与及协作情况		
3	掌握 SS_4 改型电力机车常见故障的分析、判断、处理的效果		

【教师建议】

熟练掌握 SS_4 改型电力机车常见故障的判断、分析、处理方法，熟知电路控制原理，故障处理过程中确保人身安全。

任务 5.6　HX_D3C 型电力机车电气线路常见故障及其处理

【任务描述】

在实训教学中，先学习 HX_D3C 型电力机车常见的故障，使学生掌握故障分析、判断、处理方法；然后通过人为设置假设故障，要求学生发现故障，并根据故障现象判断故障原因，进行故障查找，确定故障位置，在保证人身及设备安全的前提下做出正确的处理，培养学生对机车故障的分析能力，增强其对机车控制逻辑的理解；最后将学生分成若干小组，针对故障现象展开讨论。

【学习目标】

知识目标	了解 HX_D3C 型电力机车常见的故障；掌握故障分析、判断、处理方法及注意事项
能力目标	具备 HX_D3C 型电力机车常见故障的判断、分析能力；学会故障处理方法，具备安全作业能力
素质目标	养成细致、认真的工作作风；养成独立分析问题的良好习惯；能够比较自如地与他人沟通、协作完成工作

活动 5.6.1　故障处理注意事项

【活动要点】：故障处理前注意事项、闭合蓄电池开关注意事项、使用辅助空气压缩机注意事项。

1. 进行故障处理前应注意的事项

① 必须将主手柄及换向手柄回“0”位，断开主断路器。

② 机车在运行中断开下列开关或断路器均会造成机车惩罚制动：

（a）机车电钥匙（SA49、SA50）；

（b）微机控制 1、2 自动开关（QA41、QA42）；

（c）电空制动自动开关（QA50）；

（d）司机控制器 1、2 自动开关（QA43、QA44）；

（e）机车控制自动开关（QA45）；

（f）蓄电池自动开关（QA61）进行复位。断开蓄电池自动开关进行复位时，应按如下程序操作：司机控制手柄回零—换向手柄置“0”位—断主断路器—降弓—断开机车电钥匙—断开蓄电池。蓄电池断开时间不少于 60 s，然后闭合蓄电池—扳动机车电钥匙开关至“合”位—升弓—合主断路器。

③ 人为断开上述自动开关后，重新闭合时，间隔时间需要 60 s 以上。

④ 确需断开蓄电池自动开关（QA61）进行复位时，断开前应先将列车停妥，在故障处理完毕后、开车前，须重新设置 LKJ。

⑤ 对 QA41、QA42、QA43、QA44、QA45 进行断合操作时，可能会引起机车高压隔离开关动作，所以操作上述开关时必须在停车状态，且降下受电弓。

2. 闭合蓄电池开关（QA61）时的注意事项

先断开机车电钥匙，再闭合 QA61，然后将机车电钥匙开关置“合”位，以免影响微机控制程序，造成其他故障出现。

3. 使用辅助空气压缩机的注意事项

为防止损坏辅助空气压缩机，TCMS 自动控制辅助空气压缩机运行时间不超过 10 min，再次投入工作须间隔 20 min。

活动 5.6.2　常见故障部件切除基本操作方法

【活动要点】：切除故障 CI、故障 APU、故障 PSU 单元的方法。

1. 切除故障 CI 的方法

在“牵引/制动”主界面，按“开放状态”按钮进入“开放”界面：触摸故障 CI，使其变为蓝色，按“开放”按钮，原来的“正常”变为红色的“开放”，按“返回”按钮则切除故障 CI。如图 5–1 所示。

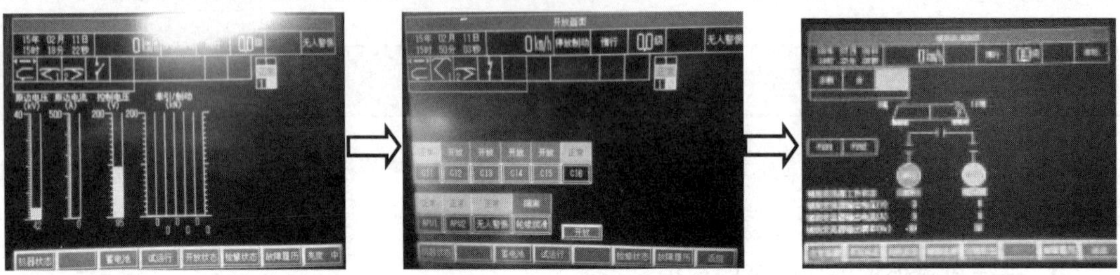

图 5–1　切除故障 CI

2. 切除故障 APU 的方法

在“牵引/制动”主界面，按“开放状态”按钮进入“开放”界面：触摸故障 APU，使之变为蓝色，按“开放”按钮，原来的“正常”变为红色的“开放”，按“返回”按钮则切除故障 APU。如图 5–2 所示。

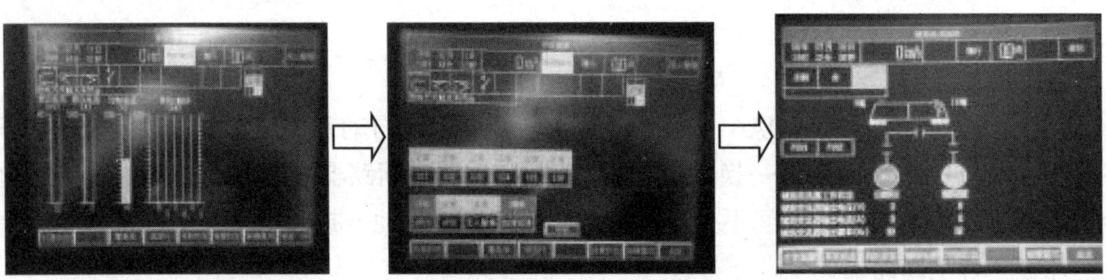

图 5–2　切除故障 APU

3. 切除故障 PSU 单元的方法

① 当一组 PSU 故障时，微机会自动转换另一组 PSU 工作。

② 如果不能自动转换，须在断开主断路器后，手动操作“SW1 单元选择”扳钮，切换到另一组 PSU 工作。如图 5–3 所示。

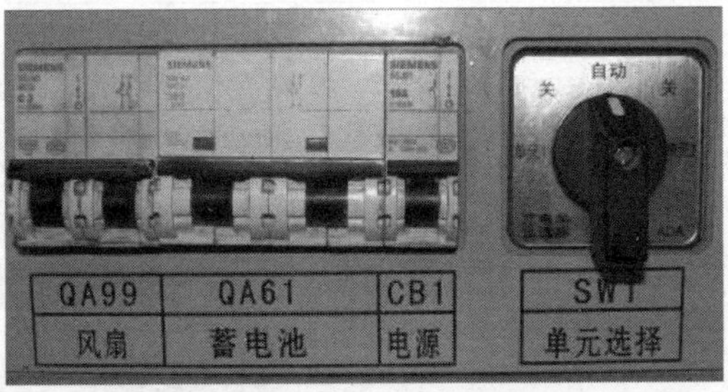

图 5–3　切除故障 PSU

活动 5.6.3　应急故障处理方法

【活动要点】：19 种应急故障的处理方法。

1. 受电弓无法升起（见表 5–16）

表 5–16　受电弓无法升起

名称	受电弓无法升起	
故障现象	机车无网压显示；TCMS 显示屏显示“接触网低电压”等故障信息	
注意事项	升弓前，必须确认 TCMS 显示屏已启动完成，之后方可闭合“升弓”扳键	
处置位置	控制电器柜、空气制动柜	
步骤	处理过程	
	气路检查	
1	检查并确认总风缸塞门（A24）在“开启”位	
2	检查空气制动柜上蓝钥匙（U99）是否在“开放”位（垂直位），确认显示屏“空制”状态栏“受电弓”图标是否变为绿色（正常状态）	
2	检查空气制动柜上蓝钥匙（U99）是否在“开放”位（垂直位），确认显示屏“空制”状态栏“受电弓”图标是否变为绿色（正常状态）	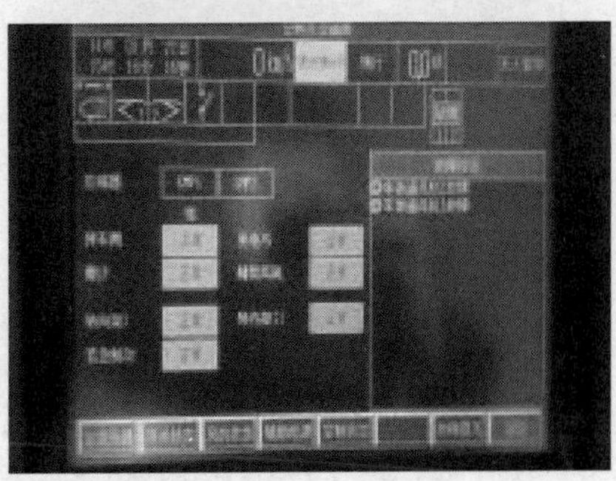

续表

步骤	处理过程	
3	检查总风缸压力表或控制风缸压力表，当风压低于 480 kPa 时，使用辅助空气压缩机（简称辅压机）泵风	
4	升弓控制塞门（U98）处于与管路平行位置	
电路检查		
1	受电弓隔离转换开关（SA96）在“正常”位	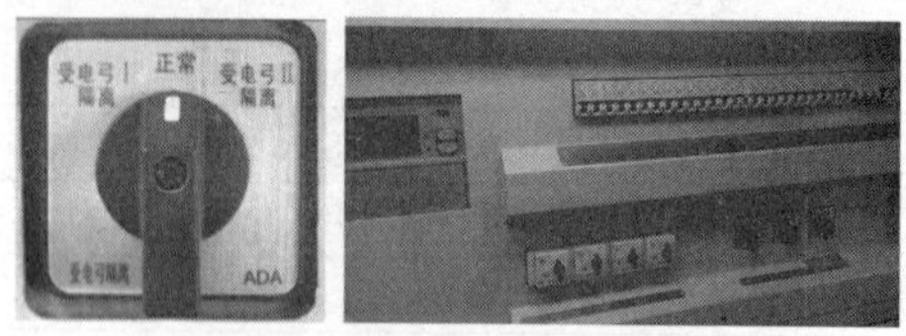
2	检查控制电器柜面板上的司机控制自动开关（QA43、QA44），应在“闭合”位，如果跳开，则将其闭合	
3	检查升弓电磁阀得电后状态，在 20～30 s 内确认升弓阀板风表有无压力显示，无压力显示则为电磁阀故障，须换弓运行［防寒期除外（京机函〔2014〕45 号）］	
注：若受电弓仍不能升起，停车后按蓄电池断电复位办法执行		

2. 运行途中受电弓非正常降下（见表 5–17）

表 5–17 运行途中受电弓非正常降下

名称	运行途中受电弓非正常降下	
故障现象	主断路器状态指示灯亮，TCMS 显示屏显示“接触网低电压”	
注意事项	发生弓网故障时，按弓网故障处理办法执行	
处置位置	控制电器柜	
步骤	处理过程	
1	立即停车，检查弓网状态	
步骤	处理过程	
2	首先确认控制电器柜上“原边电压”自动开关（QA1）在“闭合”位，其次通过电度表确认有无感应网压（原则上感应网压不低于 50 V，可根据天气情况适当降低），然后利用 6 A 系统高压绝缘检测子系统进行绝缘检测（设定值为 15 kV），检测正常后执行下一步换弓操作[非雾霾天气进行绝缘检测前，应确认受电弓隔离转换开关（SA96）在“正常”位]	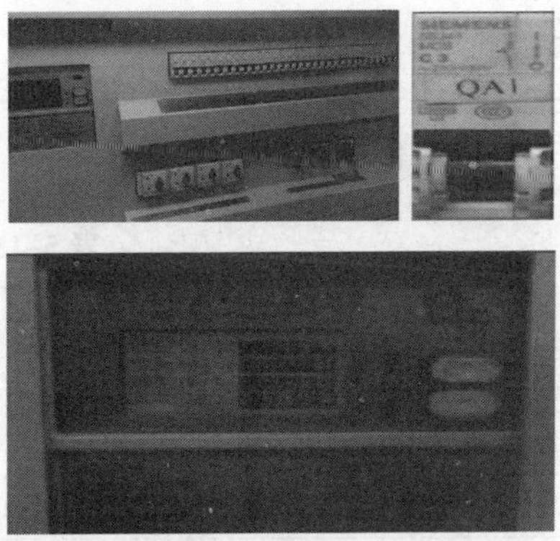
3	在隔离操作前，首先要确认机车已停稳、受电弓已降下，然后通过控制电器柜上的受电弓隔离转换开关（SA96）将故障受电弓隔离[防寒期雾霾天气时，按京铁运〔2013〕582 号文件“三禁止”执行]	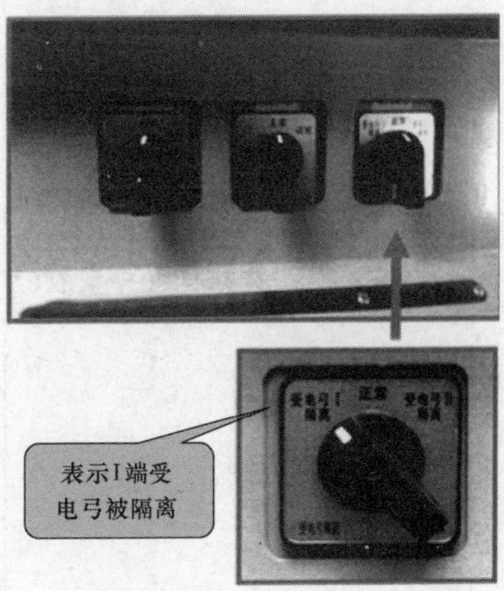

续表

步骤	处理过程	
4	完成隔离操作后，确认相应的高压隔离开关 QS1（隔离Ⅰ端受电弓）或 QS2（隔离Ⅱ端受电弓）主触头处于“隔离”位，方可升起另一组受电弓维持运行	高压隔离开关“正常”位：  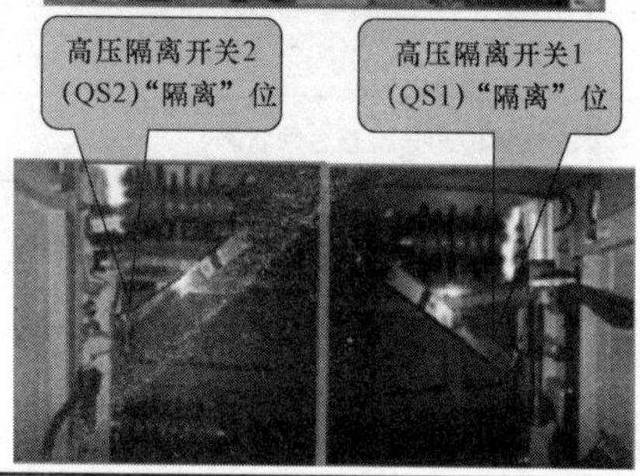

3. 主断路器合不上（见表 5–18）

表 5–18　主断路器合不上

名称	主断路器合不上	
故障现象	TCMS 显示屏显示“主断路器分”，机车状态指示灯“主断分”灯亮，辅机不工作	
注意事项	注意总风缸压力表显示	
处置位置	控制电器柜、操纵台 TCMS 显示屏和 LCDM 显示屏	
步骤	处理过程	
1	确认司机控制器牵引/制动主手柄在“0”位，确认网侧电压（应不低于 19 kV）	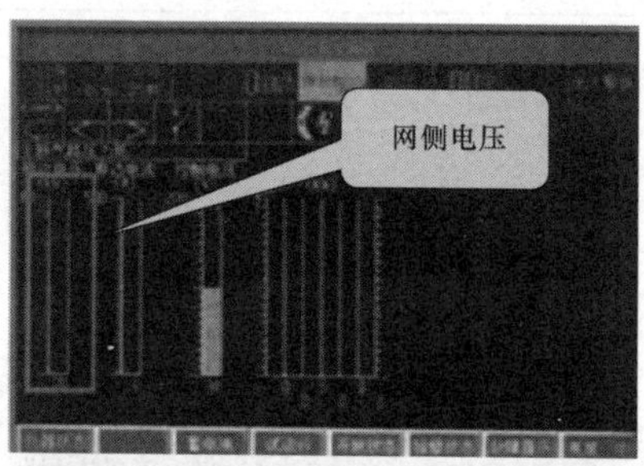 

续表

步骤	处理过程	
2	当网侧电压为 0 时（运行中无网侧电压时，立即降弓、停车，按京铁供〔2013〕741 号文件执行），检查控制电器柜“原边电压”自动开关（QA1）是否跳开。若跳开，则将其闭合	
3	若 LCDM 显示屏幕左上方显示“动力切除”，则检查两端司机室“紧急制动”按钮，均应在“弹起”位	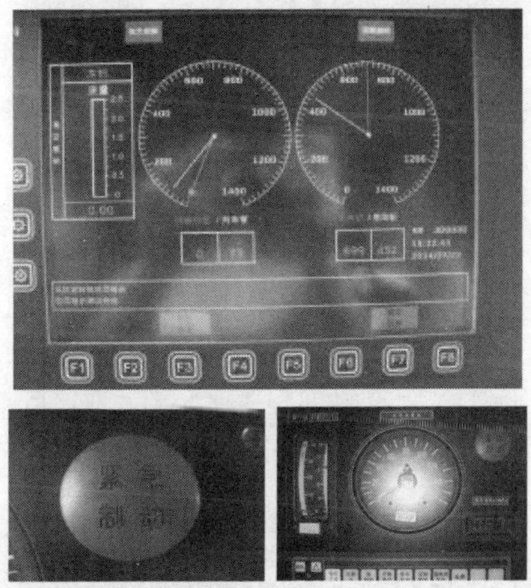
4	观察 TCMS 显示屏故障信息栏，若有保护装置动作，按相应故障处理方法办理	
5	观察 TCMS 显示屏是否提示“主断气路压力低”，当低于 480 kPa 时，使用辅助空气压缩机打风	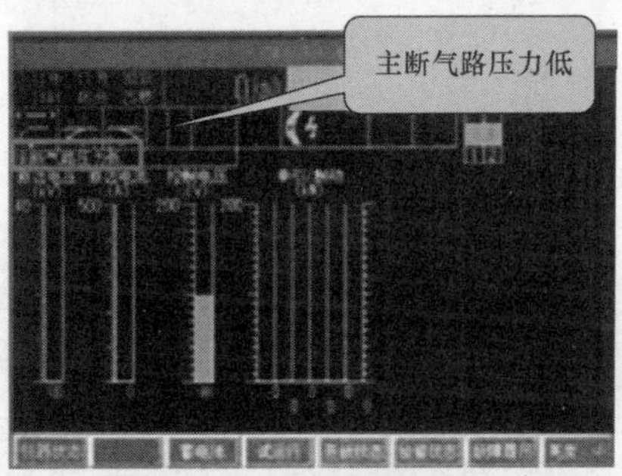
6	确认控制电器柜上 CI 试验开关（SA75）在“正常”位	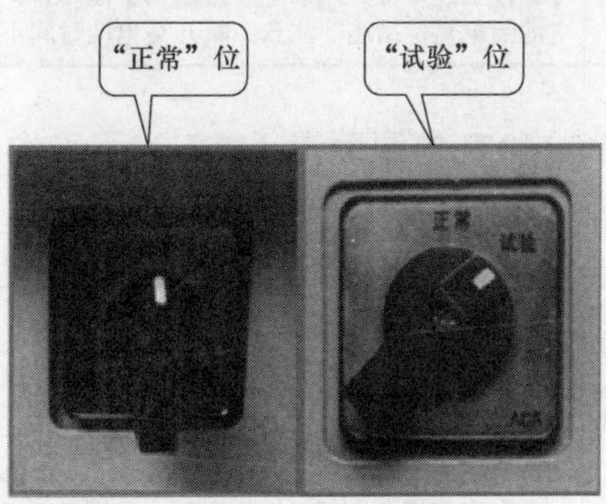

续表

步骤	处理过程	
7	检查并确认主断路器塞门（U43.03）处于“开放”位（垂直位）	
8	确认半自动过分相按钮 SB67（SB68）、自动过分相装置试验按钮（自复式）在“弹起”位。若自动过分相装置故障，则关闭自动过分相装置电源，手动过分相	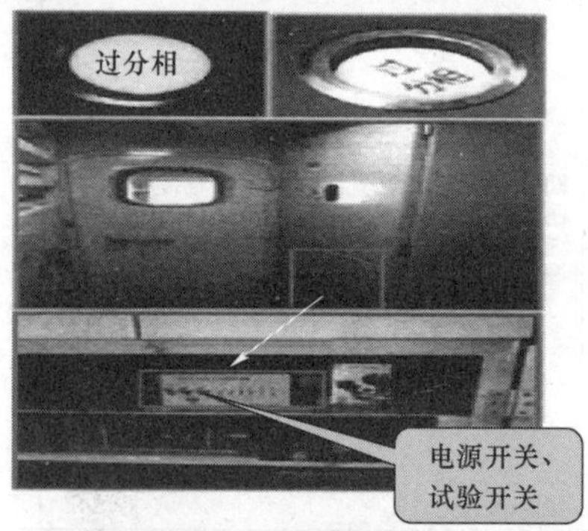 
9	若自动过分相后主断路器合不上，则采用手动方式闭合主断路器	
10	若按上述方法处理后主断路器仍不能闭合，则尽可能维持运行进站。停车后，降弓，断开机车电钥匙，采取蓄电池断电复位措施，注意：断开蓄电池时间不少于 60 s	

4. DC 110 V 电源装置（PSU）不工作（见表 5–19）

表 5–19　DC 110 V 电源装置（PSU）不工作

名称	DC 110 V 电源装置（PSU）不工作
故障现象	机车控制电压下降，充电单元不工作或 TCMS 显示屏显示“DC 110 V 运转停止”
注意事项	断开主断路器，确认手柄在“0”位
处置位置	控制电器柜、电源柜柜体侧面、操纵台 TCMS 显示屏

续表

步骤	处理过程	
1	观察充电装置实际工作状态是否正常，若不影响机车正常充电，则可维持运行，回段后再做相应处理	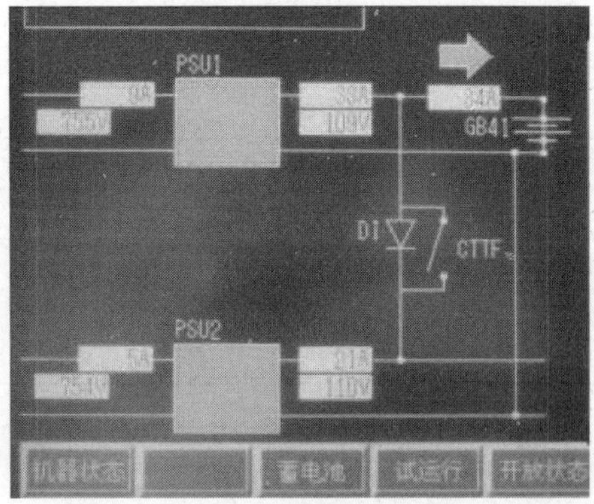
2	断开主断路器和自动开关 QA47、QA63、CB1 后，重新闭合自动开关 QA47、QA63、CB1 后，再闭合主断路器，观察控制电压，若显示 110 V 且不下降，可继续运行	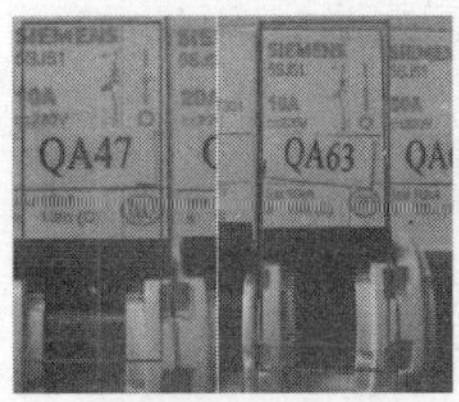 
3	若 PSU 仍不工作，则利用外置转换开关处理： ① 断开主断路器； ② 将电源柜“SW1 单元选择”开关打至单元 1 或单元 2 运行； ③ 合主断路器，观察控制电压，显示 110 V 且不下降后，可继续运行	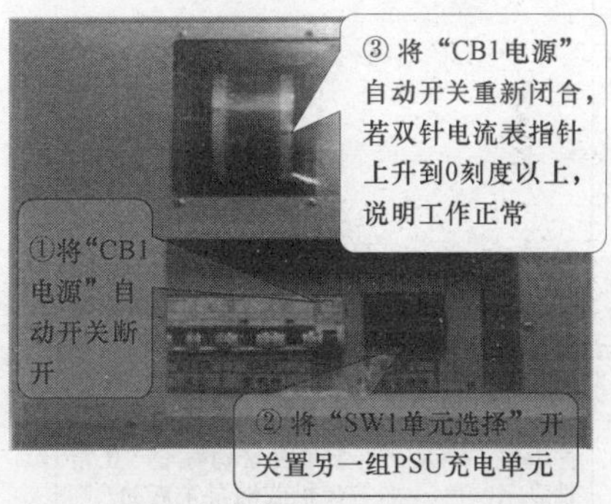 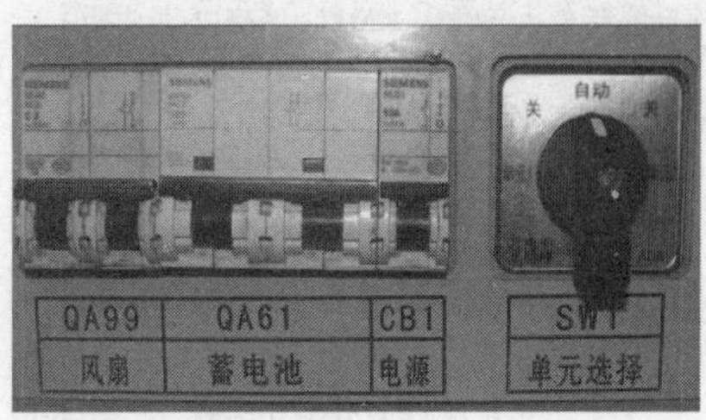
4	当上述方法无效时，应维持运行至前方车站停车，用蓄电池断电复位方法处理	

5. 提牵引/制动主手柄无牵引力输出（见表 5–20）

表 5–20　提牵引/制动主手柄无牵引力输出

<table>
<tr><td>名称</td><td colspan="2">提牵引/制动主手柄无牵引力输出</td></tr>
<tr><td>故障现象</td><td colspan="2">TCMS 显示屏主界面有级位显示，但 6 台主变流器无牵引力显示</td></tr>
<tr><td>注意事项</td><td colspan="2">确认监控装置是否动作</td></tr>
<tr><td>处置位置</td><td colspan="2">操纵台 LCDM 显示屏、TCMS 显示屏</td></tr>
<tr><td>步骤</td><td colspan="2">处理过程</td></tr>
<tr><td>1</td><td>确认总风缸压力在 600 kPa 以上，“停车制动”灯灭</td><td>
</td></tr>
<tr><td>2</td><td>确认牵引/制动主手柄在牵引工况位，TCMS 显示屏有对应工况和级位显示，如果仍无牵引力显示，将牵引/制动主手柄回“0”位，按压微机复位按钮后，再将牵引 / 制动主手柄置牵引工况位</td><td>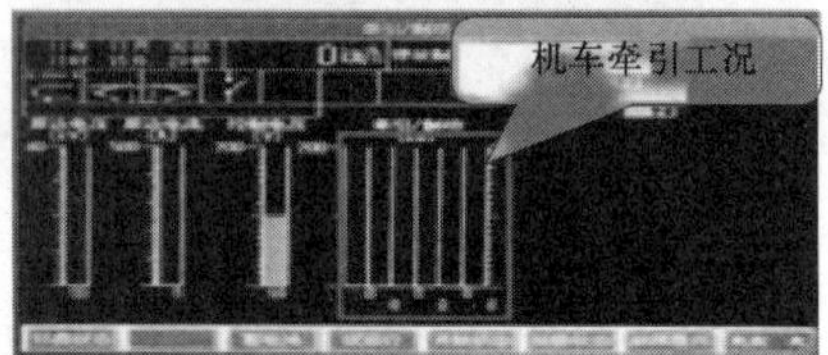

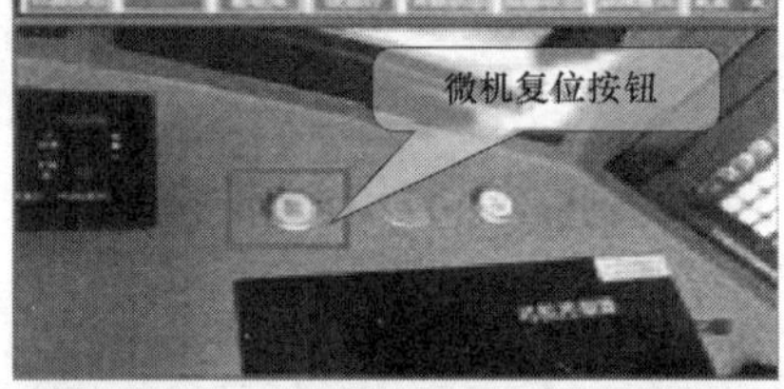
</td></tr>
<tr><td>3</td><td>确认两组辅变流器启动完成，各风机启动完毕。故障显示栏无牵引风机风速、油泵油流和复合冷却风机等故障信息出现。进入 TCMS 显示屏的风机状态界面，确认各风机、油泵、水泵是否启动完毕（正常时显示绿色）。若有风机或油泵未启动，则检查相应自动开关是否跳开，还可通过微机屏开关状态确认 KM11、KM12 是否吸合。若 KM11 不吸合，则切除 APU1；若 KM12 不吸合，则切除 APU2</td><td>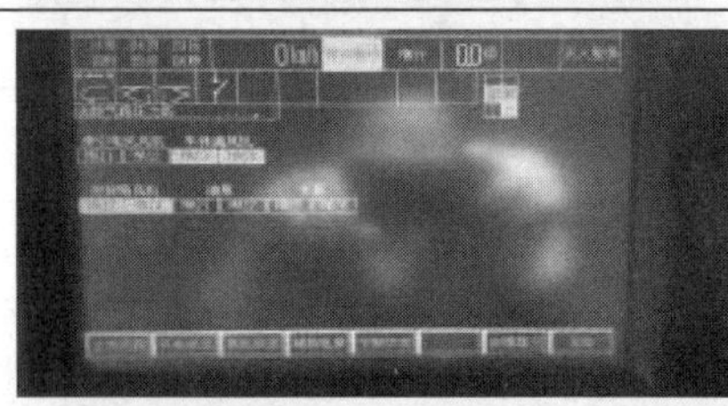
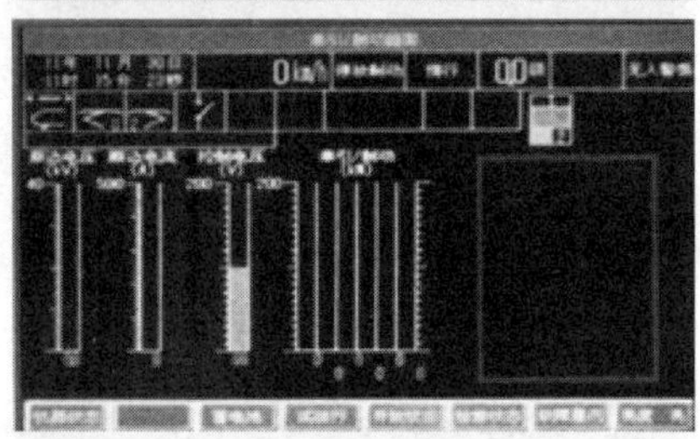
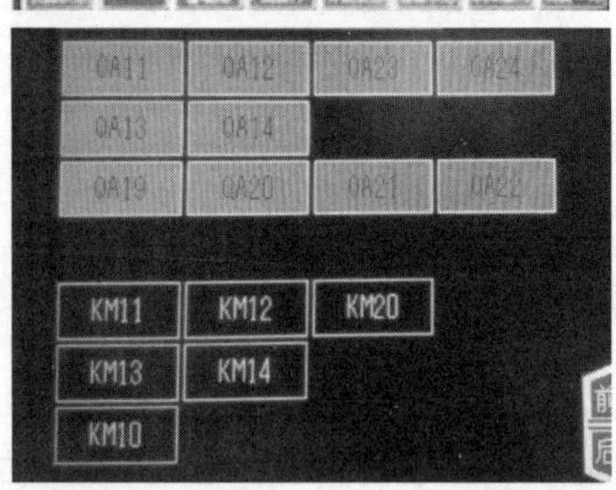
</td></tr>
</table>

续表

<table>
<tr><th>步骤</th><th colspan="2">处理过程</th></tr>
<tr><td>4</td><td>若 LCDM 显示屏有“动力切除”显示，则检查并确认非操纵端自动制动阀是否在“重联”位、警惕装置是否动作</td><td>
</td></tr>
<tr><td>5</td><td colspan="2">LCDM 显示屏显示“惩罚制动”时，自动制动阀置“抑制”位 1 s，待惩罚制动消除后，可继续运行</td></tr>
<tr><td>6</td><td colspan="2">过分相后，机车不能加载，可将牵引/制动主手柄回“0”位后重新加载，但要注意牵引/制动主手柄的级位应与机车速度相符</td></tr>
<tr><td>7</td><td colspan="2">上述处理无效时，停车，用蓄电池断电复位方法处理</td></tr>
</table>

6. 主变流器 CI 故障（见表 5–21）

表 5–21 主变流器 CI 故障

<table>
<tr><td>名称</td><td>主变流器 CI 故障</td></tr>
<tr><td>故障现象</td><td>主断路器跳开，故障显示灯亮，TCMS 显示屏故障栏显示相应的主变流器 CI 故障</td></tr>
<tr><td>注意事项</td><td>执行微机复位时，牵引/制动主手柄、换向手柄必须回“0”位。若故障反复发生，则使用微机复位按钮原则上不得超过 3 次，每次按微机复位按钮持续时间不超过 3 s，避免 CI 被锁死或烧损</td></tr>
<tr><td>处置位置</td><td>操纵台 TCMS 显示屏</td></tr>
<tr><td>步骤</td><td>处理过程</td></tr>
<tr><td>1</td><td>牵引/制动主手柄、换向手柄置“0”位。查看微机屏故障履历，当微机故障信息中有下列四种故障之一时，不能使用微机复位或大复位，必须在第一时间将故障的 CI 通过微机屏隔离，然后才能再次闭合主断路器。若切除相应 CI 后，机车仍存在故障且无法正常运行，则将故障电机所属变流装置全部切除
<table>
<tr><th>序号</th><th>故障名称</th><th>备注</th></tr>
<tr><td>1</td><td>CI（x）整流故障</td><td rowspan="4">其中 x 代表 1、2、3、4、5、6</td></tr>
<tr><td>2</td><td>CI（x）逆变故障</td></tr>
<tr><td>3</td><td>CI（x）接地</td></tr>
<tr><td>4</td><td>电动机 M（x）过负荷</td></tr>
</table>
注：切除故障 CI 后要加强对故障 CI 所在变流柜的巡检力度，防止因单元体炸损导致冷却水管漏水的情况发生。若有漏水现象，应立即停车，断主断路器，降弓，向有关人员报告</td></tr>
<tr><td>2</td><td>无上述重大故障报警时，可按微机复位按钮，再闭合主断路器，恢复运行（此时应注意 TCMS 显示屏提示的内容，包括故障信息和电机牵引力情况）</td></tr>
<tr><td>3</td><td>若复位不能消除故障，则通过微机屏切除相应 CI 单元，再闭合主断路器加载，机车损失部分动力</td></tr>
</table>

7. 辅助变流器 APU 故障（见表 5–22）

表 5–22　辅助变流器 APU 故障

名称	辅助变流器 APU 故障	
故障现象	主断路器跳开，故障显示灯亮。TCMS 显示屏显示辅助变流器输入过流、辅助回路过载、APU1 或 APU2 接地、APU1 或 APU2 过滤网污损等故障	
注意事项	如 2 min 内连续发生 6 次，该辅助变流器将被锁死，必须通过断合自动开关（QA47）进行复位	
处置位置	操纵台 TCMS 显示屏内辅助电源界面	
步骤	处理过程	
1	牵引/制动主手柄、换向手柄回“0”位，10 s 后重合主断路器，故障消失后继续运行	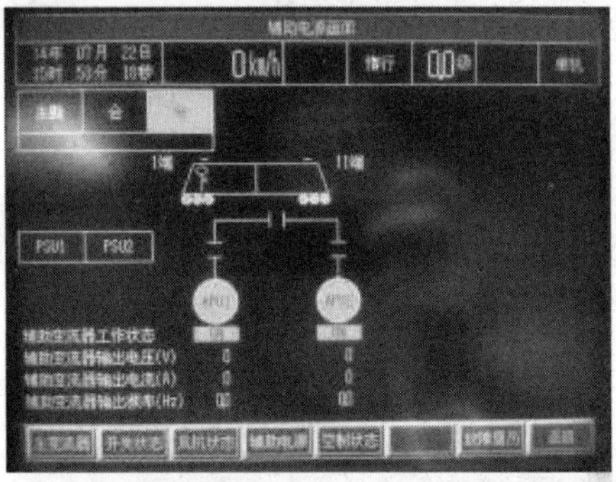
2	当其中一组 APU 故障时，应检查并确认 TCMS 自动转换。TCMS 自动转换无效时，须手动切除故障 APU	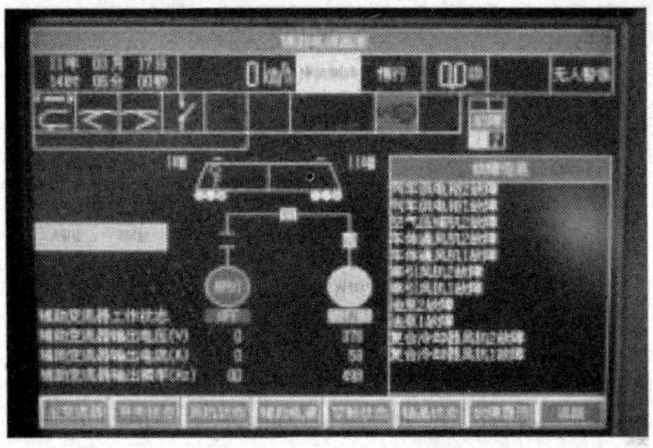
3	高温天气，机车易发生 APU 过热、污损故障。当两组 APU 均显示故障时，可尝试断合 QA47 复位，然后交替切换 APU1 或 APU2 维持运行	
4	当上述处理无效时，停车，用蓄电池断电复位方法处理	

8. TCMS 显示屏故障（见表 5–23）

表 5–23　TCMS 显示屏故障

名称	TCMS 显示屏故障
故障现象	TCMS 显示屏黑屏
注意事项	单系统运行时相应微机屏出现黑屏
处置位置	操纵台 TCMS 显示屏

续表

步骤	处理过程	
1	机车运行中微机屏出现黑屏，当不影响行车时可维持运行	
2	有条件停车处理时，将牵引/制动主手柄和换向手柄回“0”位，断电、降弓后，再断开 QA41、QA42 自动开关，这两开关应同断、同合）30 s 后，重新闭合，故障消失后，继续运行	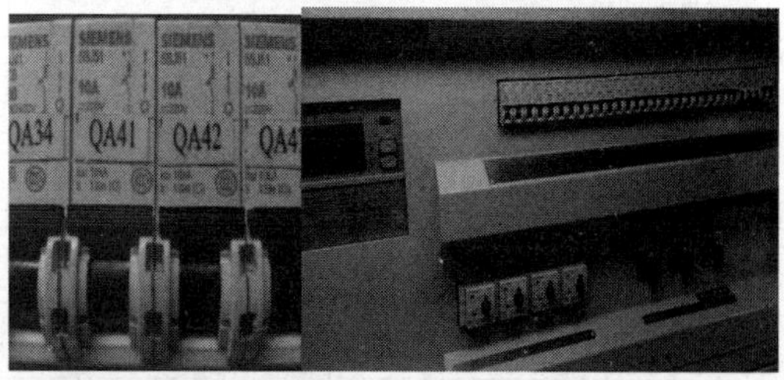
3	若处理无效，须停车，用蓄电池断电复位方法处理	

注：断开自动开关 QA41、QA42 后，有可能会造成 TCMS1 或 TCMS2 系统故障，可维持运行

9. 辅助类电机故障

辅助类电机包括油泵、水泵、牵引风机、空气压缩机、复合冷却通风机、机械间风机，其应急故障处理办法如表 5–24 所示。

表 5–24　辅助类电机故障

名称	辅助类电机故障	
故障现象	TCMS 显示屏上会出现相关故障信息	
注意事项	牵引/制动主手柄回“0”位，断开主断路器	
处置位置	低压控制柜面板上部	
步骤	处理过程	
1	断开主断路器，将控制电器柜上对应的自动开关重新断开、闭合	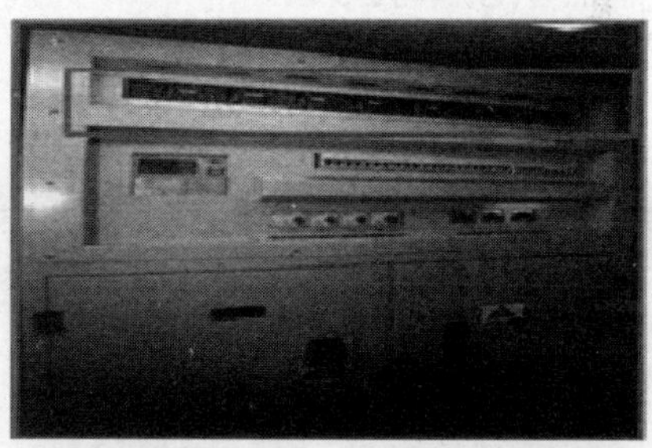
2	无法恢复时，隔离故障辅机后，关注显示屏报警信息（当隔离油泵、牵引风机、复合冷却通风机时，确认对应转向架上的 3 组 CI 自动隔离，不能自动转换时，应手动隔离），维持运行	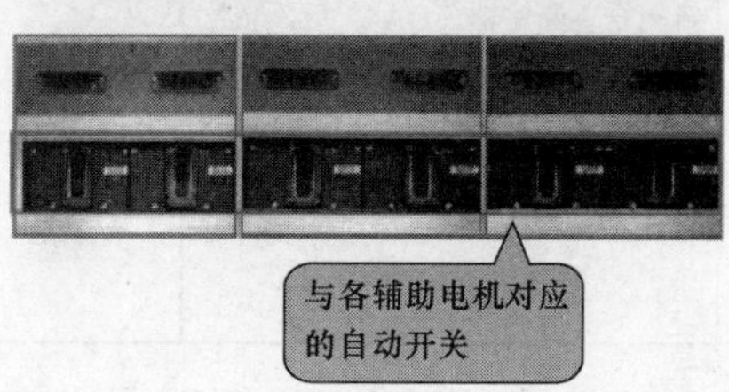

注：当油泵（油泵故障后先断合几次 QA21、QA22 空气自动开关，若能恢复则继续运行）、牵引风机或复合冷却通风机隔离时，应在 TCMS 显示屏上将对应转向架上的 3 组 CI 进行隔离（不能自动转换时）。油泵故障后必须关闭自动过分相，采用手动过分相（升级后的除外）

10. 辅助回路接地故障（见表 5–25）

表 5–25　辅助回路接地故障

名称	辅助回路接地故障	
故障现象	主断路器跳开，“主断分”指示灯亮，TCMS 显示屏显示“辅接地”故障，TCMS 显示屏辅助电源界面显示“接地辅助变流器”组别	
注意事项	加强机械室的巡视	
处置位置	操纵台 TCMS 显示屏，控制电器柜面板上方	
步骤	处理过程	
1	牵引/制动主手柄回“0”位，按微机复位按钮，再闭合主断路器，正常后恢复运行	
2	若故障不消失，断开辅助变流器自动开关（QA47），30 s 后，重新闭合。若故障消除，则继续运行；否则，执行下一步操作	 
3	利用 TCMS 显示屏切除故障 APU1 或 APU2，如果接地故障不再出现，则机车可继续运行	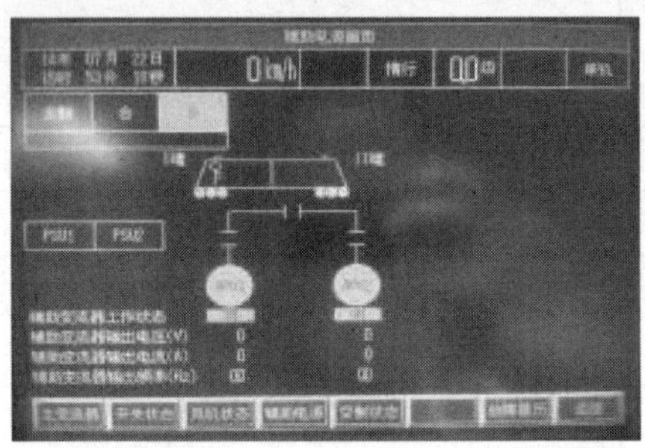
4	若故障依然发生，司机断开下列自动开关：QA47、QA25、QA72、QAll～QA12、QA13～QA14、QA19～QA20、QA23～QA24。重新闭合主断路器、QA47 后，依次闭合上述自动开关，当闭合到某一自动开关时，TCMS 显示屏显示辅助回路接地，则将该自动开关断开，维持运行	

注：当隔离油泵、牵引风机、复合冷却通风机时，应确认对应转向架上的 3 组 CI 已自动隔离，当不能自动隔离时，应手动隔离。油泵故障后必须关闭自动过分相，采用手动过分相（升级后的除外）

11. 控制回路接地故障（见表 5–26）

表 5–26　控制回路接地故障

名称	控制回路接地故障
故障现象	自动开关（QA59）跳开，状态指示灯 “控制接地”灯亮
注意事项	加强机械室的巡视
处置位置	低压控制柜面板
步骤	处理过程
1	重新闭合“接地检测”自动开关（QA59）及相应跳开的自动开关，正常后继续运行 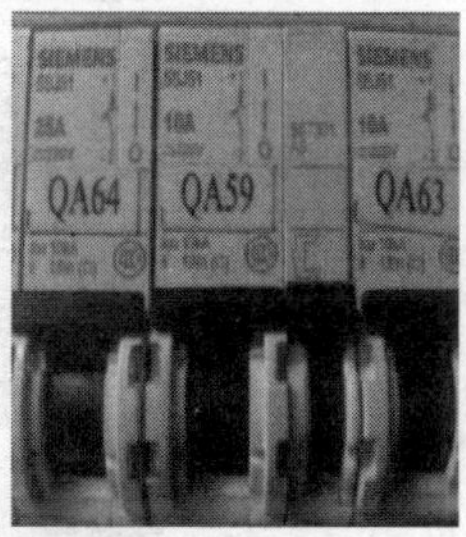 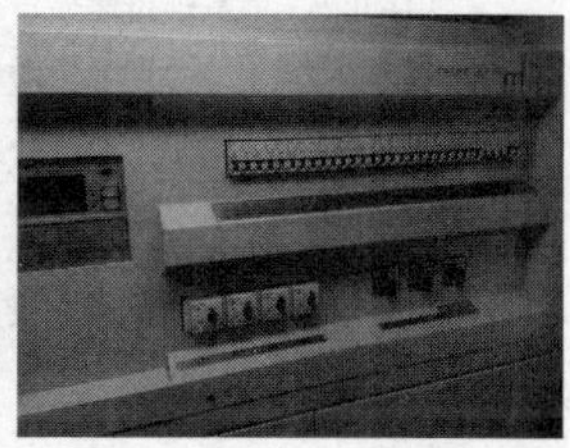
2	如果故障现象再次出现，在不影响行车的情况下可只闭合 QA59，维持运行；当跳开的自动开关影响运行时，断开 QA59，仅闭合跳开的自动开关维持运行

12. 主变压器原边过流故障（见表 5–27）

表 5–27　主变压器原边过流故障

名称	主变压器原边过流故障
故障现象	主断路器跳开，“主断分”指示灯亮，TCMS 显示屏显示“原边过流”故障
注意事项	注意人身安全
处置位置	操纵台
步骤	处理过程
1	重新闭合主断路器，若故障信息区域不再出现“原边过流”信息，则维持运行
2	若牵引/制动主手柄在高级位状态下出现“原边过流”故障信息，则降低牵引/制动主手柄级位维持运行

13. 空气压缩机不工作（见表 5–28）

表 5–28　空气压缩机不工作

名称	空气压缩机不工作
故障现象	空气压缩机低于启动压力值时不工作；TCMS 显示屏显示空压机（X）故障
注意事项	加强总风缸风压表的检查确认
处置位置	TCMS 显示屏、低压控制柜开关板

续表

步骤	处理过程	
1	首先通过 TCMS 显示屏确认两组 APU 是否工作正常，正常则将操纵台上“空压机”扳键开关扳至“强泵风”位，并通过 TCMS 显示屏内“空制状态”栏确认“压缩器” CMP1（1 风泵）、CMP2（2 风泵）工作状态（投入运行时为绿色）	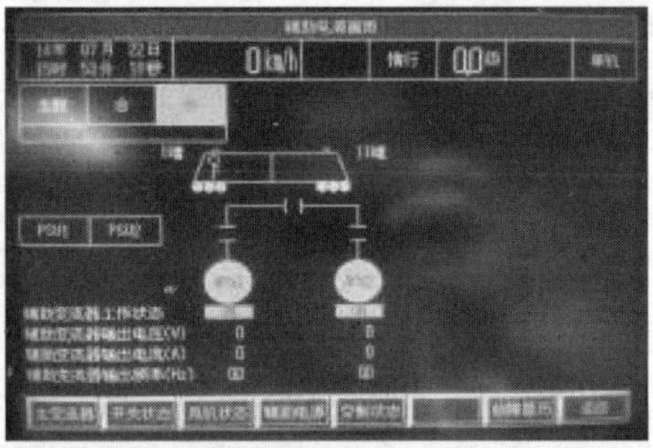 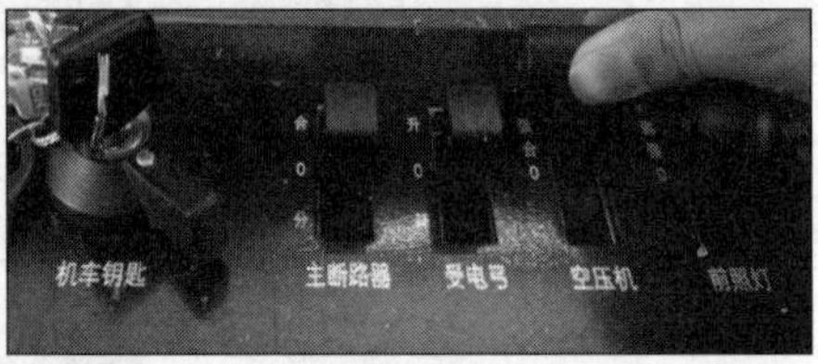 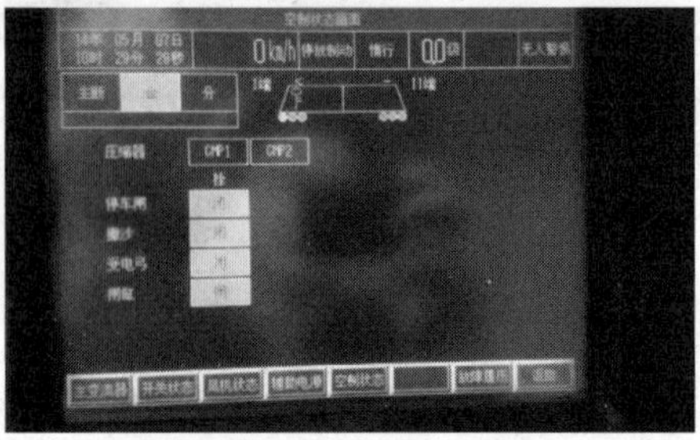
2	如有一组空气压缩机不工作，可将其自动开关（QA19 或 QA20）重新断、合一次，重新试验强泵风功能，如空气压缩机恢复工作，可恢复运行	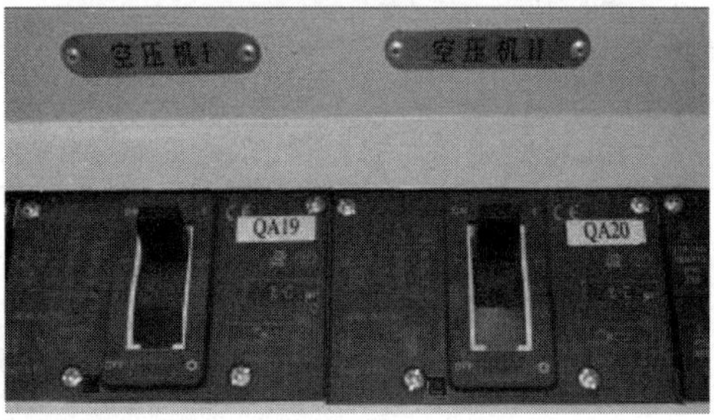
3	只用一台空气压缩机工作，维持运行	

14. LCDM 显示屏故障（见表 5–29）

表 5–29　LCDM 显示屏故障

名称	LCDM 显示屏故障
故障现象	黑屏、画面卡滞等
注意事项	加强机械压力表的检查确认
处置位置	操纵台

续表

步骤	处理过程	
1	维持运行	
2	途中加强检查，确认机械压力表的显示数值，并将监控器的工况画面调出。如果制动缸有非正常压力产生，须停车，开放平均管塞门（停运摘车前必须将平均管塞门恢复）	 
3	有条件停车时，打开操纵台左边柜门，检查 LCDM 显示屏后面的通信插头插接状态，如果插接状态正常但 LCDM 显示屏仍无法恢复，则维持运行	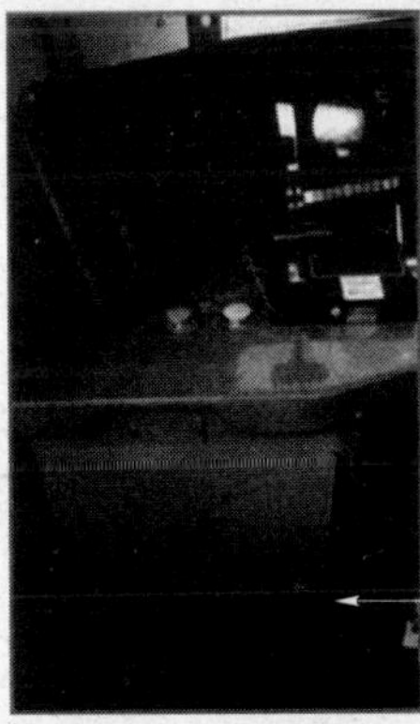 
4	停车后用蓄电池断电复位办法处理	

15. 干燥器排风不止（见表 5–30）

表 5–30　干燥器排风不止

名称	干燥器排风不止	
故障现象	空气压缩机工作时，干燥器排风不止	
注意事项	隔离一台空气压缩机后泵风慢，双风管供风时要注意总风缸压力	
处置位置	机械间空气压缩机	
步骤	处理过程	
	双塔干燥器	
1	首先关闭故障干燥器排水塞门	

续表

步骤	处理过程	
2	如果处理无效，则将相应的空气压缩机脱扣关闭，使用另一组空气压缩机	

16. 双风管供风装置故障（见表 5–31）

表 5–31　双风管供风装置故障

名称	双风管供风装置故障	
故障现象	双风管供风压力高或低，无法满足车辆供风要求	
注意事项	注意总风缸压力	
处置位置	机械间空气压缩机处	
步骤	处理过程	
1	观察状态指示组合屏上的客车供风数字压力表，并与列车乘务长确认，标准供风压力为 600 kPa（建议以非操纵端双管供风机械压力表为准），需要调整时，对非操纵端双风管供风装置的空气减压阀进行调整	

续表

步骤	处理过程	
2	发现操纵端客车供风数字压力表显示的压力与总风缸压力一致时，检查非操纵端双风管供风装置总风供风通道黄色截断塞门是否处于开放状态，处于开放状态时必须关闭	双风管供风装置总风供风通道黄色截断塞门位置（900 kPa）  与管路方向一致为“关闭”位  与管路方向垂直为“开放”位
3	当非操纵端双风管供风装置的空气减压阀出现故障时，关闭调压供风通道红色截断塞门，打开总风供风通道黄色截断塞门，开放向旅客列车供风的总风供风通道（风压 900 kPa），维持运行	双风管供风装置调压供风通道红色截断塞门位置（600 kPa）  与管路方向一致为“开放”位  与管路方向垂直为“关闭”位
注：HX_D3C 型电力机车处于无动力回送状态时，禁止附挂于双风管供风的列车回送		

17. 列车供电装置故障（见表 5–32）

表 5–32　列车供电装置故障

名称	列车供电装置故障
故障现象	一路或两路供电电压为 0 V，显示屏显示供电接地、过流故障、直流侧故障
注意事项	加强与车辆乘检联系，巡视机械间
处置位置	机械间供电柜 1、2

续表

<table>
<tr><th>步骤</th><th colspan="2">处理过程</th></tr>
<tr><td colspan="3">一路供电电压为 0 V</td></tr>
<tr><td>1</td><td>断开供电钥匙及主断路器，打开故障列车供电柜上方柜门，将供电控制箱转换开关转换到另一组，重新闭合主断路器及供电钥匙进行供电</td><td>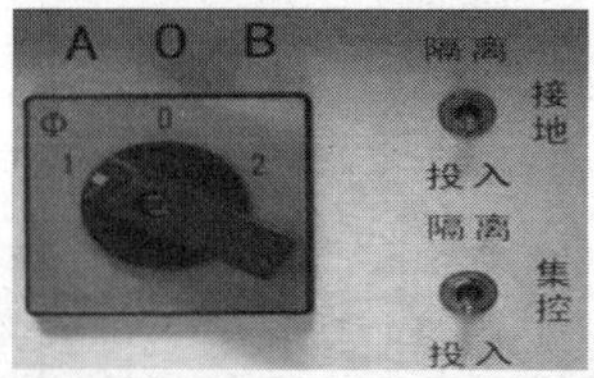

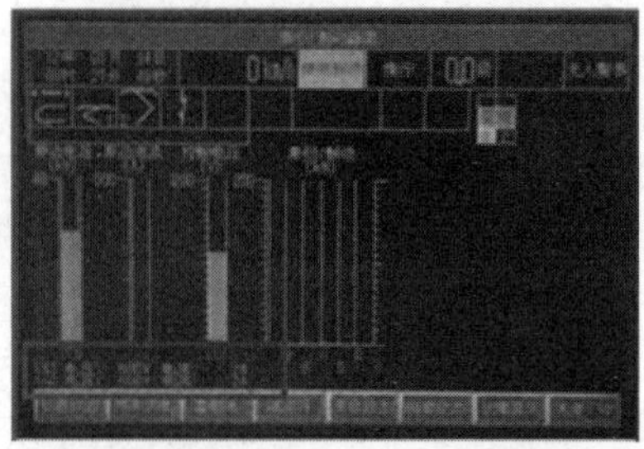

</td></tr>
<tr><td>2</td><td>如仍无 DC 600 V 电压输出，先断开供电钥匙及主断路器，将故障列车供电自动开关 QA48 或 QA49 断开 5 s 后再闭合，重新闭合主断路器及供电钥匙，进行供电</td><td>

</td></tr>
<tr><td>3</td><td colspan="2">如果仍不能消除故障，乘务员应再次确认微机屏有无“过流、接地”故障信息，如果没有“过流、接地”故障信息，说明是机车故障，只能单路供电，应立即与车辆乘务员互相签认并报告调度员，共同维护列车安全到站</td></tr>
<tr><td colspan="3">集控系统故障导致两路供电电压为 0 V</td></tr>
<tr><td>1</td><td colspan="2">机车与车辆连挂后，车辆请求供电。机车闭合供电钥匙后，显示屏却无两路 DC 600 V 供电显示。此时应先断开供电钥匙及主断路器（必要时降下受电弓），由机车乘务员与车辆乘检人员联系，确认对方已给出“客车供电申请”指令</td></tr>
</table>

续表

步骤	处理过程	
2	得到车辆乘务员“强供电”申请后，打开 1、2 端供电柜上方柜门，将“集控”扳键开关打到“隔离”位，重新（升起受电弓）闭合主断路器和供电钥匙，采取“强供电”，与车辆乘务员联系，确认车辆有无电压输出。 无效时，断开供电钥匙及主断路器，进行 A、B 组转换，重复上述操作进行供电	
3	若不能消除故障，先断开供电钥匙，再将列车供电 1、2 端自动开关 QA48、QA49 断开 3 min，然后闭合自动开关，再闭合供电钥匙，重新进行供电	
自行判断集控系统是否正常的方法	使用株所供电柜时，查看设备的 Z326 板上的 8A、8B 灯是否亮（当接收到客车供电请求信号时 8A 灯亮，当检测客车控制电压正常时 8B 灯亮）； 使用武汉正远供电柜时，查看设备的 DSP 模块上的 LDP 数字显示器。显示“00”时，说明供电请求正常；显示“32”时，说明无供电请求；显示“15”时，说明机车受电弓未升起或无网压 使利用 6A 系统列供监控显示屏时也可按以下方法判断集控系统是否正常：供电申请和客车电源有效指示灯亮，说明集控信号已给到机车	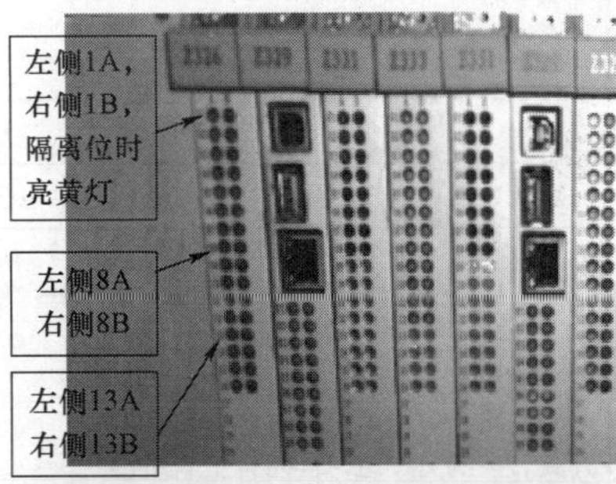 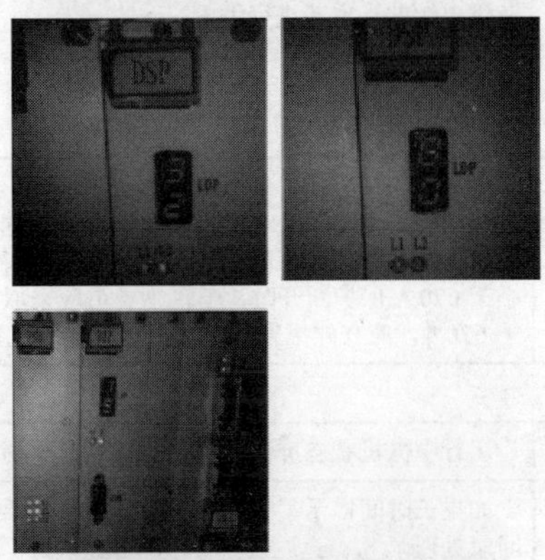 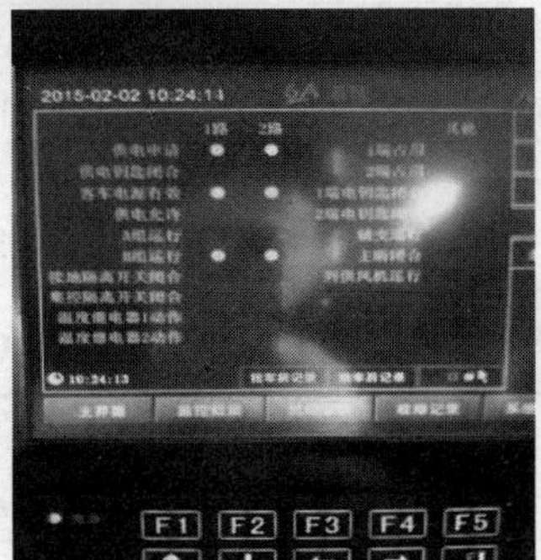

续表

步骤	处理过程
	供电系统接地故障
1	确认机车供电故障显示“列供接地”信息时，机车乘务员断开供电钥匙及主断路器，降下受电弓，联系相关作业人员（车辆乘检人员）按相关规定从机车上拆除供电重联线，机车乘务员重新启动列车供电系统，机车进行空载试验，双方乘务员共同确认机车微机屏提示的故障信息，如显示“机车空载试验良好，没有接地故障”，说明车辆有接地点
2	若车辆负载接地，机车乘务员断开供电钥匙及主断路器，降下受电弓。相关作业人员按相关规定接好机车与车辆间的供电重联线，机车乘务员配合车辆乘务员查找车辆接地点，车辆乘务员切除接地负载 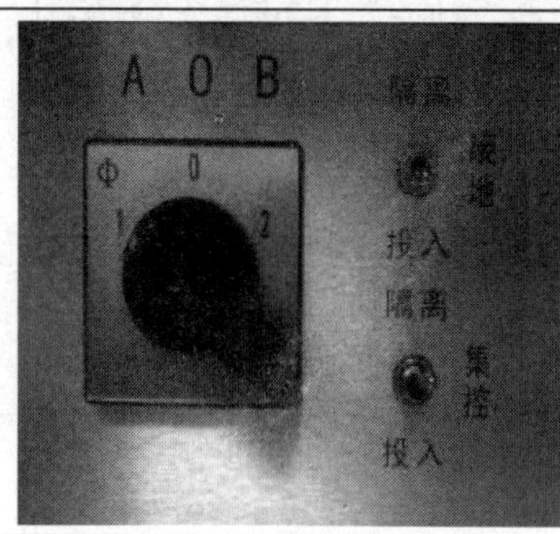
	过流故障
1	运行中发生过流故障时，应重新闭合供电钥匙一次，如能消除故障则继续运行
2	若频繁过流，断开供电钥匙及主断路器，将供电柜中的供电控制箱转换开关转换到另一组，再闭合主断路器及供电钥匙，重新进行供电 
3	如果机车仍显示“供电过流”，且显示的供电电流大于 670 A 时，机车乘务员重新启动列车供电系统，车辆乘务员逐台为车辆（仅对发生供电过流故障的支路）加载，机车乘务员观察供电电流表的变化。如加载到某一台车辆时供电电流突然上升，并显示“供电过流”，说明该车辆有短路的故障，应切除该故障车辆。当机车供电电流小于 670 A 保护断开时，车辆乘务员应采取临时措施，在满足乘客需求的情况下，减载运行。如果供电电流远小于 670 A，应立即报告调度员，请求更换机车
	直流侧过压故障
1	运行中微机状态屏偶尔提示直流侧过压时，如果能很快消除，属正常现象，无须处理
2	如果长时间提示某一路过压，应与车辆乘检人员联系，确认车辆 600 V 电压是否正常，如果正常则维持运行，回段处理
3	如果车辆 600 V 电压不正常，则通知车辆乘检人员将负载转至正常的一组，维持运行
注：供电接地故障复位，需要断开列车供电 1、2 端自动开关 QA48、QA49	

18. PG 传感器故障和小齿轮迟缓（见表 5–33）

表 5–33　PG 传感器故障和小齿轮迟缓

名称	PG 传感器故障和小齿轮迟缓
故障现象	显示屏报“速度传感器异常、某一台或五台电机小齿轮迟缓”，机车空转
故障原因	PG 传感器故障

续表

注意事项	在处理小齿轮迟缓故障维持运行时，密切关注走行部是否有异音
步骤	处理过程
1	“空转/滑行”指示灯闪亮，如果机车报“X 轴速度异常”，则切除相应轴继续运行 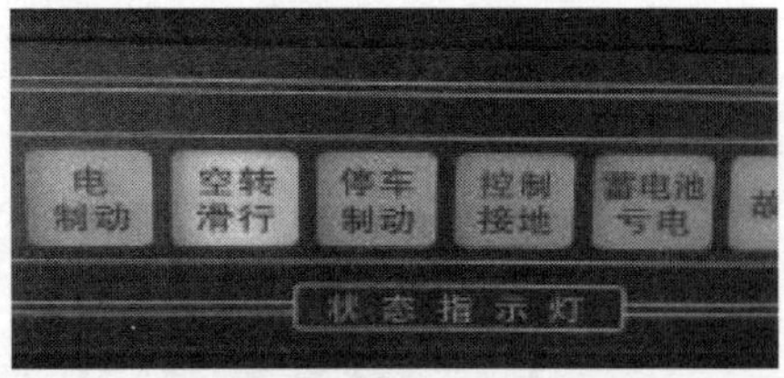
2	如果机车报“×轴小齿轮迟缓”，微机自动切除该轴的牵引力，此时司机确认走行部无异音后，可使用其余电机继续维持运行，回段处理
3	当机车报 5 个轴同时“小齿轮迟缓”时，微机会自动切除 5 个轴的牵引力，此故障多为没有报迟缓故障的电机的 PG 传感器故障导致的误报，由于微机保护，无法立即对 5 个电机进行恢复，故此时需停车，确认车下走行部无异常后，将微机控制开关 QA41、QA42 断开 10 s 后再闭合，重启微机，将没有报故障的电机切除后，维持运行 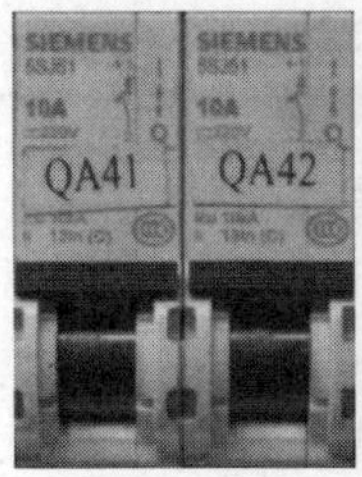 

19. LKJ 动作后机车无法缓解（见表 5–34）

表 5–34　LKJ 动作后机车无法缓解

名称	LKJ 动作后机车无法缓解
故障现象	遇信号突变、超速等异常情况，排风后机车可能出现无法正常缓解现象
处置位置	操纵台制动显示屏 、制动手柄、LKJ 显示屏
步骤	处理过程
1	排风后，司机在监控器提示“允许缓解”后，按“缓解”键，监控器应提示缓解成功，司机将制动手柄置“抑制”位 1 s 以上再拉回“运转”位，并注意观察制动屏下方对话框中故障提示是否消失  

续表

步骤	处理过程	
2	如果故障提示消失，机车仍无法正常缓解，司机应立即采用断蓄电池复位的操作程序，缩短故障处理时间	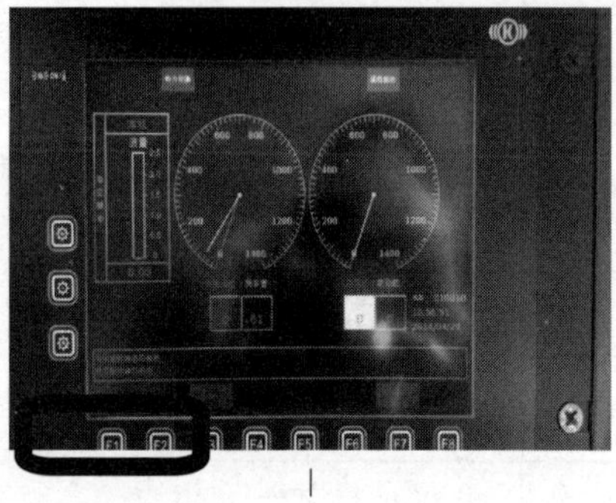

【考核评价】

1. 自我评价

① 自我考核：是否具备 HX_D3C 型电力机车常见故障的判断、分析、处理能力。

② 自我评价（见表 5–35）。

表 5–35　自我评价（每项满分为 10 分）

序　　号	评 价 内 容	得　　分	亮　　点
1	课前知识查阅、调研完成情况		
2	课前、课中与人协作沟通表现		
3	HX_D3C 型电力机车常见故障的分析、判断、处理情况		
4	课前、课中学习态度表现		

2. 小组评价（见表 5–36）

表 5–36　小组评价（每项满分为 10 分）

序　　号	评 价 内 容	得　　分	亮　　点
1	课中学习态度表现		
2	课前、课中与人协作沟通表现		
3	HX_D3C 型电力机车常见故障的分析、判断、处理情况		

3. 教师评价（见表 5–37）

表 5–37　教师评价（每项满分为 10 分）

序　号	评 价 内 容	得　分	亮　点
1	课前知识查阅、调研完成情况		
2	课中参与及协作情况		
3	掌握 HX_D3C 型电力机车常见故障的分析、判断、处理方法的效果		

【教师建议】

熟练掌握 HX_D3C 型电力机车常见故障的判断、分析、处理方法，熟知电路控制原理，在故障处理过程中确保人身安全。

项目 6

制动机检查试验技能训练

任务 6.1 DK–1 型电力机车制动机认知

【任务描述】

在实训教学中，需要一套 DK–1 型电力机车制动机实训系统。为了增强学生的认知，可将学生分成若干小组，以小组为单位进行 DK–1 型电力机车制动机组成部件的认知，使学生熟悉各部件的安装位置，并展开讨论。

【学习目标】

知识目标	认识 DK–1 型电力机车制动机实训系统中涉及的制动部件
能力目标	了解主要制动部件的作用，并能进行相关操作
素质目标	养成细致、认真的工作作风；养成独立分析问题的良好习惯

活动　制动机认知

【活动要点】：认知司机室和制动柜的主要制动部件。

以 SS_4 改型电力机车为例，认知司机操纵台、制动柜的主要制动部件。

1. 司机室

司机操纵台上设有电空制动控制器、空气制动阀、压力表、空电恢复指示灯与按钮、紧急停车按钮；司机操纵台左柜内设置单独制动调压阀、喇叭和撒砂电磁阀、分水滤气器、截断塞门；司机室右侧壁附近的制动管支管上设置有紧急制动阀；司机室后墙壁设置有手制动装置（操作手柄）。如图 6–1所示。

2. 制动柜（屏）

制动柜中主要有调压阀、无动力装置、工作风缸、紧急放风阀、电动放风阀、压力控制器、风压继电器、压力传感器、压力表、制动逻辑控制装置（DKL）、电空阀 、转换阀、压力开关、中继阀、重联阀、分配阀、控制风缸和滤尘器等部件，如图 6–2 所示。

1—电空制动控制器；2—空气制动阀；3—压力表；
4—空电恢复指示灯与按钮；5—紧急停车按钮；
(a) 司机操纵台

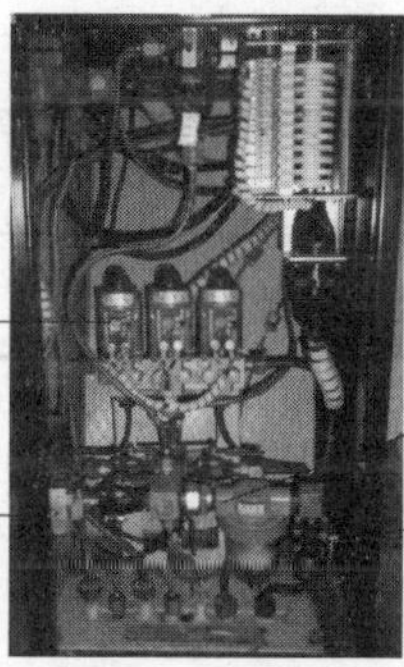

6—单独制动调压阀；7—喇叭和撒砂电磁阀；
8—分水滤气器；9—截断塞门；
(b) 司机操纵台左柜

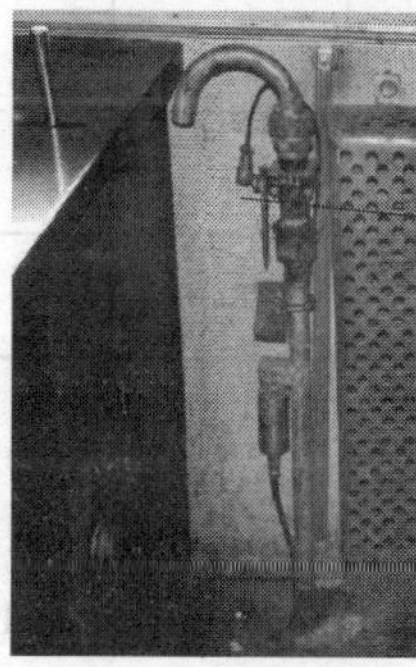

10—紧急制动阀；
(c) 司机室右侧壁

11—手制动装置（操作手柄）。
(d) 司机室后墙壁

图 6–1　SS_4 改型电力机车司机室

1、4、9—调压阀；2—无动力装置；3—工作风缸；5—紧急放风阀；6—电动放风阀；7—压力控制器；8—风压继电器；
10—压力传感器；11—压力表；12—制动逻辑控制装置（DKL）；13—电空阀；14、15—转换阀；
16、17—压力开关；18—中继阀；19—重联阀；20—分配阀；21—控制风缸；22—滤尘器。

图 6–2　SS_4 改型电力机车制动柜

【考核评价】

1. 自我评价

① 自我考核：描述 SS_4 改型电力机车主要制动部件。

② 自我评价（见表 6–1）。

表 6–1　自我评价（每项满分为 10 分）

序　号	评 价 内 容	得　分	亮　点
1	课前知识查阅、调研完成情况		
2	课前、课中与人协作沟通表现		
3	制动部件布置掌握情况		
4	课前、课中学习态度表现		

2. 小组评价（见表 6–2）

表 6–2　小组评价（每项满分为 10 分）

序　号	评 价 内 容	得　分	亮　点
1	课中学习态度表现		
2	课前、课中与人协作沟通表现		
3	制动部件布置掌握情况		

3. 教师评价（见表 6–3）

表 6–3　教师评价（每项满分为 10 分）

序　号	评 价 内 容	得　分	亮　点
1	课前知识查阅、调研完成情况		
2	课中参与及协作情况		
3	掌握制动部件布置的效果		

【教师建议】

在掌握 SS_4 改型电力机车主要制动部件的基础上，进一步探究各个部件之间的作用关系。

任务 6.2　DK–1 型电力机车制动机综合试验

【任务描述】

在实训教学中，需要一套 DK–1 型电力机车制动机实训系统。为了增强学生的操纵练习，可将学生分成若干小组，以小组为单位进行 DK–1 型电力机车制动机“八步闸”试验操作，使学生熟悉各操作步骤，并展开练习和讨论。

【学习目标】

知识目标	掌握 DK–1 型电力机车制动机“八步闸”试验操作步骤及各步检查内容
能力目标	能正确进行制动机试验操作，并且根据相关现象进行故障判断
素质目标	养成细致、认真的工作作风；养成根据理论分析实际问题的良好习惯

活动　DK–1 型电力机车制动机“八步闸”试验

【活动要点】：“八步闸”试验步骤及各步检查内容。

1. 试验前的准备工作

① 确认各管路和电路连接正确。

② 确认各塞门及有关电路开关处于正常工况。

③ 确认空气压缩机工作正常。

④ 确认非操纵节机车电空制动控制器处于“重联”位，空气制动阀处于“运转”位。操纵节机车两手柄均置“运转”位。

⑤ 确认两节机车空气制动阀上的“电空转换”扳键开关在“正常”位。

2. 试验步骤及检查要求

DK–1 型电力机车制动机“八步闸”试验如表 6–4 所示。

表 6–4　DK–1 型电力机车制动机“八步闸”试验

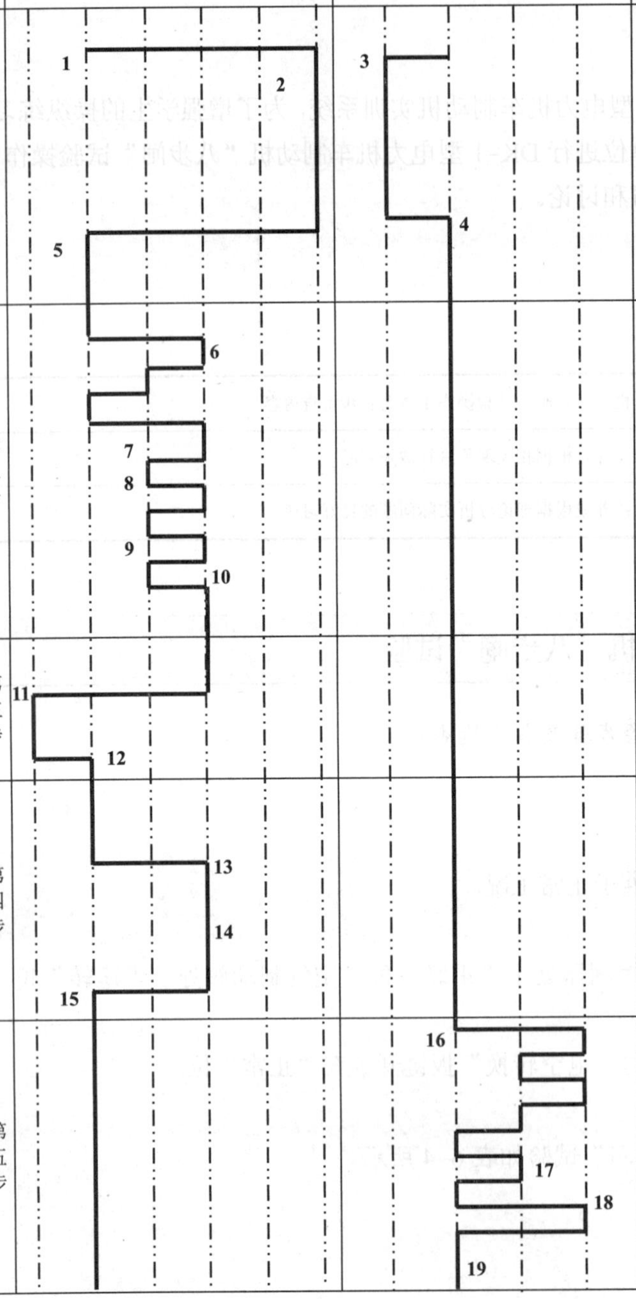

序号	电空制动控制器：过充位、运转位、中立位、制动位、重联位、紧急位	空气制动阀：缓解位、运转位、中立位、制动位	检查要求（制动管定压 500 kPa）
第一步			1. 制动管、均衡风缸、总风缸均为规定压力；制动缸压力为 0。 2. 制动管压力 3 s 内降为 0；制动缸压力 5 s 内升至 400 kPa，最高压力达到 450 kPa；自动撒砂；有级位时切除主断。 3. 同时下压手柄，制动缸压力应能缓解到 0。 4. 制动缸压力不得回升。 5. 制动管充压至 480 kPa 的时间在 9 s 内
第二步			6. 制动管减压 40～60 kPa 后，均衡风缸、制动管的泄漏量分别不大于 5 kPa/min、10 kPa /min。 7. 制动管减压 40～60 kPa，制动缸压力为 90～130 kPa。 8. 制动管减压 100 kPa，制动缸压力为 240～270 kPa。 9. 制动管减压 140 kPa，制动缸压力为 340～380 kPa。 10. 制动管减压 190～240 kPa，制动缸压力变化不大于 10 kPa/min
第三步			11. 均衡风缸压力为定压，制动管压力为过充压力（定压+30～40 kPa），制动缸不缓解。 12. 120～180 s 过充压力消除，制动管恢复定压，制动缸压力应缓解为 0
第四步			13. 均衡风缸减压 140 kPa 的时间为 5～7 s，制动缸压力升至 340～380 kPa 的时间为 6～8 s。 14. 关断分配阀供给塞门，制动缸的泄漏量不大于 10 kPa/min。 15. 制动缸压力由 340～380 kPa 降至 40 kPa 的时间不大于 7 s，均衡风缸、制动管恢复定压
第五步			16. 阶段制动作用应稳定、正常。 17. 阶段缓解作用应稳定、正常。 18. 制动缸压力由 0 升至 280 kPa 的时间不大于 4 s。 19. 制动缸压力由 300 kPa 降至 40 kPa 的时间不大于 5 s

续表

<table>
<tr><td rowspan="2">序号</td><td colspan="6">电空制动控制器</td><td colspan="4">空气制动阀</td><td rowspan="2">检查要求
（制动管定压 500 kPa）</td></tr>
<tr><td>过充位</td><td>运转位</td><td>中立位</td><td>制动位</td><td>重联位</td><td>紧急位</td><td>缓解位</td><td>运转位</td><td>中立位</td><td>制动位</td></tr>
<tr><td>第六步</td><td colspan="10">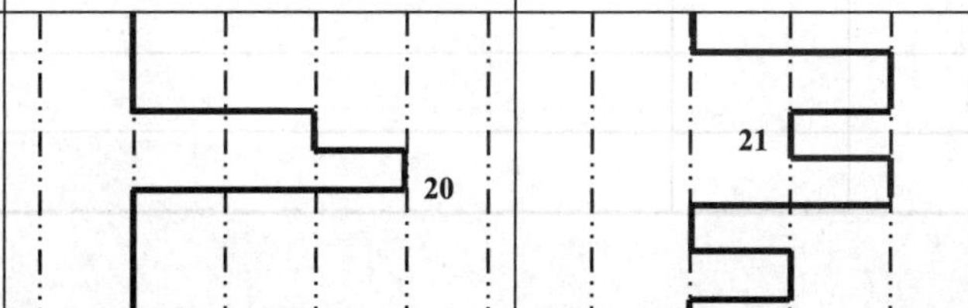</td><td>20. 均衡风缸、制动管应减压后保压。
21. 本务机车制动缸压力为 250 kPa 时，重联机车制动缸压力应为 225～275 kPa。
注：1～20 项检查中，重联机车制动机的制动与缓解应与本务机车制动机协调一致</td></tr>
<tr><td>第七步</td><td colspan="10">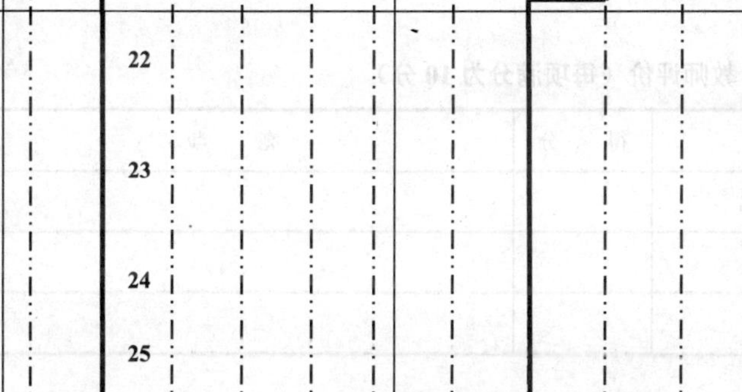</td><td>22. 按压“充气”按钮，均衡风缸与制动管压力同时上升，并超过定压 100 kPa；松开该按钮，迅速按下“消除”按钮，均衡风缸与制动管压力停止上升，并略有下降。
23. 司机控制器换向手柄置“制”位，调速手柄离开“0”位，制动管应减压（45±5）kPa，且制动缸升压；延时 20～28 s 后，制动管应自动恢复定压，制动缸压力自动缓解。
24. 开放制动管手动放风塞门，应产生紧急制动，并不得自动缓解。
25. 切断电空制动电源，应产生常用制动；闭合电源，制动机恢复正常</td></tr>
<tr><td>第八步</td><td colspan="6">空气位操作程序：
1. 将“电空转换”扳键开关扳至“空气”位；
2. 将调压阀调至定压；
3. “空气”位试验完毕后将“电空转换”扳键开关复位至“电空”位</td><td colspan="4">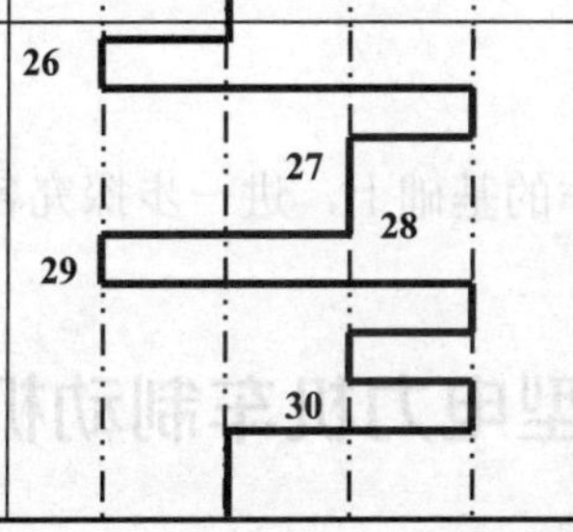</td><td>26. 同时下压手柄，制动管、均衡风缸皆为定压，制动缸压力为 0。
27. 均衡风缸减压 140 kPa 的时间为 5～7 s，制动缸压力升至 340～380 kPa 的时间为 6～8 s。
28. 下压手柄，制动缸压力应能缓解；停止下压手柄，制动缸压力停止下降。
29. 均衡风缸、制动管恢复定压。
30. 阶段制动作用应稳定</td></tr>
</table>

【考核评价】

1. 自我评价

① 自我考核：描述 DK–1 型电力机车电空制动机“八步闸”试验步骤及检查内容。

② 自我评价（见表 6–5）。

表 6–5　自我评价（每项满分为 10 分）

序　号	评 价 内 容	得　分	亮　点
1	课前知识查阅、调研完成情况		
2	课前、课中与人协作沟通表现		
3	“八步闸”试验操作熟练程度		
4	课前、课中学习态度表现		

2. 小组评价（见表 6–6）

表 6–6　小组评价（每项满分为 10 分）

序　号	评 价 内 容	得　分	亮　点
1	课中学习态度表现		
2	课前、课中与人协作沟通表现		
3	“八步闸”试验操作熟练程度		

3. 教师评价（见表 6–7）

表 6–7　教师评价（每项满分为 10 分）

序　号	评 价 内 容	得　分	亮　点
1	课前知识查阅、调研完成情况		
2	课中参与及协作情况		
3	“八步闸”试验操作熟练程度		

【教师建议】

在熟练掌握“八步闸”试验操作的基础上，进一步探究各步骤检查内容的相关原理。

任务 6.3　DK–1 型电力机车制动机常见故障处理

【任务描述】

在实训教学中，需要一套 DK–1 型电力机车制动机实训系统。为了增强学生的操纵练习及协作、分析能力，可将学生分成若干小组，以小组为单位进行 DK–1 型电力机车制动机故障分析及处理，使学生熟悉各操作步骤，并展开练习和讨论。

【学习目标】

知识目标	能够利用综合制动相关原理进行 DK–1 型电力机车制动机制动故障判断
能力目标	能正确进行制动机试验操作，并且根据相关现象进行故障判断及处理
素质目标	养成细致、认真的工作作风；养成利用理论分析实际问题的良好习惯

活动 DK–1 型制动机综合故障判断及处理方法

【活动要点】：运用综合制动原理分析故障原因，并进行正确处理。

故障 1

故障现象：电空制动控制器和空气制动阀均在“运转”位，均衡风缸和列车管无压力或达不到定压。

故障原因：

① 14ZK 跳开或电源线折断开路。

② 操纵端空气制动阀微动开关 471（472）接点不良。

③ 操纵端空气制动阀上的“电空转换”扳键开关在“空气”位。

④ 电空制动控制器 801（802）线至 803 线间接点不良。

⑤ 缓解电空阀 258 本身不良。

⑥ 紧急阀上微动开关 469 未断开。

⑦ 转换阀 153 在“空气”位。

⑧ 调压阀 55 无压力输出或输出压力低于定压。

⑨ 缓解电空阀 258 出风口至均衡风缸管通路堵塞。

⑩ 塞门 157 未开。

处理方法：

① 合上自动开关 14ZK，使有关的微动开关及电接点接触良好。

② 将空气制动阀上的“电空转换”扳键开关转换至“电空”位。

③ 若需要还应将气阀柜上的转换阀 153 转换至“正常”位。

④ 打开气阀柜上的塞门 157，并将调压阀 55 的输出压力调到列车管的定压。

⑤ 如果条件不允许对有关的电接点进行处理，可将系统转换至“空气”位维持运行一段时间后再处理。

故障 2

故障现象：电空制动控制器和空气制动阀均在“运转”位，均衡风缸定压，列车管无压力。

故障原因：

① 中继阀的总风缸管塞门 114 关闭。

② 中继阀列车管塞门 115 关闭。

③ 中继阀的总风遮断阀卡死，打不开。

④ 中立电空阀 253 卡住，不释放。

⑤ 中继阀的均衡风缸管堵。

处理方法：

① 开放塞门 114 或 115。

② 转动中立电空阀 253 阀杆，使其释放（有电时将其电源线拆除并用绝缘物包扎好）。若无效，可将气阀柜后面的中立电空阀 253 与总风遮断阀相连接的管子卸开后再堵上。

③ 轻轻振动中继阀的总风遮断阀使其打开。若无效，则可卸去端盖，抽去弹簧和阀，维持运行回段。

④ 若故障原因为中继阀均衡风缸管堵塞时，必须将其疏通才能向列车管充风，这种情况可维持运行回段。

故障 3

故障现象：电空制动控制器在“运转”位，均衡风缸定压。列车管表针来回摆动，气阀柜处有大的排风声。

故障原因：

① 紧急阀 95 的放风阀口未关闭。

② 电动放风阀的放风阀口未关闭，或紧急电空阀 94YV 卡住，不释放。

③ 中继阀排气阀口未关严。

处理方法：

① 关塞门 116 后，在运行中应注意列车管压力表的指示，若有大的摆动应立即断电，迅速将电空制动器移至“中立”位或“紧急制动”位，以切断列车管的补风源。

② 关塞门 117 后，电空制动控制器“紧急制动”位无效，紧急制动时需开放副司机侧的塞门 121 或 122，施行紧急制动。

故障 4

故障现象：电空制动控制器在“过充”位，均衡风缸定压，列车管无过充压力。

故障原因：

① 电空制动控制器上的 801（802）线至 805 线的接点不良。

② 过充电空阀 252 本身故障。

③ 排风 2 电空阀 256 卡住，不释放。

④ 中继阀过充气管堵塞，或过充柱塞卡。

⑤ 过充气缸排风缩堵丢失。

处理方法：

不用“过充”位，有条件时再处理不良处所，使其功能恢复。

故障 5

故障现象：电空制动控制器置“紧急制动”位，不产生紧急制动作用。

故障原因：

① 电空制动控制器上的 801（802）线至 804 线的接点不良。

② 紧急电空阀 94YV 接线松脱或故障。

③ 电动放风阀 94 故障（如橡胶膜板破损、放风阀卡住等）或 117 塞门关闭。

④ 气阀柜上的 158 塞门关闭。

处理方法：

① 若为第①项故障原因，运行中需紧急制动时，应立即按压副司机侧的“紧急停车”按钮，有条件时再处理不良接点。

② 若为后三项故障原因，应将关闭了的塞门打开或将接线接好。当故障不能排除时，可维持运行，需紧急制动时，应迅速打开副司机侧的放风塞门 121（122），直接将列车管与大气连通，使全列车产生紧急制动作用。

故障 6

故障现象：电空制动控制器置“紧急”位，均衡风缸和列车管压力减压正常，机车制动缸无压力。

故障原因：

① 分配阀主阀部膜板破裂。

② 分配阀 123 供给塞门关闭。

③ 分配阀均衡活塞膜板破裂。

④ 机车制动缸塞门 119 和 120 同时关闭。

处理方法：

① 开放分配阀上的 123 供给塞门或机车制动缸塞门 119、120。

② 若为第①项原因，如果空气制动阀有效，则维持运行，回段后处理。

故障 7

故障现象：制动前电空制动控制器置“中立”位，均衡风缸和列车管正常速度减压。

故障原因：

① 操纵端电空制动控制器上的 801（802）线至 807 线的接点不良。

② 压力开关 209 上接点不良。

故障处理：

① 为第①项故障原因时，应打磨其不良接点。当条件不允许时，可转换至“空气”位操纵，维持运行。

② 为第②项故障原因时，可暂不处理，操纵中只是没有“制动前的中立位”这一功能，不影响列车运行。

故障 8

故障现象：电空制动控制器置“制动”位后，均衡风缸不减压。

故障原因：

① 缓解电空阀 258 卡住，不释放。

② 压力开关 209 膜板严重破损。

③ 缓解电空阀 258 与初制动风缸间的通路堵塞。

处理方法：

① 为第①项故障原因时，应转动阀杆使其释放。若卡住不释放时，可转“空气”位操纵，同时也应将气阀柜上的转换阀 153 转换至“空气”位。

② 为后两项故障原因时，可转“空气”位操纵，同时也应将气阀柜上的转换阀 153 转换至“空气”位。

③ 为第③项故障原因时，也可不转换。

故障 9

故障现象：电空制动控制器置 “制动”位，常用减压时产生紧急制动作用。

故障原因：

① 紧急阀 95 故障。

② 均衡风缸容积减少或均衡风缸处的均衡风缸管堵塞。

③ 均衡风缸处的均衡风缸管半堵塞。

处理方法：

① 为第①项故障原因时，可将气阀柜处的塞门 116 关闭，切除紧急阀 95，维持运行。运行中应注意：由于列车分离断钩保护功能随塞门 116 的关闭而被切除，司机应随时注意列车管表针的显示状态，发现列车管表针有较大的波动，同时总风缸压力急剧下降时，应迅速切断机车的动力源，并将电空制动控制器手柄置“中立”位。

② 为后两项故障原因时，必须对症处理好后，方可继续运行。

故障 10

故障现象：电空制动控制器由“制动”位回到“中立”位，均衡风缸继续减压。

故障原因：

① 制动电空阀 257 接线松脱或故障。

② 均衡风缸或均衡风缸管泄漏。

处理方法：

① 为第①项故障原因时，应接好松脱的接线；若不能解决问题则转“空气”位操纵，维持运行。若机车作为重联附挂，而制动电空阀 257 故障未修好时，应将气阀柜上的中继阀

列车管塞门 115 关闭。

② 为第②项故障原因时，应根据泄漏量的大小分别处理：泄漏量小时，可暂不处理，维持运行回段；泄漏量大时，必须找出泄漏处所，处理好后方可继续运行。

故障 11

故障现象：电空制动控制器由“制动”位回“中立”位后，均衡风缸恢复定压。

故障原因：

① 缓解电空阀 258 的下阀口因密封不严而漏风，或压力开关 208、209 的膜板小漏风。

② 压力开关 209 故障，致使微动开关 467 的上接点未断开。

处理方法：

① 处理未断开的微动开关 467 的上接点，有条件时更换出现故障的压力开关 208 和 209。

② 运行中应转“空气”位操纵，维持运行。注意，必须将气阀柜上的转换阀 153 转换至“空气”位，否则在“空气”位操纵也有相同的故障现象。

故障 12

故障现象：电空制动控制器由“制动”位回到“中立”位后，机车制动缸不保压。

故障原因：

① 电空阀 254 的下阀口因密封不严而漏风。

② 分配阀的容积室或安全阀、作用管或空气制动阀的单独缓解阀有泄漏处所。

处理方法：

找出泄漏处所，处理好后方可继续运行。若一时找不到泄漏处所，可继续维持运行。单机运行时，注意控制好速度，并做好随时使用电阻制动的准备，掌握好制动距离，防止越过停车目标。

故障 13

故障现象：空气制动阀置“制动”位，制动缸压力不升。

故障原因：

① 操纵端空气制动阀处的调压阀管堵塞。

② 操纵端司机室的 127（128）塞门关闭，或司机室地板处的调压阀总风支管堵塞。

③ 调压阀 53（54）故障，无压力输出。

④ 作用管堵塞（可分为分配阀处堵塞或分配阀至空气制动阀的作用管堵塞）。

处理方法：

① 打开司机室的 127（128）塞门，用调压阀 53（54）调整至列车管的规定压力。

② 作用管堵塞时，可用电空制动控制器操纵，但应将分配阀上的 156 塞门开放。

③ 为调压阀管堵塞时，在有条件的情况下应将其疏通，来不及疏通时可用电空制动控制器操纵（需缓解机车制动时，可用单独缓解阀来实现）；若此时必须转换至“空气”位操纵，必须将其疏通，否则无法向均衡风缸充风。

故障 14

故障现象：空气制动阀置“制动”位，机车制动缸压力超过 300 kPa。

故障原因：

① 调压阀 53（54）调整压力过高或故障。

② 调压阀 53（54）反装。

处理方法：

① 正确安装调压阀，并将其输出压力调整至规定值。

② 如属调压阀故障，可用非操纵端的调压阀更换。来不及更换时，可用电空制动控制器操纵，维持运行，回段处理。

故障 15

故障现象：空气制动阀置“制动“位，制动缸压力上升慢。

故障原因：

① 空气制动阀转换柱塞阀没有转换到位。

② 电空阀 254YV 的下阀口因密封不严而漏风。

故障处理：

① 将“转换”扳钮扳向“电空”位。

② 自阀置“运转”位，将单阀在“制动”位和“运转”位之间反复移动几次，使电空阀 254YV 反复动作，利用排风清扫异物。操纵时应密切注意，可维持回段处理。

故障 16

故障现象：电空制动控制器在“过充”位或“运转”位，空气制动阀置“制动”位，制动缸压力只能上升一点，空气制动阀手柄移回“中立”位后，制动缸压力迅速下降至零。

故障原因：

① 分配阀上的缓解塞门 156 未关闭，或其连接风管大漏。

② 分配阀上的安全阀丢失或大漏。

③ 分配阀的容积室及作用管大漏。

处理方法：

① 当分配阀上的缓解塞门 156 未关闭时，应将其置“关闭”位。若来不及关闭或管路大漏时，可用电空制动控制器直接操纵机车（也可在常用制动后，电空制动控制器手柄不回

“运转”位而放在“中立”位)，再用空气制动阀即可控制机车的制动、保压和缓解。

② 为后两项故障原因时，应查找泄漏处所，处理好后方可继续运行；否则应请求救援。

故障 17

故障现象：机车挂车完毕后，电空制动控制器置“中立”位，开放机车折角塞门时，机车不产生紧急制动作用。

故障原因：

① 操纵端电空制动控制器的 801（802）线至 806 线的接点不良。

② 气阀柜上转换开关 463 接线松脱、接点不良或处于“断开”位。

处理方法：

将气阀柜 502 开关板上的转换开关 463 置“不补风”位（向下位置)，打磨不良接点，接好松脱接线。条件不允许时，可暂不处理，维持运行，操纵中应尽量采用“短波浪”的制动方法，防止列车管因泄漏后系统向其补风而造成车辆发生自然缓解。

故障 18

故障现象：电空制动控制器置“运转”位，紧急阀、电动放风阀排风，机车发生紧急制动，手柄若有级位则跳主断。

故障原因：列车分离，车长拉阀或摘解风管造成制动管急剧降压而引起紧急阀动作。

处理方法：

① 电空制动控制器置“重联”位（或“紧急”位）15 s 后回“运转”位，即可闭合主断，使列车管充风。

② 如列车管仍不充风，关闭安全保护钮子开关 464QS。

故障 19

故障现象：常用制动减压 80～100 kPa 时起紧急制动作用。

故障原因：紧急阀 95 的缩堵Ⅰ或Ⅱ中任一个堵塞或半堵。

处理方法：

紧急制动停车后，关闭紧急阀列车管 116 塞门。自阀置“重联”位 15 s 后，回“运转”位即可充风。此时应注意减压量，随时注意制动管压力变化。

【考核评价】

1. 自我评价

① 自我考核：是否能够进行相应故障处理。

② 自我评价（见表6–8）。

表6–8 自我评价（每项满分为10分）

序 号	评价内容	得 分	亮 点
1	课前知识查阅、调研完成情况		
2	课前、课中与人协作沟通表现		
3	相关故障分析及故障处理操作熟练程度		
4	课前、课中学习态度表现		

2. 小组评价（见表6–9）

表6–9 小组评价（每项满分为10分）

序 号	评价内容	得 分	亮 点
1	课中学习态度表现		
2	课前、课中与人协作沟通表现		
3	相关故障分析及故障处理操作熟练程度		

3. 教师评价（见表6–10）

表6–10 教师评价（每项满分为10分）

序 号	评价内容	得 分	亮 点
1	课前知识查阅、调研完成情况		
2	课中参与及协作情况		
3	相关故障分析及故障处理操作熟练程度		

【教师建议】

在熟练掌握“八步闸”试验操作及检查内容的基础上，进一步探究故障背后的原因。

任务 6.4　CCBⅡ型电力机车制动机认知

【任务描述】

在实训教学中，需要一套 CCBⅡ型电力机车制动机实训系统。为了增强学生的认知，可将学生分成若干小组，以小组为单位进行 CCBⅡ型电力机车制动机组成部件认知，使学生熟悉各部件的安装位置并展开讨论。

【学习目标】

知识目标	认识 CCBⅡ型电力机车制动机实训系统中涉及的制动部件
能力目标	了解主要制动部件的作用，并能进行相关操作
素质目标	养成细致、认真的工作作风；养成独立分析问题的良好习惯

活动　制动机认知

【活动要点】：认知司机室和机械间的主要制动部件。

1. 司机室

司机室内安装有电子制动阀（EBV）、停放制动按钮、制动显示屏（LCDM）、6A 系统音视频显示终端、双针压力表（D66、D67）、紧急制动按钮、紧急制动阀等部件，如图 6–3 所示。

1—电子制动阀（EBV）；2—停放制动按钮；3—制动显示屏（LCDM）；4—6A系统音视频显示终端；5—双针压力表（D66、D67）；6—紧急制动按钮；

(a) 司机操纵台

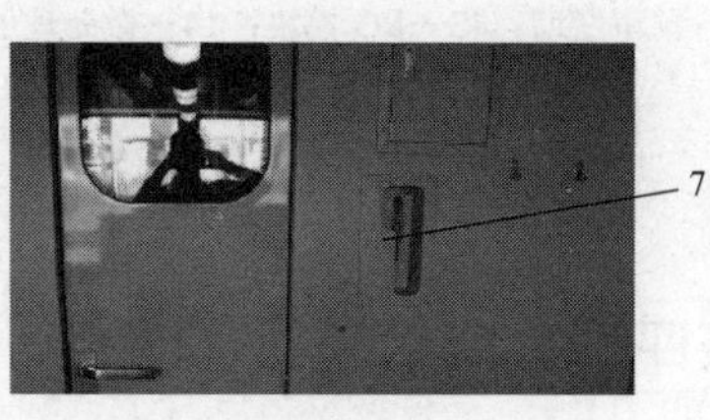

7—紧急制动阀。

(b) 司机室后墙

图 6–3　HX_D3C 型电力机车司机室制动部件布置

2. 机械间

机械间设置有制动柜（屏），制动柜（屏）主要包括控制部分部件和辅助功能控制部分部件。控制部分主要有电空控制单元（EPCU）、升弓控制模块、调压器模块、紧急放风控制模块、I/O 模块、微处理器模块（IPM）、继电器接口模块（RIM）、停放制动辅助控制模块、撒砂控制模块、弹簧停放制动控制模块、制动缸切除控制模块等；辅助功能控制部分主要有辅助空气压缩机、辅助干燥器、干燥风缸、总风截断塞门、升弓钥匙塞门接口、辅助空气压缩机按钮等部件，如图 6–4 所示。

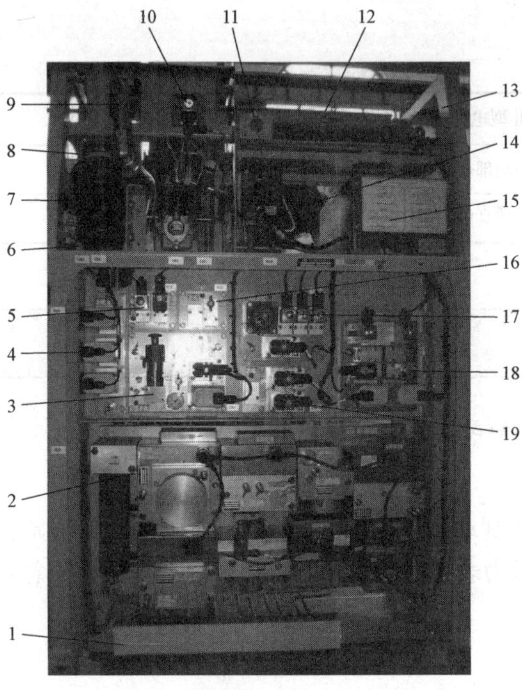

1—气路接口；2—电空控制单元（EPCU）；3—升弓控制模块；4—调压器模块；5—紧急放风控制模块；6—辅助空气压缩机；7—辅助干燥器；8—干燥风缸；9—总风截断塞门；10—升弓钥匙塞门接口；11—辅助空气压缩机按钮；12—预留空间；13—I/O 模块；14—微处理器模块（IPM）；15—继电器接口模块（RIM）；16—停放制动辅助控制模块；17—撒砂控制模块；18—弹簧停放制动控制模块；19—制动缸切除控制模块。

图 6–4　HX_D3C 型电力机车制动柜

【考核评价】

1. 自我评价

① 自我考核：描述 CCB Ⅱ型电力机车主要制动部件的布置情况。

② 自我评价（见表 6–11）。

表6–11　自我评价（每项满分为10分）

序　　号	评 价 内 容	得　　分	亮　　点
1	课前知识查阅、调研完成情况		
2	课前、课中与人协作沟通表现		
3	CCBⅡ型电力机车主要制动部件布置掌握情况		
4	课前、课中学习态度表现		

2. 小组评价（见表6–12）

表6–12　小组评价（每项满分为10分）

序　　号	评 价 内 容	得　　分	亮　　点
1	课中学习态度表现		
2	课前、课中与人协作沟通表现		
3	CCBⅡ型电力机车主要制动部件布置掌握情况		

3. 教师评价（见表6–13）

表6–13　教师评价（每项满分为10分）

序　　号	评 价 内 容	得　　分	亮　　点
1	课前知识查阅、调研完成情况		
2	课中参与及协作情况		
3	掌握CCBⅡ型电力机车主要制动部件布置的效果		

【教师建议】

在掌握CCBⅡ型电力机车主要制动部件的基础上，进一步探究各个部件之间的作用关系。

任务 6.5　CCB Ⅱ型电力机车制动机综合试验

【任务描述】

在实训教学中，需要一套 CCB Ⅱ型电力机车制动机实训系统。为了增强学生的操纵练习，可将学生分成若干小组，以小组为单位进行 CCB Ⅱ型电力机车制动机“五步闸”试验操作，使学生熟悉各操作步骤，并展开练习和讨论。

【学习目标】

知识目标	掌握 CCB Ⅱ型电力机车制动机“五步闸”试验操作步骤及各步骤的检查内容
能力目标	能正确进行制动机试验操作，并根据相关现象进行故障判断
素质目标	养成细致、认真的工作作风；养成根据理论分析实际问题的良好习惯

活动　CCB Ⅱ型电力机车制动机“五步闸”试验

【活动要点】:“五步闸”试验步骤及相应检查内容。

1. 试验前的准备工作

① 制动显示屏初始化正常，模式设置为本机、货车、不补风，管压为 500 kPa（客车 600 kPa）。

② 确认总风缸压力为 750～900 kPa，均衡风缸、制动管压力为 500 kPa，制动缸压力为 0。

③ 缓解弹停装置，确认弹停指示灯熄灭、弹停指示器为绿色。

④ 电子制动阀（EBV）自动制动手柄、单独制动手柄置 “运转”位。

2. 试验步骤及检查要求

“五步闸”试验程序及检查内容如表 6–14 所示。

表 6–14 “五步闸”试验程序及检查内容

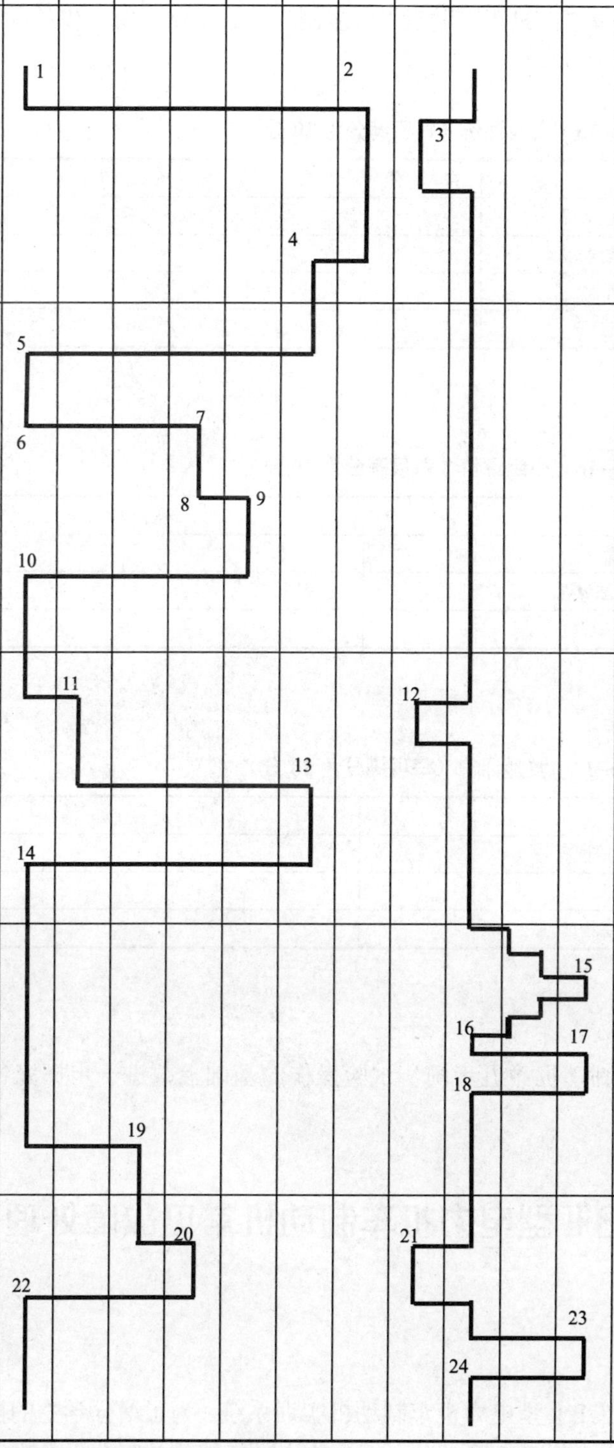

步骤	设置	自动制动手柄							单独制动手柄				检查内容
		运转位	初制位	制动	全制	抑制	重联	紧急	侧缓	运转	制动	全制	
1	本机/不补风												1. 总风缸压力为 750～900 kPa，制动缸压力为 0，均衡风缸压力为 500 kPa，列车管压力为 500 kPa。 2. 列车管压力在 3 s 内降为 0，制动缸压力在 3～5 s 内升至 200 kPa，并继续增压至 450 kPa；均衡风缸压力降为 0，紧急制动倒计时 60 s 开始。 3. 制动缸压力下降为 0，手柄复位后制动缸压力恢复。 4. 60 s 倒计时结束后操作，列车管、均衡风缸、制动缸压力不变
2	本机/不补风												5. 均衡风缸增压至 500 kPa、列车管增压至 480 kPa 的时间不大于 9 s，制动缸压力下降为 0。 6. 等 60 s 使系统各风缸充满风。 7. 均衡风缸在 5～7 s 减压到 360 kPa，列车管减压到均衡风缸压力±10 kPa，制动缸 6～8 s 增压到 360 kPa。 8. 保压 1 min，均衡风缸压力泄漏不大于 7 kPa，列车管压力泄漏不大于 10 kPa，制动缸压力变化不大于 25 kPa。 9. 各压力无变化。 10. 均衡风缸增压至 500 kPa，列车管压力增至 500 kPa，制动缸压力下降为 0
3	本机/不补风												11. 充满风后，均衡风缸减压 50 kPa，列车管减压到均衡风缸压力±10 kPa，制动缸增压到 70～110 kPa。 12. 制动缸压力下降为 0，手柄复位后制动缸压力不恢复。 13. 均衡风缸压力以常用制动速率降为 0，列车管减压至 55～85 kPa 后保持，制动缸增压至 450 kPa。 14. 均衡风缸增压至 500 kPa，列车管压力增至 500 kPa，制动缸压力下降为 0
4	本机/不补风												15. 阶段制动，制动缸压力阶段上升；全制动时制动缸压力为 300 kPa。 16. 阶段缓解，制动缸压力阶段下降；“运转”位时制动缸压力下降为 0。 17. 制动缸压力在 2～3 s 上升到 280 kPa，最终为（300±15）kPa。 18. 制动缸压力在 3～5 s 降到 35 kPa 以下。 19. 均衡风缸减压 100 kPa，列车管减压到均衡风缸压力±10 kPa，制动缸增压到 230～250 kPa
5	单机												20. 均衡风缸减压 140 kPa，列车管压力保持不变，制动缸压力保持不变。 21. 制动缸压力下降为 0，手柄复位后制动缸压力不恢复。 22. 均衡风缸增压至 500 kPa，列车管压力保持不变，制动缸压力保持不变。 23. 制动缸压力在 2～3 s 上升到 280 kPa，最终为 300 kPa。 24. 制动缸压力在 3～5 s 降到 35 kPa 以下

注：试验完毕，机车恢复本机/不补风状态设置。

【考核评价】

1. 自我评价

① 自我考核：描述CCBⅡ型电力机车制动机“五步闸”试验步骤及每一步的检查内容。

② 自我评价（见表6–15）。

表6–15　自我评价（每项满分为10分）

序　号	评价内容	得　分	亮　点
1	课前知识查阅、调研完成情况		
2	课前、课中与人协作沟通表现		
3	“五步闸”试验操作熟练程度		
4	课前、课中学习态度表现		

2. 小组评价（见表6–16）

表6–16　小组评价（每项满分为10分）

序　号	评价内容	得　分	亮　点
1	课中学习态度表现		
2	课前、课中与人协作沟通表现		
3	“五步闸”试验操作熟练程度		

3. 教师评价（见表6–17）

表6–17　教师评价（每项满分为10分）

序　号	评价内容	得　分	亮　点
1	课前知识查阅、调研完成情况		
2	课中参与及协作情况		
3	“五步闸”试验操作熟练程度		

【教师建议】

在掌握CCBⅡ型电力机车制动机“五步闸”试验操作的基础上，进一步探究各步骤的检查内容。

任务6.6　CCBⅡ型电力机车制动机常见故障处理

【任务描述】

在实训教学中，需要一套CCBⅡ型电力机车制动机实训系统。为了增强学生的操纵练习及协作、分析能力，可将学生分成若干小组，以小组为单位进行常见故障分析处理，使学生熟悉各操作步骤，并展开练习和讨论。

【学习目标】

知识目标	能够利用综合制动相关原理进行 CCBⅡ型电力机车制动机常见故障判断
能力目标	能正确进行制动机试验操作，并根据相关现象进行故障判断及处理
素质目标	养成细致、认真的工作作风；养成根据理论分析实际问题的良好习惯

活动 常见故障分析、判断及处理方法

【活动要点】：① 了解与 CCBⅡ型电力机车制动机电子空气制动（EAB）操作有关的机车故障症状及处理方法。

② 了解 IPM 诊断/故障代码的含义及处理措施。

1. 与 EAB 操作有关的机车故障

与 CCBⅡ型电力机车制动机电子空气制动（EAB）操作有关的机车故障症状如表 6–18 所示。

表 6–18 与 CCBⅡ型电力机车制动机电子空气制动（EAB）操作有关的机车故障症状

症状	故障排除步骤
空气制动故障（air brake fault）	显示器将显示一个三位数故障代码，在代码后显示英文提示。记下这个三位数故障代码，并查阅 IPM 诊断/故障代码表，寻找改正措施
系统不自检	显示器将显示一个四位数故障代码，在代码后显示本故障提示信息。记下这个四位数故障代码，并查阅“EAB 自检故障代码”，寻找改正措施
动力切除开关（PCS）不能清除或不能缓解制动	（1）放置自动制动手柄在“抑制”位并等待处罚清除。如果“Penalty Source Still Present（处罚来源仍存在）”信息出现，将有必要复位处罚来源。处罚来源被复位后，移动自动制动手柄到“运转”位。检查并确认 ER 和 EP 两个压力是否都升高。如果 ER 压力升高而 BP 压力不升高，见症状“不能给制动管充风”。如果 ER 压力和 BP 压力确实升高，或者如果二者都不升高，到步骤（2）。 （2）保证司机控制器主手柄在“隔离”位而换向器手柄在“中间”位。放置自动制动手柄在“抑制”位并监测诊断追踪信息。给微处理器模块（IPM）加动力周期。检查并确认在 IPM 上电过程中“PCS Negated”信息是否出现。如果“PCS Negated”出现在追踪信息中，但是机车 PCS 灯仍亮着，须更换 IPM。如果问题还存在，则更换继电器接口模块（RIM），并从 IPM 经 RIM 到机车 PCS 检查接线的连续性。如果“PCS Negated”没有出现在追踪信息中，说明一个“紧急”或“处罚”来源是活动的，必须将其清除
不能给制动管充风	（1）保证机车设置是“牵引车接入”。移动自动制动手柄到“运转”位。保证 ER 充风到缓解设置（60～110 psi）。如果 ER 不充风，见症状“动力切除（PCS）开关不能清除或不能缓解制动”。 （2）隔离机车（关闭端角塞门）并重复步骤（1）。如果 BP 现在充风但以前不充风，检查列车是否泄漏，或没有连接。 （3）至少 10 次“急剧地”放置电子制动阀（EBV）自动制动手柄到“紧急”位，复位紧急制动，并移动自动制动手柄到“运转”位。如果 BP 压力升高，说明问题由 EBV 上 21 放风阀卡住引起。 （4）如果 BP 压力向 ER 压力升高，但是达不到 ER 压力（在 EPCU 听到空气吹动之声），则更换 BPCP（可能是继电器脏）。如果 BP 压力根本不升高，则更换 IPM（可能是二进制输出故障）
在机车上自动制动不能被单独缓解	（1）保证平均管塞门是关闭的。 （2）运行 CCBⅡ自检。如果自检通过，则更换 EBV（可能是单独缓解开关/总线故障）。如果自检未通过，报告故障代码，寻找改正措施

续表

症状	故障排除步骤
当有电阻制动时，自动制动不单独缓解。	把机车放在电阻制动位置 1，并保证 DBI 阀接线盒在 BC 部分有电压。测量空气制动接线盒端子 47 和 48（电缆解）的电压。如果电压为零，问题不在空气制动系统。如果电压不为零，则须更换制动缸控制部分（可能是 DBI 电磁阀故障）
不能建立制动缸压力	（1）保证机车被设置到“本机投入”，保证转向架制动缸是接入的。 （2）用自动制动手柄进行制动作用，注意制动管压力是否降低。 （3）在制动缸控制部分检查是否有空气吹动之声，如果没有，从 EPCU 总管到转向架制动缸检查机车管路的完整性
不能进入空气制动远程对话（自检、标定、事件记录等）	保证主手柄位于“隔离”位
LCDM 变黄，LED 显示管闪烁	LCDM 重新启动。如果不能解决问题，则更换 LCDM

2. IPM 故障/诊断代码（见表 6–19）

表 6–19　IPM 故障/诊断代码

故障代码	描述	被……探测	故障原因	改正措施	若问题尚存，请尝试：
001	ERCN 故障	IPM	ERCN 脉冲损失 4 s	可以在备份模式下作为牵引机车使用，直到进车间，运行中应保证 ERCP 模块的 LON 电缆安装牢固。断电恢复	检查 ER 控制节点上的黄灯，如果黄灯稳定或闪烁，则重装程序或更换 ERCP。如果动力重启后红灯仍亮，则更换 ERCP
002	ERCP AW4 故障	ERCP	ER>825 或在 10 s 内压力不在 –35～35 kPa 范围内	可以在备份模式下作为牵引机车使用，直到进车间。进行 ER 自检。如果自检通过，断电恢复来清除备份模式；如果失败，则更换 ERCP	检查管路柜后部的软管和风缸
003	ERT 故障	ERCP	传感器输出电压大于 4.5 V 或小于 0.5 V	可以在备份模式下作为牵引机车使用，直到进车间。断电恢复	更换 ERCP
004	MRT 故障	ERCP	传感器输出电压大于 4.5 V 或小于 0.5 V，或者 IPM 探测传感器信号被停止发送 15 s	可以在备份模式下作为牵引机车使用，直到进车间。断电恢复	更换 ERCP
006	MVER 失电关闭	ERCP	输出反馈显示失电	可以在备份模式下作为牵引机车使用，直到进车间。进车间后更换 ERCP	
008	MRT 故障 2（MRT 备份）	BPCP	传感器输出电压大于 4.5 V 或小于 0.5 V，或者 IPM 探测传感器信号被停止发送 15 s	系统可不带流量指示操作。在下次进车间时更换 BPCP	
009	FLT 故障	BPCP	传感器输出电压大于 4.5 V 或小于 0.5 V	系统可不带流量指示操作。在下次进车间时更换 BPCP	

续表

故障代码	描述	被……探测	故障原因	改正措施	若问题尚存，请尝试：
010	BPT 故障	BPCP	传感器输出电压大于 4.5 V 或小于 0.5 V，或者 IPM 探测传感器信号被停止发送 15 s	系统将用备份传感器操作。如果故障仍然存在，断电恢复后，在下一次进车间时更换 BPCP	
014	MV53 失电打开	BPCP	连续性损失	① 设置制动系统为断电状态，并以气动备份状态把机车作为拖车使用。 ② 更换 BPCP	
016	BPCN 故障（BP 通信丢失）	IPM	BPCN 损失脉冲信号 4 s	AB 系统断电恢复	检查 BP 控制节点上的黄灯，如果黄灯稳定或闪烁，则重装程序或更换 BPCP。如果断电恢复后红灯仍亮，则更换 BPCP
017	MVEM 得电，打开	BPCP	输出反馈显示得电	如果系统持续处于紧急制动状态，则设置系统断电，并以气动备份状态把机车作为拖车使用，直到下次进车间。进车间后更换 BPCP	
018	MVEM 失电关闭	BPCP	输出反馈显示失电	产生紧急情况的备份模块失效。机车可操作，直到进车间。进车间后更换 BPCP	
025	MV13S 得电打开	13CP	输出反馈显示得电	检查机车是否正被单独缓解。如果是，设置系统断电，并以气动备份状态把机车作为拖车使用。如果不是，机车可以作为牵引机车使用，直到下次进车间。进车间后更换 13CP	
026	MV13S 失电关闭	13CP	输出反馈显示失电	按拖车使用，直到进车间。紧急情况的单缓和单缓的备用模式失效时更换 13CP	
027	MV13E 得电关闭	13CP	输出反馈显示得电		
028	MV13E 失电打开	13CP	输出反馈显示失电		
031	13CN 故障（13 通信丢失）	IPM	13CN 丢失脉冲信号 10 s	按拖车使用，直到进车间。紧急情况的单缓和单缓的备用模式失效时更换 13CP	检查 13 控制节点上的黄灯，如果黄灯稳定或闪烁，则重装程序或更换 LRU。如果断电恢复后红灯仍亮，则更换 13CP
032	MVERBU 得电打开	16CP	输出反馈显示得电	可以在备份模式作为牵引机车使用，直到进车间。若断电恢复后故障仍存在，则更换 16CP	更换 13CP。如果故障在更换 16CP 和 13CP 后仍存在，检查 LON 电缆
033	MVERBU 失电关闭	16CP	输出反馈显示失电	可以在备份模式作为牵引机车使用，直到进车间。若断电恢复后故障仍存在，则更换 16CP	更换 13CP。如果故障在更换 16CP 和 13CP 后仍存在，检查 LON 电缆
036	16CP AW4 故障（AW4–16 故障）	16CP	16 号管压大于 690 kPa 或在 10 s 内压力不在 –35 ～ 35 kPa 范围内	可以在备份模式作为牵引机车使用，直到进车间。若断电恢复后故障仍存在，则更换 16CP	检查制动柜后部的软管和风缸

续表

故障代码	描述	被……探测	故障原因	改正措施	若问题尚存，请尝试：
037	16T 故障	16CP	传感器输出电压大于 4.5 V 或小于 0.5 V，或者 IPM 探测传感器信号被停止发送 15 s	可以在备份模式作为牵引机车使用，直到进车间。进车间后更换 16CP	
038	MV16 得电打开	16CP	输出反馈显示得电	可以在备份模式作为牵引机车使用，直到进车间。若断电恢复后故障仍存在，则更换 16CP	
039	MPV16 失电关闭	16CP	输出反馈显示失电	可以在备份模式作为牵引机车使用，直到进车间。进车间后更换 16CP	
048	BPT 故障 2（BPT 备份）	16CP	传感器输出电压大于 4.5 V 或小于 0.5 V，或者 IPM 探测传感器信号被停止发送 15 s	可以在备份模式作为牵引机车使用，直到进车间。若断电恢复后故障仍存在，则更换 16CP	
049	BCT 故障	16CP	传感器输出电压大于 4.5 V 或小于 0.5 V	机车可以不带 BC 表使用。建议按补机或无动力使用，直到进车间。进车间后更换 16CP	
052	16CN 故障（16 通信丢失）	IPM	16CN 丢失脉冲信号 4 s	机车可以不带 BC 表使用在备份模式。建议按补机或无动力使用，直到进车间。更换 16CP，保证 LON 电缆安装牢固。断电恢复	检查 16 控制节点上的黄灯，如果黄灯稳定或闪烁，则重装程序或更换 16CP。如果断电恢复后红灯仍亮，则更换 16CP
055	20CP AW4 故障（AW-4-20 故障）	20CP	在 10 s 内压力不在规定值 -35 ～ 35 kPa 范围内。	进行 20 自检。如果自检通过，通过断电恢复来清除备份模式。如果自检不能通过，设置到“补车”模式。进车间后更换 20CP	检查制动柜后部的软管和风缸
056	20T 故障（20T/拖车故障）	20CP	传感器输出电压大于 4.5 V 或小于 0.5 V	设置到补机模式，若单独制动压力有轻微泄漏，则在进车间后更换 20CP	
057	MVLT 得电打开	20CP	输出反馈显示得电	可以在备份模式作为牵引机车使用，直到进车间。若断电恢复后故障仍存在，则更换 20CP	
058	MVLT 失电关闭	20CP	输出反馈显示失电	设置到补机模式，进车间后更换 20CP	
062	20CN 故障	IPM	20CN 丢失脉冲信号 4 s	保证 LON 电缆安装牢固，断电恢复。如果故障还存在，设置为补机模式以气动备份状态使用	检查 20 控制节点上的黄灯，如果黄灯稳定或闪烁，则重装程序或更换 20CP。如果断电恢复后红灯仍亮，则更换 20CP
075	自动制动手柄失效	EBV	电位计输出电压小于最小值	设置到补机模式，更换 EBV	
076	单独制动手柄失效	EBV	电位计输出电压小于最小值	设置到补机模式，更换 EBV	
077	限位开关打开	EBV	自动制动手柄或单独制动手柄故障	将手柄移离故障位置，再将手柄移回	更换 EBV

续表

故障代码	描述	被……探测	故障原因	改正措施	若问题尚存，请尝试：
085	EBVCN 故障	IPM	EBVCN 丢失脉冲信号 6 s	保证 LON 电缆牢固安装在 EBV 连接器和 PSJB、J100 上。断电恢复	检查 EBV 控制节点上的黄灯，如果黄灯稳定或闪烁，则重装程序或更换 EBV。如果断电恢复后红灯仍亮，则更换 EBV
090	IPMCN 故障（LON 通信丢失）	IPM	LON 网信息丢失达 1.5 s	断电恢复	从 IPM 到 RIM 到 PSJB 检查电缆。如果电缆良好，则更换 IPM
098	BPT 和 BPT2 故障	IPM	BPT 和 BPT2 备份故障	断电恢复。如果故障仍存在，设置系统断电，并按补机方式以空气动备份状态使用	检查 BP 控制节点上的黄灯，如果黄灯稳定或闪烁，则重装程序或更换涉及的 LRU。检查 LON 电缆连接。如有必要，更换 BPCP 和 16CP
099	故障 20TL（20T/本机车故障）	20CP	传感器输出电压大于 4.5 V 或小于 0.5 V	断电恢复。如果故障还存在，设置到补机模式，使系统断电。进车间后更换 20CP	
100	ER 备份并伴有代码 036、051、052	16CP	ER 备份，并且 036、037、052 故障	设置到补机模式	

1. 自我评价

① 自我考核：描述 CCBⅡ型电力机车制动机相关故障症状表现及处理方法。

② 自我评价（见表 6–20）。

表 6–20　自我评价（每项满分为 10 分）

序　号	评 价 内 容	得　分	亮　点
1	课前知识查阅、调研完成情况		
2	课前、课中与人协作沟通表现		
3	CCBⅡ型电力机车制动机故障及其处理方法掌握情况		
4	课前、课中学习态度表现		

2. 小组评价（见表 6–21）

表 6–21　小组评价（每项满分为 10 分）

序　号	评 价 内 容	得　分	亮　点
1	课中学习态度表现		
2	课前、课中与人协作沟通表现		
3	CCBⅡ型电力机车制动机故障及其处理方法掌握情况		

3. 教师评价（见表 6–22）

表 6–22　教师评价（每项满分为 10 分）

序　号	评价内容	得　分	亮　点
1	课前知识查阅、调研完成情况		
2	课中参与及协作情况		
3	CCBⅡ型电力机车制动机故障及其处理方法掌握情况		

【教师建议】

在熟悉掌握“五步闸”试验操作及检查内容的基础上，进一步对 CCBⅡ型电力机车制动故障进行原因分析。

任务 6.7　空气压缩机常见故障处理

【任务描述】

在实训教学中，让学生掌握现在主型螺杆式空气压缩机的相关原理和作用，并熟知相关检修流程。可将学生分成若干小组，以小组为单位进行相关知识的巩固，并展开练习和讨论。

【学习目标】

知识目标	掌握螺杆式空气压缩机的作用
能力目标	能正确按照标准流程将检修作业完成
素质目标	培养学生认真操作、细致谨慎的工作素质

活动　螺杆式空气压缩机的故障及处理

【活动要点】：螺杆式空气压缩机的检修程序及检修方法。

1. 检修原则

① 先检后修（小活件可以边检边修）。

② 检修顺序为由上到下、由左到右、先正面后背面。

2. 需要工具

普通扳手（14、17、27）、内六角扳手（10、19）、专用泄油螺套、油桶、皮带扳手、加油壶、卡簧钳、螺丝刀、扭力扳手、温控阀及温度开关检验台、存放架、兆欧表（500 V）、万用表、吊具、压缩空气装置、毛刷、钢丝球、棉纱、中性清洁剂、泄漏测试剂、化油剂、煤油、润滑油、存放架、空气压缩机试验台。

3. 作业流程

外观检查→清洁→清洗油腔→检修→更换润滑油→试验。

4. 作业步骤

螺杆式空气压缩机检修作业流程如表 6–23 所示。

表 6–23　螺杆式空气压缩机检修作业流程

作业步骤	图　示
1. 外观检查	
① 对各零部件进行检查，看是否有缺、漏、损现象，并做好记录，然后接通电源检查空气压缩机运转情况。 ② 空气压缩机运转正常情况下，用万用表对空气压缩机压力开关、温度开关做通断检查	
2. 清洁	
① 先用毛刷将空气压缩机机组外表的粉尘、脏物清理干净，然后用棉纱将机组外表整体擦干净，再用干净棉纱蘸酒精将油细分离器、电机外壳及风叶外壳擦拭干净。 ② 将空气滤清器及进风管拆下，取出滤芯，对壳体内壁进行清洗。 ③ 将化油剂用热水冲开，用钢丝球蘸水，将底架上的油污擦拭干净，然后用干棉纱擦干净	
3. 清洗油腔	
① 将空气压缩机机组接通电源，运转 3～5 min，使润滑油温度升高，保证润滑油流动性良好。 ② 停机 1～2 min 后，将放油堵拧开，将油腔内的润滑油倒入预先准备好的油桶内，放油过程中做好以热油烫伤的准备工作，当流不出油时可适当将机组用吊具吊起，使机组稍稍倾斜，打开注油嘴，并适当延长排油时间，保证将管路、滤油器等部位的原油排净。 ③ 排净原油后将油位计拆下，用煤油浸泡后并用风管吹干，再安装到位；然后将放油堵拧好，用 1 000 ml 的量杯，将 7 000 ml 的 Andera13057M 润滑油注入油腔，加注到油位要求，最后拧紧注油塞，接通电源，运转 3～5 min，用洁净的润滑油冲洗油腔、油管，保证各部位洁净。 ④ 待停机 1～2 min 后，将放油堵打开，将润滑油排出油腔，然后拧紧排油堵	 

续表

<table>
<tr><th>作业步骤</th><th>图　示</th></tr>
<tr><td colspan="2">4. 检修</td></tr>
<tr><td>① 将空气滤清器外壳及进风管按原位置安装到位，保证连接牢固。
② 将新滤清器芯置于空气滤清器壳体中，并将壳体盖装卡牢固。
③ 用专用拆卸工具将油细分离器拆下。拆卸中，注意避免将油细分离器中的润滑油洒到地面上，保证工作场地清洁。
④ 将新油细分离器顺时针旋紧，更换完毕后，开机运行，用肥皂水检验，无泄漏后做防松标记</td><td>

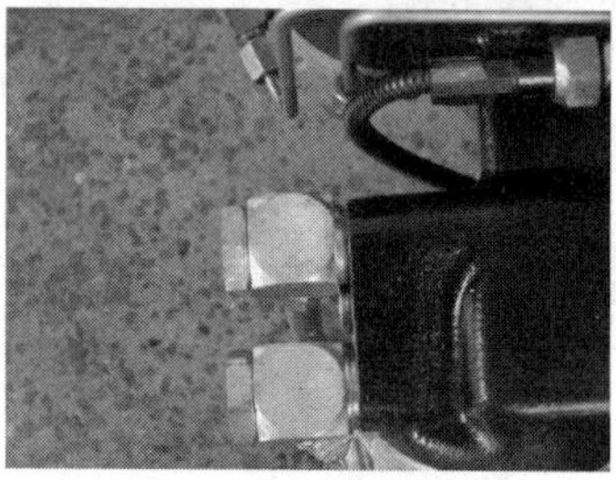</td></tr>
<tr><td colspan="2">5. 更换润滑油</td></tr>
<tr><td>打开注油塞，用 1 000 ml 的量杯将 7 000 ml 的 Andera13057M 润滑油注入油腔；注油过程中可适当将机组倾斜，保证润滑油全部流入油腔；加完油后及时将注油塞拧紧，以防有异物掉入油孔中</td><td></td></tr>
</table>

续表

<table>
<tr><th>作业步骤</th><th>图 示</th></tr>
<tr><td colspan="2">6. 试验</td></tr>
<tr><td>① 一般检查：检查各部位有无漏油、污物，以及必换的润滑油、滤油器、油细分离器、空气滤清器滤芯的更换情况。
② 风量试验：接通电源，先点动电机，确认电机转向正确（从电机端看为顺时针方向）后，方可正式开机。首先将风包的风排空，保证风包初始压力为零；然后启动电机，同时用秒表计时，当风包压力达到 900 kPa 时，按秒表记录打风时间，450 L 的风包打风时间不允许超过 90 s。
③ 温度试验：在额定转速和 900 kPa 压力下，让机组运转 30 min 后，测量油过滤器温度，不应超过 105 ℃。测量气口温度，不应高于环境温度 20 ℃。
④ 进气阀检查：检查进气阀的两项功能，即进气止回功能和卸荷功能。停机后，检查进气阀是否关闭进气通道：一是检查是否从油气筒向外排气；二是检查是否在很短的时间内（约 14 s）将油气筒内压力卸到 300 kPa 以下。
⑤ 最小压力维持阀检查：检查其开启压力是否为（600±50）kPa。
⑥ 安全阀检查：检查安全阀设定压力是否为（1 133±100）kPa。
⑦ 温度开关动作试验：在额定转速和 900 kPa 压力下，覆盖冷却器上方，使油过滤器温度上升，同时由专人对温度开关的两接线头进行测量。当温度开关断开时，测量油过滤器的温度，要求其温度不超过 105 ℃，并将油过滤器温度记录在保养记录表“温度开关动作试验”一栏</td><td></td></tr>
</table>

【考核评价】

1. 自我评价

① 自我考核：描述螺杆式空气压缩机的检修过程。

② 自我评价（见表 6–24）。

表 6–24 自我评价（每项满分为 10 分）

序 号	评 价 内 容	得 分	亮 点
1	课前知识查阅、调研完成情况		
2	课前、课中与人协作沟通表现		
3	操作项目掌握情况		
4	课前、课中学习态度表现		

2. 小组评价（见表 6–25）

表 6–25 小组评价（每项满分为 10 分）

序 号	评 价 内 容	得 分	亮 点
1	课中学习态度表现		
2	课前、课中与人协作沟通表现		
3	操作项目掌握情况		

3. 教师评价（见表 6–26）

表 6–26　教师评价（每项满分为 10 分）

序　号	评 价 内 容	得　分	亮　点
1	课前知识查阅、调研完成情况		
2	课中参与及协作情况		
3	操作项目掌握情况		

【教师建议】

熟悉螺杆式空气压缩机的结构、工作原理，为熟练完成螺杆式空气压缩机的检修过程打好基础。

参考文献

[1] 张友松，朱龙驹. 韶山 $_4$ 型电力机车：上册[M]. 北京：中国铁道出版社，1997.

[2] 张友松，朱龙驹. 韶山 $_4$ 型电力机车：下册[M]. 北京：中国铁道出版社，1998.

[3] 中国铁路总公司. 铁路技术管理规程：普速铁路部分[M]. 北京：中国铁道出版社，2014.

[4] 余卫斌. 韶山 $_9$ 型电力机车[M]. 北京：中国铁道出版社，2005.

[5] 莫坚. 电力机车检修[M]. 北京：中国铁道出版社，2008.

[6] 鲍维千. 机车总体及转向架[M]. 北京：中国铁道出版社，2010.

[7] 崔晶，王冰. 电力机车总体及走行部[M]. 北京：中国铁道出版社，2012.

[8] 张铁竹，李学雷. 电力机车检修专业综合实训指导书[M]. 北京：中国铁道出版社，2008.

[9] 谢家的，祁冠峰. 电力机车电器[M]. 北京：中国铁道出版社，2008.

[10] 中华人民共和国铁道部. 铁路机车操作规则[M]. 北京：中国铁道出版社，2013.

参考文献